全国高校应用人才培养规划教材·网络技术系列

网络工程实践教程
——基于 Cisco 路由器与交换机

主　　编：孙兴华　　张　晓

副主编：李　健　　李青茹　　于富强　　刘庆杰

参　　编：张林伟　　郭正红　　张伟强　　张保江

北京大学出版社

PEKING UNIVERSITY PRESS

内 容 简 介

本书从实战出发，按照循序渐进的方式，重点介绍了思科路由器、交换机等网络设备的配置，内容涵盖了组建局域网、广域网所需的从低级到高级的大部分知识，主要包括网络操作常用命令，思科路由器的基本配置和使用，CDP 协议的配置，静态路由和默认路由的配置，RIP 协议、IGRP 协议、EIGRP 协议、OSPF 协议的配置，交换机的基本配置，VLAN 的配置，维护管理路由器和交换机，配置访问控制列表，配置 PPP 和 DDR，帧中继的配置，配置 NAT 和 DHCP 的实用技术等，同时为读者提供了一个网络工程综合案例，供读者参考。

本书在结构设计和内容编写上充分考虑教学和实践的需要，除第 1 章和第 18 章外，每一章都划分为知识准备、动手做做、活学活用、动动脑筋、学习小结 5 个部分，从而实现学习、理解、实践、总结、思考互相映射。

本书适合作为计算机相关专业计算机网络教材的配套实验教材，也可作为准备参加 CCNA 认证考试的读者及从事网络研究与应用人员的参考书。

图书在版编目（CIP）数据

网络工程实践教程——基于 Cisco 路由器与交换机/孙兴华，张晓主编. —北京：北京大学出版社，2010.9

(全国高校应用人才培养规划教材·网络技术系列)

ISBN 978-7-301-17371-8

Ⅰ. ①网…　Ⅱ. ①孙…②张…　Ⅲ. ①计算机网络—高等学校：技术学校—教材　Ⅳ. ①TP393

中国版本图书馆 CIP 数据核字（2010）第 116289 号

书　　　　名：	网络工程实践教程——基于 Cisco 路由器与产换机	
著作责任者：	孙兴华　张　晓　主编	
策 划 编 辑：	吴坤娟	
责 任 编 辑：	吴坤娟　刘红娟	
标 准 书 号：	ISBN 978-7-301-17371-8/TP·1114	
出 　版 　者：	北京大学出版社	
地　　　　址：	北京市海淀区成府路 205 号　100871	
网　　　　址：	http://www.pup.cn	
电　　　　话：	邮购部 62752015　发行部 62750672　编辑部 62756923　出版部 62754962	
电 子 信 箱：	zyjy@pup.cn	
印 　刷 　者：	北京鑫海金澳胶印有限公司	
发 　行 　者：	北京大学出版社	
经 　销 　者：	新华书店	
	787 毫米×1092 毫米　16 开本　20 印张　434 千字	
	2010 年 9 月第 1 版　2017 年 10 月第 8 次印刷	
定　　　　价：	44.00 元	

前　言

在社会信息化的进程中，网络工程技术扮演着越来越重要的角色。为了适应社会对网络工程技术人才的需求，我们编写了本书，力图引进最新的网络工程理论技术，同时有针对性地对网络技术专题进行研究，把实用先进的网络工程技术、网络工程案例引入实践教学中，使读者可以更好地学以致用。

本书是面向普通高等学校本、专科教育的网络工程实践教程，编者在总结多年教学经验的基础上，结合教学要求和实际应用等方面需求编写了本书。另外，本书基本涵盖了 CCNA 考试的全部内容，因此也可作为 CCNA 考试的学习参考书。

本书从实战出发，遵循循序渐进、理论与实践结合、学习与思考的原则，内容涵盖了组建局域网、广域网所需的从低级到高级的大部分知识。本书包括 18 章和 4 个附录，各章结构大致相同。除第 1 章和第 18 章外，每章的第一部分是知识准备，介绍此章所涉及的技术，帮助读者理解实践所需的技术要点，为实践进行知识上的准备；第二部分是动手做做，给出此章的实践案例，包括讲解和注释，是此章的重点；第三部分是活学活用，是对此章实践内容的迁移和巩固；第四部分为动动脑筋，是对此章内容的思考和提高；第五部分是学习小结，以列表的方式对此章中所用到的命令进行总结，以便读者查阅。附录部分对 Boson 模拟器的使用、PacketTracer 模拟器的使用、CCNA 考试所涉及的命令及专业术语进行了汇总，以便于读者学习及操作时查阅。

本书案例中使用了命令的简化格式，如 en、sh、int、s0 等，这是配置中常用的写法，在 CCNA 考试的实验部分也是被接受和认可的，实验命令汇总中给出了操作命令的完整格式及功能。

读者可在实际环境中完成实践案例，熟练掌握配置命令，以更加深入地理解书中所述内容；也可使用附录中介绍的模拟器完成实验。建议读者在学习初期采用模拟器进行练习，待有一定基础时，再到实际的网络环境中进行练习。

为了加强不同实践案例之间的相互联系，本书进行了较为规范的实验设计，例如，所有实验的拓扑结构尽可能相同或相似；为使学生所掌握的知识能够直接应用到真实的网络环境中，在内容的选择和实验的设计等方面，力求将真实的案例用到实验室中让学生来掌握，并对每一个实验都在实验室中亲自进行了测试，以保证实验内容的正确性。在编写过程中，编者力求做到实验设计合理、层次清楚、语言简洁、叙述流畅，多使用图例进行说明。

在本书的编写过程中，编者参考了国内外有关计算机网络技术的著作和文献，并查阅了互联网上公布的一些相关资料，由于互联网上的资料引用复杂，无法注明原出处，故此声明，在此对所有的作者表示感谢。

由于编者水平有限，书中难免存在缺点和错误，殷切希望广大读者批评指正，作者的 E-Mail 为 Sunxinghua@189.cn。另外，与该书配套的课件可以在 csdn 网站上免费下载。

编　者
2010 年 5 月

目　录

第1章 万丈高楼平地起——网络工程基础

1.1 网络工程概述

1.1.1 网络工程概念及特点

21世纪是一个以网络为核心的信息时代，网络工程（Network Engineering）建设已成为基础设施建设的重点。

1. 工程概念

简单地说工程就是按计划进行的工作。1828年英国土木工程师协会章程最初正式把工程定义为"利用丰富的自然资源为人类造福的艺术"。1852年美国土木工程师协会章程将工程定义为"把科学知识和经验知识应用于设计、制造或完成对人类有用的建设项目、机器和材料的艺术"。美国麻省理工学院给"工程"下的定义是"工程是关于科学知识的开发应用以及关于技术的开发应用以便在物质、经济、人力、政治、法律和文化限制内满足社会需要的有创造力的专业"。

2. 网络工程概念及特点

工程是为完成某项任务提供的决策、计划、方案和工作顺序等以保证任务完成得最好。网络工程是研究网络系统的规划、设计与管理的工程科学，是网络建设过程中科学方法与规律的总结。在整个网络工程中，要求工程技术人员根据既定的目标，严格依照行业规范，制订网络建设的方案，协助工程招投标、设计、实施、管理与维护等活动。其特点如下。

（1）工程设计人员要全面了解计算机网络的原理、技术、系统、协议、安全、系统布线的基本知识、发展现状、发展趋势。

（2）总体设计人员要熟练掌握网络规划与设计的步骤、要点、流程、案例、技术设备选型以及发展方向。

（3）工程主管人员要懂得网络工程的组织实施过程，能把握住网络工程的方案评审、监理、验收等关键环节。

（4）工程开发人员要掌握网络应用开发技术、网站Web技术、信息发布技术、安全防御技术。

（5）工程竣工之后，网络管理人员使用网管工具对网络实施有效的管理维护，使网络工程发挥应有的效益。

1.1.2　网络工程建设的各阶段

1. 准备阶段

准备阶段覆盖从孕育建设网络的想法开始到进入工程设计之前的全过程。准备阶段实际上是在网络建设需求调查与可行性分析的基础上编写立项报告的过程，具体包括需求调查、需求分析、可行性论证、方案设计、投资分析和立项报告。此阶段的结束以立项报告获得批准和建设经费得到落实为标志。

2. 设计阶段

设计阶段的工作包括逻辑设计和物理设计。逻辑设计阶段主要是逻辑拓扑设计、流量评估与分析、地址分配和网络技术选型等。物理设计阶段主要涉及物理设备的选型，综合布线规划和实施细则规划。逻辑设计尚不能直接用于施工，物理设计可直接用于施工。

3. 施工阶段

施工阶段覆盖从施工合同签订到竣工验收前的全过程。首先制订详细的施工计划，接着按施工计划施工，最后工程施工完毕提交竣工报告和竣工资料，组织进行测试和验收。

4. 维护阶段

一般的网络建成后至少要运行 20 年，在运行过程中不可避免地会遇到各种问题和故障，因此，网络维护是一项长远而艰巨的任务。这就要求网络工程的设计和施工阶段必须认真考虑今后的维护管理工作，尽量简化维护工作。

1.1.3　系统集成

系统集成则是指在系统工程科学方法的指导下，根据用户需求，优选各种技术和产品，整合用户原有系统，提出系统性的应用方案，并按照方案对组成系统的各个部件或子系统进行综合集成，使之成为一个经济高效的系统。

网络系统集成是指：根据应用的需要，将硬件设备、网络基础设施、网络设备、网络系统软件、网络基础服务系统、应用软件等组织成为一体，使之成为能够满足设计目标、具有优良性能价格比的计算机网络系统的全过程。

计算机网络系统集成有 3 个主要层面：技术集成、软硬件产品集成和应用集成。

● 技术集成：网络技术体系纷繁复杂，不同的网络技术承担不同的角色，根据用户应用和业务需求选择所采用的各项技术，为用户提供解决方案和网络系统设计方案。

● 软硬件产品集成：根据用户的实际应用需要和费用承受能力为用户进行软硬件设备选型与配套、工程施工等产品集成。

● 应用集成：网络应用各具特色，面向不同行业、不同规模、不同层次，系统集成技术人员进行用户调查、分析应用模型、论证方案为用户集成一体化的解决方案，并付诸实施。

系统集成绝不是指各种硬件和软件的堆积，系统集成是一种在系统整合、系统再生产过程中为满足客户需求的增值服务业务，是一种价值再创造过程。

1.2 网络参考模型

本节将讨论两种重要的网络体系结构：OSI 参考模型和 TCP/IP 参考模型。尽管与 OSI 模型相关的协议已经很少再使用了，但是，该模型本身是非常通用的，并且仍然有效，在每一层上讨论到的特性仍然非常重要。TCP/IP 模型有不同的特点：模型本身并不非常有用，但是协议却被广泛使用了。因此，本节对这两个模型都做详细的介绍。

1.2.1 OSI 网络参考模型概述

OSI（Open System Interconnect Reference Model）开放式系统互联参考模型是1984年由国际标准化组织（ISO）提出的一个标准化、开放式的计算机网络层次结构模型。它说明了网络的架构体系和标准，并描述了网络中信息是如何传输的。

OSI 参考模型采用分层体系结构，共划分为七层，分别是：物理层（Physical Layer）、数据链路层（Data Link Layer）、网络层（Network Layer）、传输层（Transport Layer）、会话层（Session Layer）、表示层（Presentation Layer）和应用层（Application Layer），如图1-1所示。

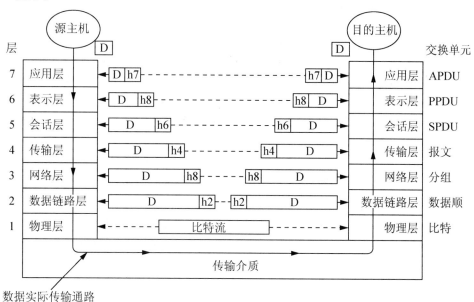

图1-1 OSI 参考模型

在这个 OSI 七层模型中，每一层都为其上一层提供服务并为其上一层提供一个访问接口。不同主机之间的相同层次称为对等层。对等层之间互相通信需要遵守一定的规则，如通信的内容、通信的方式，其称为协议（Protocol）。某个主机上运行的某种协议的集合称为协议栈。主机正是利用这个协议栈来接收和发送数据的。

不过，OSI 参考模型仅是一种理论化的模型，是对发生在网络设备间的信息传输过程的一种理论化描述，并没有定义如何通过硬件和软件实现每一层功能，与事实上使用的协议（如 TCP/IP 协议）是有区别的。

OSI 参考模型主要定义了如下标准。

- 网络设备之间如何联系，使用不同协议的设备如何通信。
- 网络设备如何获知何时传输或不传输数据。
- 如何安排、连接物理网络设备。
- 确保网络传输被正确接收的方法。
- 网络设备如何维持数据流的恒定速率。
- 电子数据在网络介质上如何表示。

1.2.2　OSI 参考模型各层的功能

1. 物理层（Physical Layer）

物理层是 OSI 参考模型的最低层，它是对物理设备通过物理介质互联的描述和规定。物理层是以比特流的方式传送数据的，也就是说，物理层只能看到无具体意义的"0"和"1"。该层定义了数据通信的机械和电气特性，比如传输通道上的电气信号以及二进制位是如何转换成电流、光信号或者其他物理形式的。

2. 数据链路层（Data Link Layer）

数据链路层主要功能是如何在不可靠的物理线路上进行数据的可靠传输。包括以下几点。
- 数据封装：把来自物理层的原始数据封装成帧。以帧为单位传输。
- 数据链路的建立、维护和释放：链路就是沿着通信路径连接相邻节点的通信信道。数据链路层将物理层提供的不可靠物理连接改造成逻辑上无差错的数据链路。当网络中的设备要进行通信时，通信双方必须先建立一条数据链路，在整个传输过程中要维持数据链路，而在通信结束后要释放数据链路。
- 流量控制：数据链路的每一端点具有有限容量的帧缓冲，若流量太大，接收方的缓冲区会溢出，导致帧丢失。数据链路层协议能够提供流量控制来防止链路一端的发送节点的发送速率过高。
- 错误检测：数据链路层检查接收的信号，以防接收到的数据重复、不正确或接收不完整。如果检测到了错误，就要求发送节点一帧接一帧地重新传输数据。

3. 网络层（Network Layer）

网络层是 OSI 中最复杂的一层，也是通信子网最高一层。它在下两层的基础上向资源子网提供服务。网络层数据传输单位是包，该层的主要任务是转发和路由。转发就是数据从一条入链路到一台路由器中的出链路的传送。路由涉及一个网络中所有路由器，它们集体地经路由协议交互，决定了数据从源到目的节点所采用的行程。其中路由最复杂，要寻找最快捷、花费最低的路径，必须考虑网络的拥塞程度、服务质量、线路花费和线路有效性等诸多因素。

一般地，数据链路层是解决同一网络节点之间的通信，而网络层主要解决不同子网的通信。

4. 传输层（Transport Layer）

OSI 下 3 层的主要任务是数据通信，上 3 层的主要任务是数据处理。而传输层是 OSI 模型的第 4 层，是通信子网和资源子网的接口和桥梁，起到承上启下的作用。

传输层的主要任务是向用户提供可靠的端到端的差错和流量控制，保证报文的正确传输。所谓端到端是指一个终端（主机）到另一个终端（主机），中间可以有一个或多个交换节点。传输层提供端到端的服务，网络层、数据链路层和物理层完成端到端的通路的寻径和传输。传输层向高层用户屏蔽下层数据通信的细节，提供可靠的透明传输服务。

5. 会话层（Session Layer）

会话层是用户应用程序和网络之间的接口，不参与具体的数据传输，但对数据传输的同步进行管理。不同实体之间的表示层的连接称为会话。会话层主要负责提供两个会话进程之间建立、维护和结束会话连接功能，同时要对会话进程中必要的信息传送方式、进程间的同步以及重新同步进行管理。

6. 表示层（Presentation Layer）

表示层是处理有关被传送数据的表示方式。对通信双方的计算机来说，一般有其自己的数据内部表示方式，表示层的任务是把发送方具有的内部格式结构编码为适合传输的位流，然后在目的端将其解码为所需的表示。表示层的具体功能如下。

- 数据格式处理：协商和建立数据交换的格式，解决各应用程序之间在数据格式表示上的差异。
- 数据的编码：处理字符集和数字的转换。例如，由于用户程序中的数据类型（整型或实型、有符号或无符号等）、用户标识等都可以有不同的表示方式，因此，在设备之间需要具有在不同字符集或格式之间转换的功能。
- 压缩和解压缩：为了减少数据的传输量，这一层还负责数据的压缩与恢复。
- 数据的加密和解密：可以提高网络的安全性。

7. 应用层（Application Layer）

应用层直接与用户和应用程序打交道，作为用户使用 OSI 功能的唯一窗口。负责对软件提供接口以使程序能使用各种网络应用服务，如文件传输、电子邮件、远程访问等。

1.2.3 数据封装

数据封装是指网络节点将要传送的数据用特定的协议头打包，来传送数据，有时候，也可能在数据尾部加上报文。OSI 7层模型的每一层都对数据进行封装，以保证数据能够正确无误地到达目的地，被终端主机理解及处理。

假如有数据要从主机 A 到主机 B，首先，主机 A 的应用层信息转化为能够在网络中传播的数据，能够被对端应用层识别；然后，数据在表示层加上表示层报头，协商数据格式，是否加密，转化成对端能够理解的数据格式；数据在会话层又加上会话层报头；以此类推，传输层加上传输层报头，这时数据称为段（Segment），网络层加上网络层报头，称

为数据包（Packet），数据链路层加上数据链路层报头称为帧（Frame）；在物理层数据转化为比特流，传送到交换机，通过交换机将数据帧发向路由器。同理，路由器也逐层解封装；剥去数据链路层帧头部，依据网络层数据包头信息查找到去往主机 B 的路径，然后封装数据发向主机 B。主机 B 从物理层到应用层，依次解封装，剥去各层封装报头，提取出主机 A 发来的数据，完成数据的发送和接收过程。图 1-2 示意了这一过程。

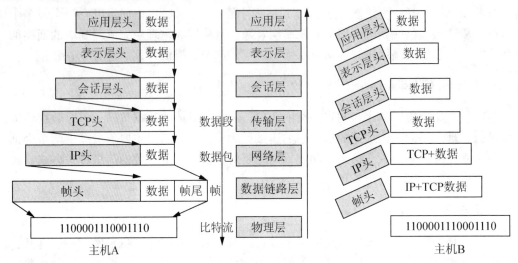

图 1-2　数据封装示例

1.2.4　TCP/IP 参考模型

1. TCP/IP 参考模型层次

TCP/IP（Transmission Control Protocol/Internet Protocol）是网络中使用的基本通信协议。TCP/IP 是一组协议的代名词，也称为 TCP/IP 协议栈，其定义了如下内容。

- 网络通信的过程。
- 定义了数据单元应该采用什么样的格式以及应该包含什么信息，使接收端的计算机能够正确地翻译对方发送来的信息。
- 定义了如何在支持 TCP/IP 协议的网络上处理、发送和接收数据。

TCP/IP 协议栈中最重要的协议是传输控制协议（TCP）和网际协议（IP）。TCP 和 IP 是两个独立且紧密结合的协议，负责管理和引导数据报文在 Internet 上的传输。TCP 负责和远程主机的连接；IP 负责寻址，使数据报文被送到目的地。

TCP/IP 参考模型是最早的计算机网络 ARPANET 及其以后的 Internet 使用的参考模型，是一个事实模型。它简化了层次设计，只用 4 层：应用层、传输层、网络层和网络接口层，每一层负责不同的通信功能。图 1-3 显示了 TCP/IP 协议栈与 OSI 参考模型有清晰的对应关系，它覆盖了 OSI 参考模型的所有层次。

- 网络接口层是实际网络硬件的接口，它定义了对网络硬件和传输媒体等进行访问的有关标准。
- 网络层定义了互联网中传输的"信息包"格式，以及从一个用户通过一个或多个路由器到最终目标的"信息包"转发机制。

- 传输层为两个用户进程之间建立、管理和拆除可靠而又有效的端到端连接。
- 应用层定义了应用程序使用互联网的规程。

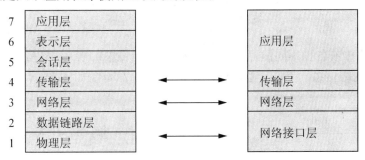

图1-3　TCP/IP协议栈与OSI参考模型对应关系

2. TCP/IP协议栈

TCP/IP协议栈包含一组协议，分别对应各个不同层次（如表1-1所示）。下面对每一层中对应的协议加以介绍。

表1-1　TCP/IP协议栈各层协议

应　用　层	HTTP、FTP、Telnet	SNMP、DNS、TFTP
传输层	TCP	UDP
网络层	IP（ARP、RARP、ICMP）	
网络接口层	Ethernet、X.25、PPP、SLIP	

（1）网络接口层包括各种物理网协议，如局域网Ethernet、分组交换的X.25等。

（2）网络层的主要协议有IP协议、ARP协议、RARP协议、ICMP协议和IGMP协议。

- IP（Internet Protocol）协议：负责网络层寻址、路由选择、分段及包重组。
- 地址解析协议ARP（Address Resolution Protocol）：负责把网络层地址解析成物理地址，如MAC地址。
- 逆向地址解析协议RARP（Reverse ARP）：负责把硬件地址解析成网络层地址。
- Internet控制消息协议ICMP（Internet Control Message Protocol）：负责提供诊断功能，报告由于IP数据包投递失败而导致的错误。
- Internet组管理协议IGMP（Internet Group Management Protocol）：负责管理IP组播组。

（3）传输层的主要协议有TCP协议和UDP协议。传输控制协议TCP是面向连接的协议，用三次握手机制和滑动窗口机制来保证传输的可靠性和进行流量控制；用户数据报协议UDP（User Datagram Protocol）是不可靠的无连接协议，它主要用于需要快速传输并能容忍某些数据丢失的应用。

（4）应用层包含大量常用的应用程序，主要有超文本传输协议HTTP（Hypertext Transfer Protocol）、远程登录Telnet、文件传输协议FTP（File Transfer Protocol）、简单邮件传送协议 SMTP（Simple Mail Transfer Protocol）、域名系统 DNS（Domain Name System）和简单网络管理协议 SNMP（Simple Network Management Protocol）等。

1.3　网络互联设备

计算机网络中有各种不同的互联设备，用来将网络中的各个部件连接在一起。根据 OSI 7层模型的网络体系，工作于各层的网络互联设备不同（如图 1-4 所示）。下面将逐一讲述。

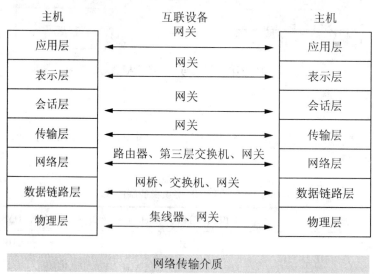

图1-4　网络互联设备协议层示意图

1.3.1　网络适配器

网络适配器简称为网卡（Network Interface Card，即 NIC），是连接计算机与网络的硬件设备，属于数据链路层设备（如图 1-5 所示）。负责将计算机内部数据转换成适合在网络上传输的格式。每块网卡都有一个唯一的物理地址，称为 MAC 地址，在通信过程中，通过数据包中的 MAC 地址来识别相应的计算机。

图1-5　网卡

网卡正常工作必须具备两大技术：网卡驱动程序和网卡硬件技术。驱动程序使网卡和网络操作系统兼容，实现计算机与网络的通信。硬件技术可以通过数据总线实现计算机和网卡之间的通信。

根据网络技术的不同，网卡的分类也不同，常见的按所支持带宽的不同可分为 10Mb/s 网卡、100Mb/s 网卡、10/100Mb/s 自适应网卡、1000Mb/s 网卡几种；根据网卡总线类型的不同主要分为 ISA 网卡、EISA 网卡和 PCI 网卡，目前最普遍使用的是 PCI 网卡。此外，对于无线网络，计算机通过无线网卡，以无线信号方式实现设备之间的通信。

1.3.2 集线器

集线器（HUB）是一种特殊的中继器，它与中继器的区别在于集线器能够提供多端口服务，故也称为多口中继器。集线器属于物理层设备。

集线器具有两个功能，一个功能是将信号放大，以支持更远的传输距离；另一个功能是将计算机互联，以组成一个星形的网络（如图 1-6 所示）。它把一个端口接收到的所有信号向其他所有端口分发出去。因此，连在同一集线器上的所有计算机处在同一冲突域和同一广播域，并且所有计算机共享集线器的带宽。当集线器连接过多的计算机，计算机间通信比较频繁时，集线器的性能将急剧下降。所以，集线器适用于通信带宽要求不高的环境。

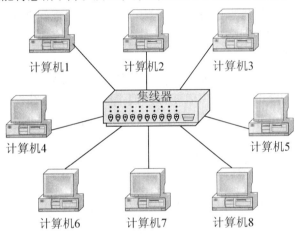

图 1-6 集线器连接的星形网络

1.3.3 交换机

交换（Switching）是按照通信两端传输信息的需要，用人工或设备自动完成的方法，把要传输的信息送到符合要求的相应路由上的技术的统称。广义的交换机（Switch）就是一种在通信系统中完成信息交换功能的设备（如图 1-7 所示）。

图 1-7 交换机

交换机是一种基于 MAC 地址识别，能完成封装转发数据包功能的网络设备，属于数据链路层设备，故称为二层交换机。交换机最关键的技术就是交换机能识别连在网络上的节点的网卡 MAC 地址，并将地址同相应的端口建立映射，缓存在 MAC 地址表中。当数据帧到达交换机后，交换机将数据帧中的目的 MAC 地址同已建立的 MAC 地址表进行比较，如果目的 MAC 地址存在，则将数据帧向其对应的端口转发；如果在 MAC 地址表中找不到目的 MAC 地址，则将数据帧向除源端口外的所有端口转发。也就是说，交换机转发数据是有针对性的，只有对找不到 MAC 地址的数据帧，或广播帧和组播帧进行广播。因此，交换机可以有效地过滤多余数据流，从而降低整个网络的数据传输量，提高整个网络的传输效率。

目前，根据市场需求，推出了三层交换机，即把路由的技术引入交换机，可以完成网络层路由选择，故称为三层交换机。三层交换机是基于硬件的路由选择，其核心功能仍是二层的数据包交换，只是带有了一定的处理 IP 层数据包的能力。

1.3.4　路由器

路由器（Router）是一种用于连接多个网络或网段的网络设备，属于网络层设备。它能将不同网络或网段的数据信息进行"翻译"，以使路由器之间能够相互"读懂"对方的数据，从而构成一个更大的网络。路由器不是一个纯硬件设备，而是具有相当丰富的路由协议的软、硬结构设备。

路由器的主要工作是路由选择和数据转发。为了完成这项工作，路由器中保存着各种传输路径的相关数据的路由表。路由表就像人们平时使用的地图一样，标识着各种路径，表中保存着子网的标志信息、网上路由器的个数和下一个路由器的名字等内容（如图 1-8 所示）。

图 1-8　路由表信息示意图

路由器从网络上接收到一个数据包后，首先要解析数据包头中的目标 IP 地址，根据目的 IP 地址信息查看路由表，然后再根据路由表的相应表项确定一条最佳的传输路径，并选择从相应的网络接口转发出去。

> **小提示**
>
> 路由器和交换机的区别如下。
>
> （1）工作层次不同：交换机实现网络互连是发生在数据链路层，而路由器实现网络互联是发生在网络层。
>
> （2）数据转发所依据的对象不同：交换机是利用 MAC 地址（即物理地址）来确定转发数据的目的地址，而路由器是利用 IP 地址（即逻辑地址）来在不同网络之间传输数据。
>
> （3）冲突域，广播域方面：同一交换机连接的所有计算机属于同一子网，但路由器连接的计算机则属于不同的子网，它将子网内的数据流限制在子网内，而且不会将来自某一子网的广播包转发到其他所有子网上去，因此路由器可以分割广播域。而传统的交换机只能分割冲突域，不能分割广播域。虽然三层交换机具有 VLAN 功能，也可以分割广播域，但是各子广播域之间是不能通信交流的，它们之间的交流仍需要路由器。
>
> （4）路由器提供了防火墙的服务：路由器仅仅转发特定地址的数据包，那些不支持路由协议的数据包和未知目标网络的数据包均不被传送，从而可以防止广播风暴。

1.3.5　网关

网关（Gateway）又称网间连接器、协议转换器。网关是最复杂的网络互连设备，仅用于两个高层协议不同的网络互联。

网关在 OSI 模型的上层工作——传输层、会话层、表示层和应用层。网关通常由实际的计算机承担，运行网关软件，该软件负责转换两个不同网络环境之间的数据。

1.4　IP 地址与子网划分

1.4.1　IP 地址的概念

Internet 上基于 TCP/IP 协议的网络中，众多主机在通信时能够相互识别，是因为每一台主机都分配有一个唯一的 32 位地址，即 IP 地址，也称为网际地址。

由于 Internet 上每个接口必须有一个唯一的 IP 地址，为了保证网络上 IP 地址的唯一性，IP 地址由国际网络信息中心 NIC（Network Information Center）进行统一管理，我们称之为 InterNIC；我国的网络信息中心是中国互联网络信息中心（China Internet Network Information Center，即 CNNIC）；教育和科研计算机网（CERNET）的信息管理中心是 CERNIC（China Education and Research Network Information Center）。

> **小提示**
>
> 本节所讨论的 IP 地址是指 IPv4（Internet Protocol version 4，即网际协议版本 4）是互联网协议（Internet Protocol，即 IP）的第四版，也是第一个被广泛使用，构成现今互联网技术的基石的协议。IPv4 的下一个版本就是 IPv6。IPv6 正处在不断发展和完善的过程中，它在不久的将来将取代目前被广泛使用的 IPv4，但是要使用 IPv6 的网络地址，意味着运营商要使用新的设备，而旧的设备都要被淘汰掉，这需要一笔很大的资金。

1. IP 地址的结构

IP 地址是 32 位的二进制无符号数。每个 IP 地址被分为两个部分：网络 ID 和主机 ID（如图 1-9 所示）。

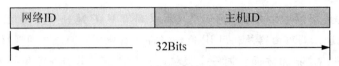

图 1-9 IP 地址结构示意图

网络 ID（又称为网络地址、网络号），用来在 TCP/IP 网络中标识某个网段。同一网段中的所有设备的 IP 地址具有相同的网络 ID。

主机 ID（又称为主机地址，主机号）标识网段内的一个 TCP/IP 节点。在同一网段内，主机 ID 必须是唯一的。InterNIC 只分配网络号，主机号的分配由系统管理员负责。

2. IP 地址的表示方法

在计算机内部，IP 地址是用 32 位二进制数表示的。为了表示方便，国际通行一种点分十进制表示法，即将 32 位地址按字节分为 4 段，高字节在前，每个字节用十进制数表示出来，并且各字节之间用"."隔开。这样，IP 地址表示成了一个用点号分隔开的 4 组数字，每组数字的取值范围为 0 ~ 255。例如：IP 地址"11000000 10101000 00000000 00000010"可以用点分十进制"192.168.0.2"表示。

1.4.2 IP 地址分类

IP 协议规定 IP 地址分为 5 类：A 类、B 类、C 类、D 类和 E 类，其中 A、B、C 3 类是基本类型。每类地址中定义了它们的网络 ID 和主机 ID 各占用 32 位地址中的多少位，也就是说，规定了每一类中可以容纳多少个网络，以及这样的网络中，可以容纳多少台主机。

1. A类

A 类 IP 地址的最高位为"0"，接下来 7 位表示网络 ID，剩下的 24 位表示主机 ID（如图 1-10 所示）。可见，A 类网络地址范围为 00000001 ~ 01111110，用十进制表示 A 类地址的网络地址在 1 ~ 126 之间（0 和 127 为保留地址）。例如，126.1.1.1 就是 A 类地址。如果第一个字节大于 126，就不属于 A 类地址，如 192.168.0.1。A 类地址的网络共有 126 个，每个网络可以容纳 16 777 124 台主机。A 类地址用于少数的拥有众多主机的大型网络。

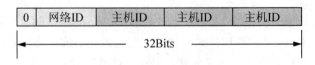

图 1-10 A 类 IP 地址

2. B类

B类IP地址的前两位为"10"，接下来14位表示网络ID，剩下的16位表示主机ID。用十进制表示，B类地址的第一个字节在128～191之间，例如，172.168.1.1就是B类地址。B类地址允许16 384个网络，每个网络可以拥有65 534台主机。B类地址用于中等规模的网络，如图1-11显示了B类地址的结构。

图1-11　B类IP地址

3. C类

C类IP地址的前3位为"110"，其后21位表示网络ID，最后的8位表示主机ID，如图1-12所示。C类地址的第一个字节在192～233之间。C类地址共有2 097 152个网络，它用于小型网络，每个网络的主机数少于254台。

图1-12　C类IP地址

4. D类

D类地址为多播（Multicasting）地址，可以通过组播地址将数据发送给多个主机。D类地址以"1110"开头，说明第一个字节在224～239之间。发送组播需要特殊的路由配置，默认情况下，不会转发。图1-13显示了D类地址的结构。

图1-13　D类IP地址

5. E类

E类是为将来保留的实验性地址，用于科学研究并不分配给用户使用。E类地址最高位为"1111"，说明第一个字节在240～254之间。如图1-14所示。

图1-14　E类IP地址

表1-2汇总了A类、B类和C类IP地址第一个字节数值的范围，以及各类所能提供的网络数和节点数，并分别列举了IP地址示例。后面关于IP地址的讨论中重点涉及A

类、B 类和 C 类这 3 类常规 IP 寻址的地址。

表 1-2 常用 IP 地址范围表

地 址 类	第一个 8 位数的格式	第一字节范围	网 络 数	主 机 数	示　　例
A 类	0××××××××	1～126	127	16 777 214	10.15.122.6
B 类	10××××××	128～191	16 384	65 534	131.12.45.50
C 类	110××××××	192～233	2 097 152	254	192.168.1.3

6. 特殊用途 IP 地址

IP 地址中某些地址为特殊目的保留，不能用于标识网络设备，这些保留地址的规则如下。

• IP 地址中的主机 ID 的所有位为 "0" 时，它表示为一个网络，而不是指示网络上的特定主机。

• IP 地址中的主机 ID 的所有位为 "1" 时，则代表面向某个网络中所有节点的广播地址。例如：192.168.1.255。

• IP 地址中的网络 ID 和主机 ID 都为 "0"，即 0.0.0.0 代表所有的主机，路由器用 0.0.0.0 地址指定默认路由。

• IP 地址中的网络 ID 和主机 ID 都为 "1"，即 255.255.255.255，作为广播地址用于向本地网络中所有主机发送广播消息。通常，路由器并不转发这些类型的广播。

• IP 地址中以 127 打头的地址作为内部回送地址（Loop Back），不能用作公共网地址。这个地址用来提供本地主机的网络配置测试。例如：ping 127.1.1.1 就可以测试本地 TCP/IP 协议是否已正确安装。另外，在浏览器地址栏输入 127.1.2.3 就可以在排除网络路由的情况下用来测试 IIS 是否正常启动。

图 1-15 示意了路由器根据网络 ID 进行数据转发。

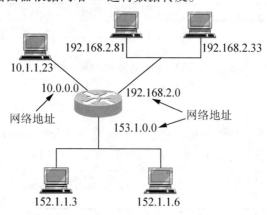

图 1-15 路由器识别网络 ID

表 1-3 列出了保留 IP 地址。

表1-3　保留IP地址

网络部分	主机部分	地址类型	用　途
Any	全"0"	网络地址	代表一个网段
Any	全"1"	广播地址	特定网段的所有节点
127	Any	回环地址	回环测试
全"0"		所有网络	路由器用于指定默认路由
全"1"		广播地址	本网段所有节点

1.4.3　子网划分

现在 Interner 中，有限的 IP 地址资源已经被分配得差不多了。IP 地址消耗如此之快，其原因在于 IP 地址的巨大浪费。例如，某组织需要支持 3000 台主机的网络地址，由于 C 类地址只能支持 254 台主机地址，所以他就只能申请 B 类地址，而 B 类地址能够支持 6 万多台主机，这样给 IP 地址带来巨大的浪费。如此看来，应该根据用户的需求 IP 地址需要进一步划分，划分成更小的网络，称为子网（Subnet）。即对 IP 地址的主机 ID 进一步划分为子网 ID 和主机 ID（如图 1-16 所示）。

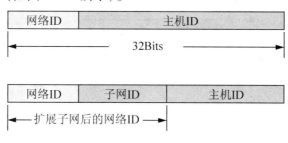

图 1-16　主机 ID 部分进一步划分为子网 ID 和主机 ID

1. 子网掩码

网络进行子网划分后，原来网络 ID 加上子网 ID 才能标识一个独立的物理网络。也就是说，子网的概念延伸了地址的网络部分，允许将一个网络分解为多个子网。为了判断任意两个 IP 地址是否属于同一子网络，子网掩码应运而生。

子网掩码（Mask）是网络地址对应网络标识编码的各位为 1，对应主机标识编码的各位为 0 的一个 4 字节整数，也叫做子网屏蔽码。不同的子网掩码将网络分割成不同的子网。

子网掩码的作用是确定 IP 地址中的网络 ID。将掩码与 IP 地址的相应各位进行"与"操作的结果就是该 IP 地址的网络 ID。图 1-17 列出了前 3 类 IP 地址的默认子网掩码。

例如，网络 A 中主机 A1 的 IP 地址为 192.168.2.183，子网掩码为 255.255.255.240，网络 A 的网络 ID 是多少？图 1-18 给出了网络 ID 的计算过程。

A类子网掩码	11111111	00000000	00000000	00000000
	255	0	0	0
B类子网掩码	11111111	11111111	00000000	00000000
	255	255	0	0
C类子网掩码	11111111	11111111	11111111	00000000
	255	255	255	0

图 1－17　默认子网掩码

	网络ID				主机ID
192.168.2.183	11000000	10101000	00000010	1011	0111
AND					
255.255.255.240	11111111	11111111	11111111	1111	0000
	11000000	10101000	00000010	1011	0000
网络ID	192	168	2	176	

图 1－18　192. 168. 2. 183/28 的网络 ID 计算过程

同样，若两台主机的 IP 地址各位分别与子网掩码的各位做“与”运算的结果相同，则这两台主机位于同一子网。

2. 子网划分

如果要将一个网络划分成多个子网，如何确定这些子网的子网掩码和 IP 地址中的网络号和主机号呢？下面介绍子网划分的步骤。

第 1 步，将要划分的子网数目转换为 2 的 m 次方。例如，要分 8 个子网，即 $8 = 2^3$。如果恰好不是 2 的多少次方，则以取大为原则。例如，要划分为 6 个，则同样要考虑 2^3。

第 2 步，将上一步确定的幂 m 按高序占用主机地址 m 位后，转换为十进制。如 m 为 3，表示主机位中有 3 位被划为“网络标识号”占用，因网络标识号对应全为“1”，所以主机号对应的字节段为“11100000”，转换成十进制后为 224，这就是最终确定的子网掩码。如果是 C 类网，则子网掩码为 255. 255. 255. 224；如果是 B 类网，则子网掩码为 255. 255. 224. 0；如果是 A 类网，则子网掩码为 255. 224. 0. 0。

在这里，子网个数与占用主机地址位数有如下等式成立：$2^m \geqslant n$。其中，m 表示占用主机地址的位数，n 表示划分的子网个数。

现通过实例进一步说明，若当前用的网络号为 192. 9. 200. 0，则该 C 类网内的主机 IP 地址就是 192. 9. 200. 1 ~ 192. 9. 200. 254。现将该网络划分为 4 个子网，按照以上步骤：$4 = 2^2$，则表示要占用主机地址的 2 个高序位，即为 11000000，转换为十进制为 192，这样就可确定该子网掩码为：255. 255. 255. 192。4 个子网的 IP 地址的划分是根据被网络号占住的两位排列进行的，这4个IP地址范围分别如下。

（1）第1个子网的IP地址是从"11000000 00001001 11001000 00000001"到"11000000 00001001 11001000 00111110"，注意它们的最后8位中被网络号占住的两位都为"00"，因为主机号不能全为"0"和"1"，所以没有11000000 00001001 11001000 00000000 和11000000 00001001 11001000 00111111 这两个IP地址（下同）。注意实际上此时的主机号只有最后的6位。对应的十进制IP地址范围为192.9.200.1/26～192.9.200.62/26。而这个子网的网络ID为11000000 00001001 11001000 00000000，即192.9.200.0。

（2）第2个子网的IP地址是从"11000000 00001001 11001000 01000001"到"11000000 00001001 11001000 01111110"，注意此时被网络号所占住的2位主机号为"01"。对应的十进制IP地址范围为192.9.200.65/26～192.9.200.126/26。对应这个子网的网络ID为11000000 00001001 11001000 01000000，即192.9.200.64。

（3）第3个子网的IP地址是从"11000000 00001001 11001000 10000001"到"11000000 00001001 11001000 10111110"，注意此时被网络号所占住的2位主机号为"10"。对应的十进制IP地址范围为192.9.200.129/26～192.9.200.190/26。对应这个子网的网络ID为11000000 00001001 11001000 10000000，即192.9.200.128。

（4）第4个子网的IP地址是从"11000000 00001001 11001000 11000001"到"11000000 00001001 11001000 11111110"，注意此时被网络号所占住的2位主机号为"11"。对应的十进制IP地址范围为192.9.200.193/26～192.9.200.254/26。对应这个子网的网络ID为11000000 00001001 11001000 11000000，即192.9.200.192。图1-19示意了这一子网划分过程。

		网络		子网	主机ID
192.9.200.X	11000000	00001001	11001000	XX	XXXXXX
255.255.255.192	11111111	11111111	11111111	11	000000
子网0	11000000	10101000	00000010	00	000001~111110
子网1	11000000	10101000	00000010	01	000001~111110
子网2	11000000	10101000	00000010	10	000001~111110
子网3	11000000	10101000	00000010	11	000001~111110

图1-19　借2位产生了4个子网过程

小提示

192.9.200.1/26～192.9.200.62/26中的/26指子网掩码为网络地址的高26位1，其他地址与之相同。

1.5　网络设备选型

网络设备选型是网络工程中的关键问题，设备选型时应遵循以下一些基本原则：标准化原则、技术简单性原则、环境适应性原则、可管理性原则和容错冗余性原则。本节简单介绍常用网络设备在选型时需要考虑的关键因素。

1.5.1 网络适配器

网卡负责将计算机内部数据转换成适合在网络上传输的格式。在选购网卡时，要注意 3 个参数：网络接口类型、带宽/速率、总线类型。

1. 网卡分类

（1）有线网络网卡分类。

- 根据网络接口分为：细缆口、粗缆口、双绞线口（RJ–45 接口）和光缆口（SC 和 ST 接口），如图 1–20 所示。
- 根据网卡带宽分为：10Mbps、100Mbps、10/100Mbps 自适应、1000Mbps、10/100/ 1000Mbps 自适应和 10Gbps 网卡。
- 根据网卡的总线类型分为：ISA 接口、PCI 接口、EISA 接口和 MCA 接口等，目前普遍使用的是 PCI 接口的网卡。

光纤接口网卡　　　　　　　　　　RJ-45双绞线接口网卡

图 1–20　有线网卡

（2）无线网络网卡（如图 1–21 所示）。

- 根据网卡带宽分为：11Mbps（802.11b）、54Mbps（802.11a）、11/54Mbps（802.11g）自适应网卡。
- 根据网卡的总线类型分为：PCMCIA 接口、PCI 接口、USB 接口等（如图 1–21 所示）。

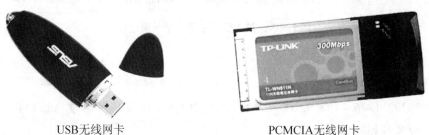

USB无线网卡　　　　　　　　　　PCMCIA无线网卡

图 1–21　无线网卡

2. 网卡产品选型

普通工作站以太网网卡在技术上基本没有太多考虑，只需选择 10/100Mbit/s 自适应的

RJ－45 接口快速以太网网卡即可。选购时可以考虑市场最常见的品牌，如 3Com、IBM、Intel、SMC、联想、D－Link 等。虽然各家厂商生产的网卡规格都大不相同，但都能够满足网络连接的基本需求。

服务器网卡相对复杂一些，网卡的接入速率提高到了 1000Mbps，而且也支持光纤作为传输介质，所以服务器以太网卡的网络接口有 RJ－45 接口和单模 SX、多模 SC 光纤接口。主机接口部分则要充分考虑相应的服务器插槽配置，64 位 PCI 插槽比较普遍，但传输性能比较差，PCI－X 一般在 IBM、SUN 服务器厂商的主板提供，不是很普及。除此之外，还有对性能的特殊要求，需要考虑高安全性能和低 CPU 占用率。

服务器的特殊性要求服务器网卡具有较高的安全性能，为此，各种厂商提供的具有容错功能的服务器网卡。例如，Intel 推出了 3 种容错服务器网卡，它们分别采用了 Adapter Fault Tolerance（AFT，即：网卡出错冗余）、Adapter Load Balancing（ALB，即：网卡负载平衡）、Fast Ether Channel（FEC，即：快速以太网通道）技术。

具有较低的 CPU 占用率的网卡对于繁忙的服务器来说也是非常重要的，服务器专用网卡具有特殊的网络控制芯片，可以从主 CPU 中接管许多网络任务，以提高服务器的利用率。

> **小提示**
>
> PCI－X 接口是并连的 PCI 总线（Peripheral Components Interconnect）的更新版本，仍采用传统的总线技术，不过有更多数量的接线针脚，与原先 PCI 接口所不同的是：一改过去的 32 位，PCI－X 采用 64 位宽度来传送数据，所以频宽自动就倍增两倍。

1.5.2　集线器

在共享网络中，集线器是解决从服务器直接到桌面最佳、最经济的方案。在交换式网络中集线器直接与交换机相连，将交换机端口的数据送到桌面。集线器在网络中起着重要作用。

1. 集线器分类

集线器按照不同的分类标准，分为不同的种类。

（1）按处理信号的方式不同，集线器分为被动无源集线器、主动有源集线器和智能集线器。被动集线器只是简单地对接收数据进行分发，不对数据做任何处理；主动集线器除了具有被动集线器的性能外，还能在分发数据之前检查数据，纠正损害的分组并调整时序，但不区分优先次序；智能集线器除了主动集线器的特性外，还具备了管理功能，如果连接到智能集线器上的设备出了问题，可以很容易地识别、诊断和修补。

（2）按配置形式不同，集线器分为独立式集线器、堆叠式集线器、模块式集线器。独立式集线器是最常见的，固定端口的单个盒子式的产品。堆叠式集线器解决了集线器级联时带宽逐级降低的问题，适合于工作节点较多且物理位置集中的环境。模块式集线器又称机箱式集线器，在一个大机箱内，有若干扩展槽，可插入数种可供网络扩充的模块。模块集线器具备网管功能，独立式集线器和堆叠式集线器不具备网管功能。

（3）按外形尺寸不同，集线器分为机架式集线器和桌面式集线器。

（4）按集线器的传输速率不同，集线器分为 10Mbps 集线器、100Mbps 集线器、10/100Mbps 自适应集线器。

2. 集线器产品选择

选用集线器时应该考虑集线器的以下性能指标。

（1）带宽。集线器带宽的选择，主要取决于上联设备带宽、节点数。集线器的带宽需和上联设备带宽保持一致，并且集线器每个节点可以分配的带宽等于集线器带宽除以节点数的值。

（2）可扩展性。一般的集线器分为 8 口、16 口、24 口几种，如果工作节点较多，需要通过堆叠或级联的方式用几个端口较少的集线器模拟一个端口较多的集线器的功能，来拓展节点数。这种情况下应考虑有堆叠或级联功能的集线器。

（3）网管功能。普通集线器只起到简单的信号放大和再生的作用，无法对网络性能进行优化。而智能集线器改进了普通集线器的缺点，增加了网络的交换功能，具有网络管理和自动检测网络端口速度的能力（类似于交换机）。网管功能大多是通过增加网管模块来实现的。实现网管的最大用途是用于网络分段，从而缩小广播域，减少冲突，提高数据传输效率。另外，通过网络管理可以在远程监测集线器的工作状态，并根据需要对网络传输进行必要的控制。

（4）配置形式。在小型局域网中广泛使用独立型集线器。模块化集线器应用在大型网络中。可堆叠式集线器堆叠起来相当于一个模块化集线器，可非常方便地实现网络的扩充。

（5）接口类型。集线器的接口决定了集线器的互联能力。与双绞线连接时需要具有 RJ‑45 接口；与细缆相连，需要具有 BNC（Bayonet Nut Connector）接口；与粗缆相连，需要有 AUI（Attachment Unit Interface）接口；当局域网长距离连接时，还需要具有与光纤连接的光纤接口。

（6）品牌和性价比。高档集线器主要是美国产品，如 3Com、Intel 等，它们在设计上比较独特，一般几个甚至是每个端口配置一个处理器，其价位也比较高。我国的 D‑Link 和 Accton 的产品占据了中低端市场上的主要份额，而我国内地的一些公司（如联想、实达）也分别推出了自己的产品。中低档集线器一般均采用单处理器技术，其外围电路的设计思想也大同小异，各个品牌在质量上差距也不大。

1.5.3 交换机

交换机是构建网络平台的"基石"，又称网络开关。交换机的出现，大大提高了网络速度和带宽，使整个网络性能得到优化。

1. 交换机类型

根据交换机的应用规模分类，交换机分为企业级核心交换机、部门级汇聚交换机、工作组接入层交换机、桌面级接入层交换机。

（1）企业级核心交换机。

企业核心层交换机采用机箱式模块化设计，配备相应的 10/100/1000Base‑T 模块（有少数能提供万兆），支持 3 层到更高层的交换。这种交换机具有高速交换能力，背板容量高达几十 GB，一般都是千兆以太网交换机。通常的企业级核心层交换机的背板带宽是 256G，包转发速率从 96 Mbps 到 170 Mbps，这两个指标越高则交换机的性能越强大。企业级交换机适合于拥有 500 个信息点以上大型企业网的骨干网组网。

（2）部门级汇聚交换机。

部门级汇聚交换机支持 300 个信息点以下中型企业网络连接。它较前面的网络规模要小许多，一般用在网络的配线间或园区网网络中心以外的建筑物，为接入层交换机进行汇聚。这类交换机一般是机箱式模块化配置，除了常用的 RJ－45 双绞线接口外，可能有光纤接口，能支持百兆到千兆的端口速度。部门级交换机具有智能型特点，支持 VLAN，支持 3 层交换，可实现端口管理，可对流量进行控制，有网络管理的功能。当然对于规模较小的中小企业也可以用它来做核心交换机。

（3）工作组接入层交换机。

一般认为有 10/100M 端口，并有 1000M 上行级联口或级联扩展模块的交换机就是工作组接入层交换机，背板带宽在 8.8 Gbps 以上，多数支持 3 层交换功能以及 VLAN 功能，这种交换机普遍用于 100Mbps 快速以太网，支持 100 个以内的信息点。这类交换机应用于对带宽有较高要求和较高网络性能的工作组使用。

（4）桌面级接入层交换机。

桌面级接入层交换机是最普通的交换机，端口一般都支持 10/100M，一般只有 2 层交换功能。广泛的使用于一般办公室，仅仅用于扩大接入端口的数量，对网络带宽要求为 10/100Mbps 自适应，对网络交换性能要求较低，背板带宽在 2 Gbps 到 6.8 Gbps 之间。

2. 交换机的选购

交换机应用广泛，在选购交换机时，主要参考以下性能指标。

（1）背板带宽，也称背板吞吐量，是交换机接口处理器或接口卡和数据总线间所能吞吐的最大数据量。一台交换机的背板带宽越高，所能处理数据的能力就越强，但同时设计成本也会增加。

（2）包转发率，是指交换机每秒可以转发多少个数据包，即交换机能同时转发的数据包的数量。

（3）MAC 地址表容量，MAC 地址表是存放交换机能够识别的主机的 MAC 地址。中低端交换机一般为 8K 和 16K。MAC 地址表容量的大小反映了连接到该设备能支持的最大节点数。

（4）VLAN 能力，VLAN（Virtual Local Area Network，即：虚拟局域网）技术的出现，主要是为了解决交换机在进行局域网互联时无法限制广播的问题。这种技术可以把一个 LAN 划分成多个逻辑的 LAN－VLAN，每个 VLAN 是一个广播域，VLAN 内的主机间通信就和在一个 LAN 内一样，而 VLAN 间则不能直接互通，这样，广播报文就被限制在一个 VLAN 内。

（5）网管能力，交换机的管理功能是指交换机如何控制用户访问交换机，以及系统管理人员通过软件对交换机的可管理程度如何。在可管理的内容中，包括了处理具有优先权流量的服务质量（QoS）、增强策略管理的能力、管理虚拟局域网流量的能力，以及配置和操作的难易程度。其中 QoS 性能主要表现在保留所需要的带宽，从而支持不同服务级别的需求。可管理性还涉及交换机对策略的支持，策略是一组规则，它控制交换机工作。网络管理员采用策略分配带宽，并对每个应用流量和控制网络访问指定优先级。其重点是带宽管理策略，且必须满足服务级别协议（Service‐Level Agreement，即 SLA）。分布式策略是堆叠交换机的重要内容，应该检查可堆栈交换机是否支持目录管理功能，如轻型目录访问协议（Lightweight Directory Access Protocol，即 LDAP），以提高交换机的可管理性。

（6）堆叠，堆栈技术采用专门的管理模块和堆栈连接电缆将至少两台以上的设备通过菊花链的方式连接起来。这样做的好处是，一方面，增加了用户端口，能够在交换机之间建立一条较宽的宽带链路；另一方面，多个交换机能够作为一个大的交换机，便于统一管理。

（7）支持的协议和标准，一般指由国际标准化组织所制订的联网规范和设备标准。可根据网络模型的第 1 层、第 2 层和第 3 层进行分类如下。

- 第 1 层：EIA/TIA‐232、EIA/TIA‐449、X.21、EIA530/EIA530A 接口定义。
- 第 2 层：802.1d/SPT、802.1Q、802.1p 及 802.3x。
- 第 3 层：IP、IPX、RIP1/2、OSPF、BGP4、VRRP，以及组播协议等。

小知识

VLAN 的优点如下。

- 限制广播域。广播域被限制在一个 VLAN 内，节省了带宽，提高了网络处理能力。
- 增强局域网的安全性。不同 VLAN 内的报文在传输时是相互隔离的，即一个 VLAN 内的用户不能和其他 VLAN 内的用户直接通信，如果不同 VLAN 要进行通信，则需要通过路由器或 3 层交换机等 3 层设备。
- 灵活构建虚拟工作组。用 VLAN 可以划分不同的用户到不同的工作组，同一工作组的用户也不必局限于某一固定的物理范围，网络构建和维护更方便灵活。因此，要求接入设备支持≥4K 个 VLAN 是必须的。

1.5.4 路由器

路由器是网际设备，在不同网络之间起到“翻译”的作用。它是具有相当丰富路由协议的软、硬结构设备。

1. 路由器的分类

（1）按性能档次划分。

按性能档次划分，可将路由器分为高、中和低档 3 类路由器。通常将路由器吞吐量大于 40Gbps 的路由器称为高档路由器，吞吐量在 25Gbps～40Gbps 之间的路由器称为中档路由器，而将低于 25Gbps 的看作低档路由器。不过各厂家对路由器的档次划分并不完全一致。以 Cisco 公司为例，12000 系列为高端路由器，7500 以下系列路由器为中低端路由器。

（2）按结构划分。

按结构划分，可将路由器分为模块化结构和非模块化结构两种。模块化结构可以灵活地配置路由器，以适应企业不断增加的业务需求；非模块化的就只能提供固定的端口。通常，中高端路由器为模块化结构，低端路由器为非模块化结构。

（3）从功能上划分。

从功能上划分，路由器分为核心层（骨干级）路由器、分发层（企业级）路由器、访问层（接入级）路由器。

● 核心层路由器是实现企业级网络互联的关键设备，它数据吞吐量较大，非常重要。对核心层路由器的基本性能要求是高速度和高可靠性。为了获得高可靠性，网络系统普遍采用诸如热备份、双电源、双数据通路等传统冗余技术，从而保证骨干路由器的可靠性。

● 分发层路由器连接许多终端系统，连接对象较多，但系统相对简单，且数据流量较小，对这类路由器的要求是以尽量便宜的方法实现尽可能多的端点互联，同时还要求能够支持不同的服务质量。

● 访问层路由器主要应用于连接家庭或 ISP 内的小型企业客户群体。

（4）按所处的网络位置划分。

根据路由器所处的网络位置进行划分，通常将路由器划分为"边界路由器"和"中间节点路由器"。"边界路由器"是处于网络边缘，用于不同网络路由器的连接；而"中间节点路由器"则处于网络的中间，通常用于连接不同网络，起到一个数据转发的桥梁作用。中间节点路由器需要选择缓存更大、MAC 地址记忆能力较强的路由器，更多地识别不同网络中的各节点。边界路由器由于它可能要同时接受来自许多不同网络路由器发来的数据，所以这就要求这种边界路由器的背板带宽足够宽，当然这也要与边界路由器所处的网络环境而定。

（5）从性能上划分。

按性能划分可将路由器分为线速路由器和非线速路由器，所谓"线速路由器"就是完全可以按传输介质带宽进行通畅传输，基本上没有间断和延时。通常线速路由器是高端路由器，具有非常高的端口带宽和数据转发能力，能以媒体速率转发数据包；中低端路由器是非线速路由器。但是一些新的宽带接入路由器也有线速转发能力。

2. 路由器的选购

路由器的价格昂贵且配置复杂，一般在选购路由器时，主要考虑以下几个方面。

（1）路由器所支持的路由协议。

路由器就是用来连接不同网络的，这些所连接的不同网络可能采用的是同一种通信协议，也可能采用的是不同的通信协议。因此，路由器支持的路由协议越多，通用性就越强。

（2）丢包率。

丢包率就是在一定的数据流量下路由器不能正确进行数据转发的数据包在总的数据包中所占的比例。丢包率的大小会影响到路由器线路的实际工作速率，严重时甚至会使线路中断，通常正常工作所需的路由器丢包率应小于1%。

（3）背板能力。

背板能力通常是指路由器背板容量或者总线带宽能力，这个性能对于保证整个网络之间的连接速度是非常重要的。如果所连接的两个网络速率都较快，而由于路由器的带宽限制，这将直接影响整个网络之间的通信速率。

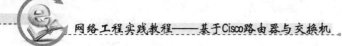

（4）吞吐量。

吞吐量是路由器对数据包的转发能力。较高档的路由器可以快速正确地转发大的数据包，而较低档的路由器只能转发较小的数据包，遇到大数据包时需要先将其拆分成小数据包后才能转发。高速路由器的包转发能力至少达到20Mpps以上。吞吐量主要包括以下两个方面。

● 设备吞吐量，指设备整机的包转发能力，是设备性能的重要指标。路由器的工作在于根据IP包头或者MPLS（Multi-Propocol Label Switching）标记选路，因此性能指标是指每秒转发包的数量。设备吞吐量通常小于路由器所有端口吞吐量之和。

● 端口吞吐量，指路由器在某端口上的包转发能力。

（5）转发时延。

路由器的转发时延是指数据包第一个比特进入路由器到最后一个比特从路由器输出的时间间隔。该时间间隔是路由器的处理时间，它与背板能力、吞吐量参数紧密相关。

（6）路由表容量。

路由表容量是指路由器运行中可以容纳的路由数量。路由器通常依靠所建立及维护的路由表来决定包的转发。这一参数与路由器自身所带的缓存大小有关。一般而言，高速路由器应该能够支持至少25万条路由，因为它可能要面对非常庞大的网络。

（7）可靠性。

可靠性是指路由器的可用性、无故障工作时间和故障恢复时间等指标，这一指标一般无法测试。可以选购信誉较好、技术先进的品牌作保障。

（8）网管能力。

同交换机的管理能力相比，路由器的网管能力更加强大。尤其在大型网络中，网络的维护和管理负担就越来越重，在路由器这一层上支持标准的网管系统尤为重要。选择路由器时，务必要关注网络系统的监管和配置能力是否强大，设备是否可以提供统计信息和深层故障检测的诊断功能等。

1.5.5 服务器

服务器是为网络用户提供共享信息资源和服务的特殊计算机，在网络中处于主导地位。服务器的构成与普通计算机基本相似，有处理器、硬盘内存、系统总线等，但服务器比普通计算机拥有更强的处理能力、更多的内存和硬盘空间。正因为如此，服务器的处理能力、稳定性、可靠性、安全性、可扩展性、可管理性等方面比普通计算机强大得多。

1. 服务器的分类

（1）从包含处理器的个数来分，服务器分为单路服务器、双路服务器、四路服务器、八路服务器等，其中将四路以上统称多路服务器。

（2）从处理器架构来分，服务器包括RISC（Reduced Instruction Set Computer，即精简指令集计算机）服务器和X86服务器，一般将通用基于X86服务器称为PC服务器。

（3）从应用来分，服务器又可以分为Web服务器、邮件服务器、数据库服务器等。

（4）从服务器的结构上可以将服务器分为塔式服务器和机架式服务器，其中机架式服务器按照机器的厚度又分为1U服务器、2U服务器、3U服务器、4U服务器等。

（5）按照服务器的集约化的方式可以分为刀片服务器、集群系统等。

2. 服务器的选择

服务器既是网络的文件中心，同时又是网络的数据中心，在相当大程度上决定了整个网络的性能。因此，服务器的选购尤为重要，选购策略参考以下几点。

（1）适当的处理器架构。

这对于服务器来说是一个非常关键的注意事项。不同的处理器架构在相当很大程度上决定了服务器的性能水平和整体价格。对于一般的中小型企业通常选择的是 Intel 的 IA（Intel Architec－ture）架构和 AMD 的 x86－64 架构，这类处理器一般只具有较低的可扩展能力，并行扩展路数一般在 8 路以下，且基本上是采用常见的微软 Windows 服务器系统。而对于那些在性能、稳定性和可扩展能力上要求较高的大中型企业和行业用户，则建议选择基于 RISC 架构处理器的服务器，所采用的服务器操作系统一般是 UNIX 或者 Linux，当然绝大多数也支持微软的 Windows 服务器系统。

（2）适宜的可扩展能力。

服务器的可扩展能力主要表现在处理器的并行扩展和服务器群集扩展两个方面。一般的中小型企业通常是采用前者，因为这种扩展技术容易实现，成本低。至于服务器群集扩展技术，现在在一些国外品牌的企业级甚至部门级服务器中已开始普及，它通过一个群集管理软件把多个相同或者不同的服务器集中起来管理，以实现负载均衡，提高服务器系统的整体性能水平，不过配置起来非常复杂，在中小型企业建议不要采用。

（3）适当的服务器架构。

这里所指的服务器架构主要是从服务器的整体结构上来讲的，它分为塔式、机架式和刀片式 3 种，它们各自具有不同的优点。

● 塔式结构是最传统的服务器架构，就像平常所用的立式 PC 机一样，不过服务器的塔式机箱一般比较大，因为它要容纳更多的接插件，并需要更大的空间来散热。所以，塔式架构的优点就是可扩展更多的总线、内存插槽，提供更多的磁盘架位，还可以更好地散热；它的不足就在于它的体积太大，对于机房空间比较宝贵的企业用户来说，可能不是最佳选择。

● 机架式架构就像平常所见到的交换机一样，呈盒状，重量也比较轻，可以轻易地安装在桌面上，这就是它的优点。但同时，因为它的空间非常有限，所以它的扩展能力一般比较有限，而且对服务器配件的热稳定性要求也比塔式的要高，因为它的空间小，散热不易，所以它的优点也带来了相应的缺点。

● 刀片式架构则是一种新型的服务器架构，它比机架式架构更小，但它具有非常灵活的扩展性能，可通过安装在一个刀片机柜中实现类似于多服务器群集的功能。因为刀片式服务器（如图 1－22 所示）本身体积非常小，就像其他设备的模块化板件一样，所以，在一个机柜中可以安装几个，甚至几十个这样的刀片式服务器，实现服务器整体性能的成倍提高。目前，刀片式服务器技术发展非常迅速，它既可以满足中小型企业的业务扩展需求，又可以满足大中型企业高性能的追求，还有智能化管理功能，是未来发展的一种必然趋势。

（4）合适的品牌。

要把品牌、质量（包括产品质量和服务质量两方面）和价格三者联系在一起综合考虑，而不是单纯地谈品牌。基本上，好的品牌才有好的产品质量，也才有好的服务保证，

图 1-22　刀片式服务器

但相应的产品价格都比一般的要贵些,这就要求用户均衡利弊来选择了。前几年,服务器产品主要是以国外品牌为主,如 IBM、HP、Sun(称为国际服务器市场的"三甲")等,但近几年国内服务器品牌发展迅速,服务器产品的技术水平和性能都得到了极大的提高。如国内有联想、浪潮和曙光(称为国内服务器市场的"三甲"),其服务器技术水平已比较接近国外著名品牌。

1.6　动 动 脑 筋

1. 网络工程建设过程中要经历哪几个阶段?

_____

_____

2. OSI 网络参考模型各层都有哪些功能?

_____

_____

_____

3. 集线器、交换机和路由器在网络连接中起什么作用?

_____

_____

_____

4. IP 地址和 MAC 地址都可以标识网络中的一台计算机,两者之间有什么区别和联系?

_____

_____

_____

_____

5. 某网络有 3 个网段,网络中的每一个网段只有 30 台主机,现在只申请了一个 C 类网络地址 211.208.2.0，利用子网络划分的方法为其进行 IP 地址的分配，如何进行？

_____

_____

_____

1.7 学 习 小 结

通过本章的学习，读者对网络基础及网络工程基础知识有了初步的了解，对 OSI 参考模型和 TCP/IP 参考模型的分层结构及每层的功能有了初步的认识。同时掌握了 IP 地址相关技术，对网络互联设备的基本工作原理和分类以及设备选购有了深入认识。这一章是进一步学习后面章节的基础。

第 2 章　网络工程初体验——常用操作命令

2.1　知 识 准 备

2.1.1　概述

一台计算机必须正确设置了 IP 地址、子网掩码、域名服务器和网关，才能正常上网，缺一不可。但把上面的几方面设置齐备后，如果仍然不能上网的话，就要检查其错误所在了，网络中可以通过网络管理命令为检查错误提供依据。

虽然平时在使用 Windows 操作系统的时候，主要是对图形界面进行操作，但是网络管理命令仍然非常有用，下面就来看看这些命令到底有哪些作用，同时学习使用这些命令的技巧。

2.1.2　ping 命令

ping 是个使用频率极高的命令，用于确定本地主机是否能与另一台主机通信。根据返回的信息，可以推断 TCP/IP 参数是否设置得正确以及运行是否正常。

简单地说，ping 就是一个测试程序，如果 ping 运行正确，大体上就可以排除网络访问层、网卡、modem 等的故障，从而减小了问题的范围。但由于可以自定义所发数据包的大小及无休止的高速发送，ping 也被某些别有用心的人作为 DDOS（分布式拒绝服务攻击）的工具。

1. 命令语法

```
ping [ -t] [ -a] [ -n count] [ -l size] [ -f] [ -i TTL] [ -v TOS] [ -r count] [ -s
count] [ { -j hostlist | -k hostlist} ] [ -w timeout] [TargetName]
```

2. 命令功能

用来检查网络是否通畅或者网络连接速度的命令。

3. 参数说明

● -t：不停止地对某一特殊地址进行测试，直到按 CTRL + BREAK 或 CTRL + C 为止。

● -a：将地址解析为计算机 NetBios 名。

● -n count：发送 count 指定的 ECHO 数据包数，通过这个命令可以自己定义发送的个数，对衡量网络速度很有帮助。能够测试发送数据包的返回平均时间及时间的快慢程度。其默认值为 4。

● -l size：发送指定数据量的 ECHO 数据包。其默认为 32 字节，最大值是 65 500byte。

● -f：在数据包中发送 "不要分段" 标志，数据包就不会被路由上的网关分段。通常所发送的数据包都会通过路由分段再发送给对方，加上此参数以后路由就不会再分段处理。

- －i TTL：将"生存时间"字段设置为 TTL 指定的值，指定 TTL 值在对方的系统里停留的时间，同时检查网络运转情况。
- －v TOS：将"服务类型"字段设置为 TOS 指定的值。
- －r count 在"记录路由"字段中记录传出和返回数据包的路由。通常情况下，发送的数据包是通过一系列路由 B 才到达目标地址的，通过此参数可以设定想探测经过路由的个数。限定能跟踪到 9 个路由。
- －s count：指定 count 指定的跃点数的时间戳。与参数－r count 差不多，但此参数不记录数据包返回所经过的路由，最多只记录 4 个。
- －j hostlist：利用 computer－list 指定的计算机列表路由数据包。连续计算机可以被中间网关分隔（路由稀疏源），IP 允许的最大数量为 9。
- －k hostlist：computer－list 利用 computer－list 指定的计算机列表路由数据包。连续计算机不能被中间网关分隔，IP 允许的最大数量为 9。
- －w timeout：指定超时间隔，单位为毫秒。
- Target Name：指定要 ping 的远程计算机，既可以是 IP 地址，也可以是主机名。
- /?：在命令提示符状态下显示帮助信息。

4. 命令详解

默认配置下，Windows 上运行的 ping 命令发送 4 个 ICMP（网间控制报文协议）回送请求，每个 32 字节数据，正常情况下应能得到 4 个回送应答。Ping 能显示 TTL（Time To Live，即：存在时间）值，可以通过 TTL 值推算一下数据包已经通过了多少个路由器（每过一个路由器 TTL 减一）。例如，返回 TTL 值为 110，那么可以推算数据报离开源地址的 TTL 起始值为 128，而源地点到目标地点要通过 18 个路由器网段（128－110）。

5. 命令示例

（1）ping 环回地址。

测试的第一步是使用 ping 命令来验证本地主机的内部 IP 配置。请记住本测试通过对一个保留地址使用 ping 命令来完成，该保留地址称为 loopback（127.0.0.1）。这将验证从网络层到物理层再返回网络层的协议栈是否工作正常，而不会向网络介质发送任何信号。

使用下列语法输入 ping 环回命令：

```
C:\>ping 127.0.0.1
```

来自命令的回复类似下列语句：

```
Reply from 127.0.0.1:bytes = 32 time <1ms TTL = 128
Reply from 127.0.0.1:bytes = 32 time <1ms TTL = 128
Reply from 127.0.0.1:bytes = 32 time <1ms TTL = 128
Reply from 127.0.0.1:bytes = 32 time <1ms TTL = 128
Ping statistics for 127.0.0.1:
Packets:Sent = 4, Received = 4, Lost = 0 (0% loss),
Approximate round trip times in milli - seconds:
Minimum = 0ms, Maximum = 0ms, Average = 0ms
```

以上结果表示发送了 4 个测试数据包，每个包的大小为 32 个字节，并都在 1 ms 内从主机 127.0.0.1 返回了。TTL 代表生存时间，用于定义数据包在被丢弃前所剩下的跳数。

测试序列中的下一步是验证网卡地址是否已与 IPv4 地址绑定以及网卡是否已准备好通过介质传输信号。

（2）ping 本机 IP。

假设分配给网卡的 IPv4 地址为 192.168.1.1。

在命令行中输入下列内容：

```
C:\>ping 192.168.1.1
```

成功的应答类似下列内容：

```
Reply from 192.168.1.1:bytes=32 time<1ms TTL=128
Reply from 192.168.1.1:bytes=32 time<1ms TTL=128
Reply from 192.168.1.1:bytes=32 time<1ms TTL=128
Reply from 192.168.1.1:bytes=32 time<1ms TTL=128
Ping statistics for 192.168.1.1:
Packets:Sent=4, Received=4, Lost=0 (0% loss),
Approximate round trip times in milli-seconds:
Minimum=0ms, Maximum=0ms, Average=0ms
```

此测试验证表明网卡驱动程序和网卡的大部分硬件工作正常。它还验证表明该 IP 地址已正确绑定到该网卡，但不一定将信号发送到介质上。

如果此测试失败，则很可能网卡的硬件或驱动软件或同时存在问题，可能需要重新安装。此规程取决于主机的类型及其操作系统。

（3）ping 本地局域网中的主机。

如果 ping 其他主机成功，则可验证本地主机（本例中的路由器）和远程主机都配置正确。

如果失败消息是请求超时。这表示在默认的时段内，ping 命令未获响应，说明网络的延时可能存在问题。

如果收到 0 个回送应答，那么表示子网掩码不正确或网卡配置错误或电缆系统有问题。也可能是 ping 命令被设备的安全功能禁止。

（4）ping 网关 IP。

这个命令如果应答正确，表示局域网中的网关路由器正在运行并能够做出应答（网关是主机通向外部网络的出入口）。如果 ping 命令返回了成功的回应，则验证了主机与网关之间的连通性。

（5）ping 远程 IP。

如果收到 4 个应答，表示成功地使用了默认网关。对于拨号上网用户则表示能够成功地访问 Internet（但不排除 ISP 的 DNS 会有问题）。

（6）ping 域名（如 www.baidu.com）。

这个命令通常是通过 DNS 服务器把域名转成对应的 IP 地址，然后再进行 ping 的操作，如果 ping 域名出现故障，则表示 DNS 服务器的 IP 地址配置不正确或 DNS 服务器有故障（对于拨号上网用户，某些 ISP 已经不需要设置 DNS 服务器了）。顺便说一句：也可以利用该命令实现域名对 IP 地址的转换功能。

2.1.3　追踪远程主机 tracert

如果想知道自己到达某个目标到底经过了哪些路径，可以使用 tracert 命令来检查到达的目标 IP 地址的路径并记录结果。tracert 命令显示用于将数据包从源主机传递到目的主机的一组 IP 路由器，以及每个跃点所需的时间。如果数据包不能传递到目的主机，tracert 命令将显示成功转发数据包的最后一个路由器。tracert 命令得到的路径是源主机到目的主机的一条路径，但不能认为数据包总遵循这个路径，因为每次都会有不同的路径，本书将在后面有关章节进行讲解。

tracert 的使用很简单，只需要在 tracert 后面跟一个 IP 地址或 URL，tracert 会进行相应的域名转换。

1. 命令语法

```
tracert [-d] [-h maximum_hops] [-j host-list] [-w timeout][targetname]
```

2. 命令功能

追踪可用于返回数据包在网络中传输时沿途经过的跳的列表。

3. 参数说明

● -d：防止 tracert 试图将中间路由器的 IP 地址解析为它们的名称

● -h Maximum Hops：在搜索目标（目的）的路径中指定跳的最大数。默认为 30 跳。

● -j Hostlist：指定"回响请求"消息对于在主机列表中指定的中间目标集使用 IP 报头中的"松散源路由"选项。可以由一个或多个具有松散源路由的路由器分隔连续中间的目的地。主机列表中的地址或名称的最大数为 9。主机列表是一系列由空格分开的 IP 地址。

● -w timeout：指定等待"ICMP 之超时"或"回响答复"消息的时间（以毫秒为单位）。如果超时时间内未收到消息，则显示一个星号（＊）。默认的超时时间为 4000（4 秒）。

● targetname：指定目标，可以是 IP 地址或主机名。

4. 命令示例 C:\ >tracert www. baidu. com

```
Tracing route to www.a.shifen.com [119.75.213.50]
over a maximum of 30 hops:
  1    *        *        *     Request timed out.
  2    *        *        *     Request timed out.
  3    *        *        *     Request timed out.
  4    *        *        *     Request timed out.
  5    *        *        *     Request timed out.
  6    *        *        *     Request timed out.
  7    *        *        *     Request timed out.
  8    10 ms    6 ms     7 ms  119.75.213.50
Trace complete.
```

▼ 小提示

若从路由器 CLI 中执行追踪，请使用 traceroute。

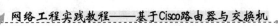

2.1.4 ipconfig

ipconfig 一般用来检验主机配置的 TCP/IP 是否正确，如果主机和所在的局域网使用了动态主机配置协议（DHCP），这个程序所显示的信息更加实用。这时，ipconfig 可以让我们知道自己的计算机是否成功地租用到一个 IP 地址，如果租用到则可以知道它目前分配到的是什么地址。知道主机当前的 IP 地址、子网掩码和默认网关实际上是进行测试和故障分析的必要项目。

1. 命令语法

```
ipconfig {/? |/all |/renew [adapter] |/release [adapter] }
```

2. 命令功能

显示主机的 IP 设置。

3. 参数说明

- ipconfig：显示 IP 地址、子网掩码和默认网关值（command）。
- all：显示全部的信息（Display full configuration information）。
- release：释放 IP 配置（Release the IP address for the specified adapter）。
- renew：重新配置（Renew the IP address for the specified adapter）。

4. 命令示例：ipconfig /all

```
PC > ipconfig /all
Physical Address.................: 0001.C741.0633
IP Address.......................: 192.168.10.2
Subnet Mask......................: 255.255.255.0
Default Gateway..................: 192.168.10.1
DNS Servers......................: 192.168.5.9
```

ipconfig 能为 DNS（Domain Name System）和 WINS（Windows Internet Naming Server）服务器显示它已配置且所要使用的附加信息（如 IP 地址等），并且显示内置于本地网卡中的物理地址（MAC）。

> **小提示**
>
> ipconfig /release 和 ipconfig /renew 是两个附加选项，只能在向 DHCP 服务器租用 IP 地址的主机上起作用。如果输入 ipconfig /release，那么所有接口的租用 IP 地址便重新交给 DHCP 服务器（归还 IP 地址）。如果输入 ipconfig /renew，那么本地计算机便设法与 DHCP 服务器取得联系，并租用一个新的 IP 地址。多数情况下网卡将被赋予和以前所赋予的相同的 IP 地址。

2.1.5 nslookup

nslookup 命令的功能是查询一台机器的 IP 地址和其对应的域名。它通常需要一台域名服务器来提供域名服务。如果用户已经设置好域名服务器，就可以用这个命令查看不同主机的 IP 地址对应的域名。

1. 命令语法

```
nslookup [ip address /domain]
```

2. 命令功能

DNS 解析。

3. 参数说明

- ip address：正向解析。
- domain：反向解析。

4. 命令示例：nslookup www. baidu. com

假如现在网络中已经架设好了一台 DNS 服务器，主机名称为百度，它可以把域名 www. baidu. com 解析为 119. 75. 213. 51 的 IP 地址，这是人们平时用得比较多的正向解析功能。

那么反向解析是什么呢？能否把 IP 地址反向解析为域名？答案当然是肯定的。只要在命令提示符 C:\＞的后面键入 Nslookup 119. 75. 213. 51 即可。

然而，有的时候，键入 Nslookup 119. 75. 213. 51，却出现如下结果：

```
＊＊＊ can't find 119. 75. 213. 51: Non‐existent domain
```

这种情况说明网络中 DNS 服务器在工作，却不能实现域名的正确解析。可能是 DNS 服务器的配置错误。

也可能出现这样的效果：

```
＊＊＊ Can't find server name for domain: No response from server
```

这种情况说明测试主机在目前的网络中根本没有找到可以使用的 DNS 服务器。

2. 1. 6　netstat

这是一个用来查看网络状态的命令，操作简便，功能强大。netstat 用于显示与 IP、TCP、UDP 和 ICMP 协议相关的统计数据，一般用于检验本机各端口的网络连接情况。

计算机并不是每次都能正确地接收或发出数据包。可能会出现底层网络错误或是配置错误。TCP/IP 可以容许一些错误，并能够自动重发数据包。但如果累计的出错数目占到所接收的 IP 数据包相当大的百分比，或者它的数目正迅速增加，那么就应该使用 netstat 查一查为什么会出现这些情况了。

1. 命令语法

```
netstat [ -a] [ -b] [ -e] [ -n] [ -r] [ -s] [interval]
```

2. 命令功能

用于显示与 IP、TCP、UDP 和 ICMP 协议的统计数据，一般用于检测本机各端口的网络连接情况。

3. 参数说明

- -a：显示所有连接端口。
- -b：显示包含于创建每个连接或监听端口的可执行组件。

- –n：以数字形式显示地址和端口号。
- –s：能够按照各个协议分别显示其统计数据。如果应用程序（如 Web 浏览器）运行速度比较慢，或者不能显示 Web 页之类的数据，那么就可以用本选项来查看一下所显示的信息。需要仔细查看统计数据的各行，找到出错的关键字，进而确定问题所在。
- –r：本选项可以显示关于路由表的信息，除了显示有效路由外，还显示当前有效的连接。
- –e：用于显示关于以太网的统计数据。它列出的项目包括传送的数据包的总字节数、错误数、删除数、数据包的数量和广播的数量。这些统计数据既有发送的数据包数量，也有接收的数据包数量。这个选项可以用来统计一些基本的网络流量。
- interval：每隔 interval 秒重新显示选定统计信息。

4. 命令示例：netstat – a

```
PC > netstat – a
Active Connections
   Proto  Local Address                    Foreign Address              State
   TCP   MICROSOF – A4BF5D:epmap            MICROSOF – A4BF5D:0  LISTENING
   TCP   MICROSOF – A4BF5D:microsoft – ds   MICROSOF – A4BF5D:0  LISTENING
   TCP   MICROSOF – A4BF5D:1029             MICROSOF – A4BF5D:0  LISTENING
   TCP   MICROSOF – A4BF5D:30606            MICROSOF – A4BF5D:0  LISTENING
   ……
```

2.1.7　net

这个命令是网络命令中最重要的一个，它的功能实在是太强大了，可以用来管理网络环境、服务、用户、登录等。

1. net view

（1）命令语法。

```
net view [ \\computername | /domain[ :domainname]]
```

（2）命令功能。

显示域列表、计算机列表或指定计算机的共享资源列表。

（3）参数说明。

- 键入不带参数的 net view 显示当前域的计算机列表。
- \\computername：指定要查看其共享资源的计算机。
- /domain [:domainname]：指定要查看其可用计算机的域。

（4）命令示例。

```
net view \\YFANG          //查看 PC 机名为 YFANG 的共享资源列表
net view /domain LOVE     //查看 LOVE 域中的机器列表
```

2. net user

（1）命令语法。

```
net user [ username [ password | * ] [ options]] [ /domain]
```

（2）命令功能：添加或更改用户帐号或显示用户帐号信息。该命令也可以写为 net users。

（3）参数说明。

- 键入不带参数的 net user 查看计算机上的用户帐号列表。
- username：添加、删除、更改或查看用户帐号名。
- password：为用户帐号分配或更改密码。
- *：提示输入密码。
- /domain：在计算机主域的主域控制器中执行操作。

（4）命令示例。

```
net user yfang              //查看用户 YFANG 的信息
```

3. net use

（1）命令语法。

```
• net use {devicename |* }[password |* ]/home
• net use [ /persistent:{yes |no}]
```

（2）命令功能。

连接计算机或断开计算机与共享资源的连接，或显示计算机的连接信息。

（3）参数说明。

- 键入不带参数的 net use 列出网络连接。
- devicename：指定要连接到的资源名称或要断开的设备名称。
- \\computername\sharename：服务器及共享资源的名称。
- password：访问共享资源的密码。
- *：提示键入密码。
- /user：指定进行连接的另外一个用户。
- domainname：指定另一个域。
- username：指定登录的用户名。
- /home：将用户连接到其宿主目录。
- /delete：取消指定网络连接。
- /persistent：控制永久网络连接的使用。

（4）命令示例。

```
net use e: \\YFANG \TEMP           //将 \\YFANG \TEMP 目录建立为 E 盘
net use e: \\YFANG \TEMP  /delete   //断开连接
```

4. net time

（1）命令语法。

```
net time [ \\computername |/domain[:name]] [ /set]
```

（2）命令功能。

使计算机的时钟与另一台计算机或域的时间同步。

（3）参数说明。

- \\computername：要检查或同步的服务器名。

- /domain［:name］：指定要与其时间同步的域。
- /set：使本计算机时钟与指定计算机或域的时钟同步。

5. net start

（1）命令格式。

```
net start service
```

（2）命令功能。

启动服务，或显示已启动服务的列表。

6. net pause

（1）命令语法。

```
net pause service
```

（2）命令功能。

暂停正在运行的服务。

7. net continue

（1）命令语法。

```
net continue service
```

（2）命令功能。

重新激活挂起的服务。

8. net stop

（1）命令语法。

```
net stop service
```

（2）命令功能。

停止 Windows NT 网络服务。

2.1.8 arp

ARP 是一个重要的 TCP/IP 协议，用于确定对应 IP 地址的网卡物理地址。用 arp 命令，能够查看本地计算机或另一台计算机的 ARP 高速缓存中的内容。也可以用人工方式输入静态的网卡物理/IP 地址对。系统仅使用最近访问过的设备信息填充 ARP 缓存。要确保填充 ARP 缓存，请 ping 一台设备以使该设备对应的条目出现在 ARP 表中，当尝试 ping 每个地址的同时，工具会发出一个 ARP 请求以获取 ARP 缓存中的 IP 地址。通过最近的访问激活每台主机，从而确保 ARP 表是最新的。

1. 命令语法

```
arp［-a［InetAddr］［-N IfaceAddr］］
    ［-g［InetAddr］［-N IfaceAddr］］
    ［-d［InetAddr［IfaceAddr］］］［-s InetAddr EtherAddr［IfaceAddr］］
```

2. 命令功能

显示和修改"地址解析（ARP）"缓存中的项目。

3. 参数说明

- −a［InetAddr］［−N IfaceAddr］：显示所有接口的当前 ARP 缓存项，请使用带有 InetAddr 参数的 arp −a，InetAddr 代表指定的 IP 地址，要显示指定接口的 ARP 缓存表，请使用 −N IfaceAddr 参数，IfaceAddr 代表分配给指定接口的 IP 地址，−N 参数区分大小写。

- −g［InetAddr］［−N IfaceAddr］：与 −a 相同。

- −d InetAddr［IfaceAddr］：删除指定的 IP 地址项。此处的 Inet Addr 代表 IP 地址。对于指定的接口，要删除表中的某项，请使用 IfaceAddr 参数，IfaceAddr 代表分配给该接口的 IP 地址。

- −s InetAddr EtherAddr［IfaceAddr］：向 ARP 缓存添加可将 IP 地址 InetAddr 解析成物理地址 EtherAddr 的静态项。要向指定接口的表添加静态 ARP 缓存项，请使用 IfaceAddr 参数，IfaceAddr 代表分配给该接口的 IP 地址。

4. 命令示例：arp −a

如果使用过 ping 命令测试并验证从这台计算机到 IP 地址为 10.0.0.99 的主机的连通性，则 ARP 缓存显示以下项：

```
Interface:10.0.0.1 on interface 0x1
Internet Address        Physical Address        Type
10.0.0.99               00 − e0 − 98 − 00 − 7c − dc    dynamic
```

此例中，缓存项指出位于 10.0.0.99 的远程主机解析成 00 − e0 − 98 − 00 − 7c − dc 的 MAC（介质访问控制地址），它是在远程计算机的网卡硬件中分配的。MAC 是计算机用于与网络上远程 TCP/IP 主机物理通讯的地址。

> **小提示**
>
> ARP 高速缓存中的项目是动态的，每当发送一个指定地点的数据报且高速缓存中不存在当前项目时，ARP 便会自动添加该项目。例如，在 Windows NT/2000 网络中，如果输入项目后不进一步使用，物理/IP 地址对就会在 2 至 10 分钟内失效。因此，如果 ARP 高速缓存中项目很少或根本没有时，请不要奇怪，通过另一台计算机或路由器的 ping 命令即可添加。所以，需要通过 arp 命令查看高速缓存中的内容时，请最好先 ping 此台计算机（不能是本机发送 ping 命令）。

2.2 动 手 做 做

本节主要是通过主机上 DOS 命令使学习者深入体会网络基本原理并掌握主机上网络操作常用命令。

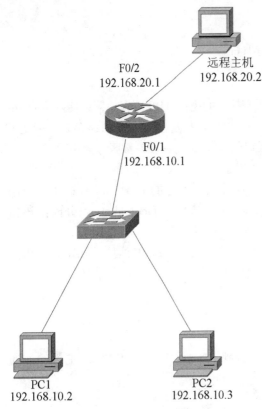

F0/2
192.168.20.1

远程主机
192.168.20.2

F0/1
192.168.10.1

PC1
192.168.10.2

PC2
192.168.10.3

图 2-1 实验拓扑图

2.2.1 实验目的

通过本实验，用户可以掌握以下技能。

- 查看主机的网络配置。
- 配置主机网络参数。
- 修改主机网络配置。
- 排除主机网络故障。

2.2.2 实验规划

1. 实验设备

- 实验用 PC 机 3 台。
- 路由器 1 台。

2. 实验拓扑

如图 2-1 所示。

2.2.3 实验步骤

1. 使用 ping 命令测试故障原因

（1）验证本地主机的内部 IP 配置。

```
C:\>ping 127.0.0.1
Pinging 127.0.0.1 with 32 bytes of data:
Reply from 127.0.0.1: bytes=32 time=16ms TTL=128
Reply from 127.0.0.1: bytes=32 time=0ms TTL=128
Reply from 127.0.0.1: bytes=32 time=2ms TTL=128
Reply from 127.0.0.1: bytes=32 time=2ms TTL=128
Ping statistics for 127.0.0.1:
    Packets: Sent=4, Received=4, Lost=0 (0% loss),
Approximate round trip times in milli-seconds:
    Minimum=0ms, Maximum=16ms, Average=5ms
```

（2）ping 本机 IP。

```
C:\>ping 192.168.10.2
Pinging 192.168.10.2 with 32 bytes of data:
Reply from 192.168.10.2: bytes=32 time=16ms TTL=128
Reply from 192.168.10.2: bytes=32 time=16ms TTL=128
Reply from 192.168.10.2: bytes=32 time=0ms TTL=128
Reply from 192.168.10.2: bytes=32 time=0ms TTL=128
Ping statistics for 192.168.10.2:
    Packets: Sent=4, Received=4, Lost=0 (0% loss),
Approximate round trip times in milli-seconds:
    Minimum=0ms, Maximum=16ms, Average=8ms
//本地驱动正常，已加入网络
```

（3）ping 网内其他主机。

```
C:\ >ping 192.168.10.3
Pinging 192.168.10.3 with 32 bytes of data:
Reply from 192.168.10.3: bytes =32 time =125ms TTL =128
Reply from 192.168.10.3: bytes =32 time =62ms TTL =128
Reply from 192.168.10.3: bytes =32 time =63ms TTL =128
Reply from 192.168.10.3: bytes =32 time =63ms TTL =128
Ping statistics for 192.168.10.3:
    Packets: Sent =4, Received =4, Lost =0 (0% loss),
Approximate round trip times in milli - seconds:
    Minimum =62ms, Maximum =125ms, Average =78ms
//实验证明，和网内其他主机连接正常，交换机正常
```

（4）ping 不存在的主机。

```
C:\ >ping 192.168.10.6
Pinging 192.168.10.6 with 32 bytes of data:
Request timed out.
Request timed out.
Request timed out.
Request timed out.
Ping statistics for 192.168.10.6:
    Packets: Sent =4, Received =0, Lost =4 (100% loss)
```

（5）ping 网关 IP。

```
C:\ >ping 192.168.10.1
Pinging 192.168.10.1 with 32 bytes of data:
Reply from 192.168.10.1: bytes =32 time =63ms TTL =255
Reply from 192.168.10.1: bytes =32 time =63ms TTL =255
Reply from 192.168.10.1: bytes =32 time =62ms TTL =255
Reply from 192.168.10.1: bytes =32 time =47ms TTL =255
Ping statistics for 192.168.10.1:
    Packets: Sent =4, Received =4, Lost =0 (0% loss),
Approximate round trip times in milli - seconds:
    Minimum =47ms, Maximum =63ms, Average =58ms
//本地工作站与默认网关之间连接正常
```

（6）ping 远程主机。

```
C:\ >ping 192.168.20.2
Pinging 192.168.20.2 with 32 bytes of data:
Request timed out.
Reply from 192.168.20.2: bytes =32 time =78ms TTL =127
Reply from 192.168.20.2: bytes =32 time =94ms TTL =127
Reply from 192.168.20.2: bytes =32 time =94ms TTL =127
Ping statistics for 192.168.20.2:
    Packets: Sent =4, Received =3, Lost =1 (25% loss),
Approximate round trip times in milli - seconds:
    Minimum =78ms, Maximum =94ms, Average =88ms
//路由器正常
```

(7) ping - t。

```
C:\ >ping   - t 192.168.20.2
Pinging 192.168.20.2 with 32 bytes of data:
Reply from 192.168.20.2: bytes =32 time =78ms TTL =127
Reply from 192.168.20.2: bytes =32 time =78ms TTL =127
Reply from 192.168.20.2: bytes =32 time =94ms TTL =127
Reply from 192.168.20.2: bytes =32 time =94ms TTL =127
Reply from 192.168.20.2: bytes =32 time =94ms TTL =127
Reply from 192.168.20.2: bytes =32 time =93ms TTL =127
Reply from 192.168.20.2: bytes =32 time =78ms TTL =127
Reply from 192.168.20.2: bytes =32 time =79ms TTL =127
Reply from 192.168.20.2: bytes =32 time =94ms TTL =127
Reply from 192.168.20.2: bytes =32 time =78ms TTL =127
Reply from 192.168.20.2: bytes =32 time =94ms TTL =127
......
```

2. tracert 命令

```
C:\ >tracert 192.168.20.2
Tracing route to 192.168.20.2 over a maximum of 30 hops:
  1   62 ms     46 ms     62 ms     192.168.10.1
  2   93 ms     94 ms     94 ms     192.168.20.2
Trace complete
C:\ >tracert 192.168.100.1 - d
Tracing route to 192.168.100.1 over a maximum of 30 hops
  1   16 ms      7 ms      7 ms     192.168.1.1
  2   *          *         *        Request timed out.
  3   *          *         ^C
C:\ >tracert www.baidu.com
Tracing route to www.a.shifen.com [119.75.213.50]
over a maximum of 30 hops:
  1    6 ms     13 ms      9 ms     192.168.1.1
  2    *         *          *       Request timed out.
  3    *         *          *       Request timed out.
  4   260 ms    100 ms     35 ms    ^C
//经过了两个网关到达了目标主机
C:\ >tracert www.baidu.com - d
Tracing route to www.a.shifen.com [119.75.213.50]
over a maximum of 30 hops:
  1    8 ms      4 ms     14 ms     192.168.1.1
  2    *         *          *       Request timed out.
  3    *         *          *       Request timed out.
  4   33 ms     13 ms     19 ms     192.168.2.3
  5   22 ms      *          *       192.168.5.9
  6    9 ms     11 ms     16 ms     192.168.8.6
  7   15 ms     26 ms     21 ms     119.75.213.50
Trace complete.
```

> **小提示**
>
> （1）参数-d 表示 tracert 不在每个 IP 地址上查询 DNS；（2）＊＊＊表示配置了安全选项 使路由不可见；（3）Request timed out 并不是真的不可达。

3. 查看主机配置

```
C:\>ipconfig /all
Physical Address................: 0001.C741.0633
IP Address......................: 192.168.10.2
Subnet Mask.....................: 255.255.255.0
Default Gateway.................: 192.168.10.1
DNS Servers.....................: 192.168.5.9
//显示了主机的网络配置
C:\>ipconfig /renew
DHCP request failed.
//是静态配置，没有使用 DHCP
```

4. nslookup 查询域名信息

```
C:\>nslookup www.baidu.com        //查看百度的域名信息
Server: ns.＊＊＊.com               //本地 DNS 服务器的域名
Address: 192.168.100.1            //本地 DNS 服务器的 IP


Non-authoritative answer:
Name:   www.a.shifen.com
Addresses: 119.75.213.50, 119.75.213.51      //目标服务器的 IP
Aliases: www.baidu.com                        //目标服务器的名字
//这是正向查询
C:\>nslookup 119.75.213.51                    //目标服务器的 IPServer: ns.＊＊＊.com
Address: 192.168.100.1
Server: ns.＊＊＊.com
Address: 192.168.100.1
＊＊＊ ns.＊＊＊.com can't find 119.75.213.51: Non-existent domain
//DNS 服务器上不存在这条解析
//这是逆向查询
```

5. netstat 监控网络

```
C:\>netstat
Active Connections
  Proto  Local Address            Foreign Address        State
  TCP    MICROSOF-A4BF5D:1388     localhost:39000        ESTABLISHED
  TCP    MICROSOF-A4BF5D:1389     localhost:39000        ESTABLISHED
  TCP    MICROSOF-A4BF5D:1937     localhost:30606        TIME_WAIT
  TCP    MICROSOF-A4BF5D:1939     localhost:30606        TIME_WAIT
```

```
TCP      MICROSOF - A4BF5D:1945      localhost:30606     TIME_WAIT
TCP      MICROSOF - A4BF5D:30606     localhost:1921      TIME_WAIT
TCP      MICROSOF - A4BF5D:30606     localhost:1925      TIME_WAIT
TCP      MICROSOF - A4BF5D:30606     localhost:1927      TIME_WAIT
TCP      MICROSOF - A4BF5D:30606     localhost:1931      TIME_WAIT
TCP      MICROSOF - A4BF5D:30606     localhost:1935      TIME_WAIT
TCP      MICROSOF - A4BF5D:30606     localhost:1939      TIME_WAIT
TCP      MICROSOF - A4BF5D:30606     localhost:1943      TIME_WAIT
TCP      MICROSOF - A4BF5D:30606     localhost:1955      TIME_WAIT
TCP      MICROSOF - A4BF5D:39000     localhost:1388      ESTABLISHED
TCP      MICROSOF - A4BF5D:39000     localhost:1389      ESTABLISHED
```

小提示

（1）ESTABLISHED：已建立联机的联机情况；（2）TIME_WAIT：该联机在目前已经是等待的状态。

6. net 命令

PC > net start   //查看启动了哪些服务。

```
已经启动了以下 windows 服务：
Application Layer Gateway Service
Ati HotKey Poller
Bluetooth Support Service
COM + Event System
Cryptographic Services
DCOM Server Process Launcher
DNS Client
ESET Service
Event Log
Fast User Switching Compatibility
Network Connections
Network Location Awareness（NLA）
Plug and Play
Protected Storage
Remote Access Connection Manager
Remote Procedure Call（RPC）
Secondary Logon
Security Accounts Manager
Shell Hardware Detection
SSDP Discovery Service
System Event Notification
Telephony
Terminal Services
Themes
Windows Audio
Windows Firewall/Internet Connection Sharing（ICS）
Windows Management Instrumentation
```

```
Wireless Zero Configuration
Workstation
```

命令成功完成。

7. arp 命令

```
PC > arp - a
    Internet Address        Physical Address        Type
    192.168.10.1            0002.4a72.04ae          dynamic
    192.168.10.3            00d0.ff5d.c403          dynamic
//第一条表明目标主机192.168.10.1 的 MAC 地址是 0002.4a72.04ae 动态获得的
```

> **小提示**
>
> ARP 获得的只有网关 MAC 地址和网内其他主机的 MAC 地址，请读者思考原因。

2.3　活学活用

将下列设备添加到网络中，服务器配置成 DHCP 服务器，如图 2-2 所示。

请完成如下配置：创建网络、测试连通性和查看 IP 配置信息，其中 PC1 通过 DHCP 服务器获得 IP，其余手动配置。

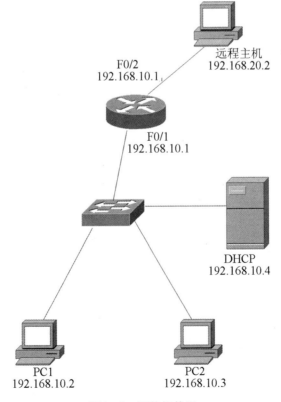

图 2-2　网络拓扑图

2.4　动　动　脑　筋

1. ARP 的工作原理？

    _____

    _____

2. 为了进入互联网，主机必须有哪些配置？

    _____

    _____

3. 如果配置了 DHCP 服务器，怎么更新主机的 IP？

    _____

    _____

4. 有台主机不能上网，怎么确定是哪部分出错？

    _____

    _____

5. 用哪条具体命令可以知道自己的主机到水木清华 BBS 的路径？

    _____

    _____

    _____

2.5　学　习　小　结

本章主要讲解了网络中常用的操作命令，通过对本章的实验进行深入细致的练习，读者对网络操作命令会有初步的认识，为进一步学习打下基础。现将本章所涉及的主要命令总结如表 2-1 所示，供读者查阅。

表 2-1　命令汇总

命　令	功　能
ping	查看网络连通性
tracert	路由跟踪
net user	查看主机上的用户
arp-a	查看 ARP 表
netstat	检验本机各端口的网络连接情况
ipconfig	显示当前的 TCP/IP 配置
nslookup	检查 DNS 服务

第3章 开启路由器之门——访问 Cisco 路由器

3.1 知识准备

3.1.1 Cisco 设备在 LAN 中的应用

LAN 主要通过以太网实现，LAN 的组件主要是由物理层和数据链路层定义的，在数据链路层主要定义的是以太网的帧格式，在物理层主要定义的是以太网的介质以及网络规范。

1. 常见的以太网类型

- 以太网（DEC、Intel 和施乐 Xerox 公司联合开发的基带局域网规范）和 IEEE 802.3 系列标准：介质为同轴电缆、非屏蔽双绞线（UTP）或光纤的 10M 以太网。
- 100M 快速以太网：介质为非屏蔽双绞线或光纤的 100M 以太网。
- 1000M 以太网：介质为光纤的 1000M 以太网。

2. 以太网的数据链路层和物理层实现

物理层定义了以太网的介质和连接器规范。支持以太网的介质和连接器规范由 EIA/TIA 定义。EIA/TIA（Electronics Industries Association and Telecommunications Inudustries Association，即：美国电子和通信工业委员会）为非屏蔽双绞线（UTP）定义了 RJ - 45 连接器，"RJ"代表标准插座，"45"代表线缆序号。目前常见的 UTP 都是符合 EIA/TIA 标准的 568 - A 或 568 - B 标准。

EIA/TIA 规定了两种线序标准，如下所示。

- 568A：绿白、绿、橙白、蓝、蓝白、橙、棕白、棕。
- 568B：橙白、橙、绿白、蓝、蓝白、绿、棕白、棕。

为了使各种网络设备相互通信，除了要选择一种线序外，还要决定电缆的类型。有 3 种类型的电缆，如下所示。

- 直通线。
- 交叉线。
- 翻转线。

（1）直通线。

直连线的特点是一根电缆的两头的顺序完全一致，即一端为 568 - B、另一端也为 568 - B，直连线大多用于不同层设备的连接，但也有例外。用于直连线连接的设备如下。

- 交换机和路由器。
- 交换机和 PC 机或服务器。

- HUB 和 PC 机或服务器。

（2）交叉线。

交叉线的特点是：一根电缆的两端，一端为 568 - A、另一端为 568 - B。交叉线大多用于同层设备相连，但也有例外。用于交叉线的设备如下。

- 交换机和交换机。
- PC 机和路由器。
- 路由器和路由器。
- PC 机和 PC 机。
- 交换机和 HUB。

（3）翻转线。

翻转线正好和直连线相反，一根电缆的两端线序完全相反，它的线序如表 3 - 1 所示，翻转线只用于一种情况，即终端设备和 Cisco 设备的控制台端口（Console）的连接。

表 3 - 1   翻转线对应关系

RJ - 45 线序	1	2	3	4	5	6	7	8
另一端线序	8	7	6	5	4	3	2	1

3.1.2 　使用 Console 线连接 Cisco 设备和配置终端

连接 Console 口的 UTP 是翻转线，两端的接头都是 RJ -45 水晶头。RJ -45 水晶头的一端要插在 Cisco 设备的 Console 口上，另一端要插在配置终端上，通常的配置终端就是 PC 机。虽然网卡上有 RJ -45 接口，但不能把 Console 线插在网卡上，这时就需要 PC 机的 COM 口来连接，另外还需要 RJ -45 - DB -9 或 RJ -45 - DB -25 的转接头。要通过 COM 口，需要把 Console 线的一端接到 RJ -45 - DB -9 的转换头上，然后把转换头插在 PC 机的 COM 口上。如图 3 -1 所示。

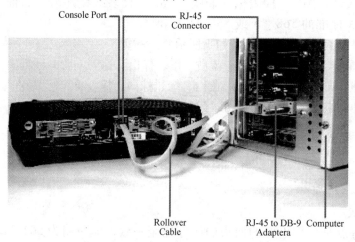

图 3 -1 　路由器通过反转线与计算机连接图

物理连接完成后，还要在软件上进行配置。配置路由器可以使用 Windows 操作系统自带的程序——超级终端。

3.1.3　使用 telnet 访问路由器

一般情况下初次设置都是通过 Console 线连接路由器的 Console 端口进行配置的。不过对于网络管理员来说，经常不能物理接触到路由器。这时如果需要修改路由器配置，可以采用 telnet 的方式来完成，经过配置了 telnet 登录路由器方式后，可以在网络中任何一个主机管理路由器了。

方法是在命令行模式下输入 telnet address，其中地址是所要远程登录的路由器 IP 端口。这种方式的好处在于方便、安全。但这种安全也是相对的，如果网络管理员的密码泄露，那人人都可以控制路由器了。另外如果是刚出厂的设备，是不能使用 telnet 的。

3.1.4　使用 AUX 口进行配置

在路由器背面有个 AUX 口，通过 AUX 口可以进行远程配置，把 AUX 口与 modem 相连接，管理员就可以通过远程网络拨号到这个 modem 进行远程控制了。

3.1.5　使用 TFTP 服务器配置

TFTP 服务器可以备份 Cisco 设备的配置文件，这样就可以通过从 TFTP 服务器上载或下载配置文件来配置 Cisco 设备。当然，它的前提也是要配置的设备必须已经有了一些基本配置，能在网络中工作。对于网络管理员，要配置 Cisco 的网络设备，通常都是这样的方式：对于刚买的设备（没有任何配置），要通过 Console 口来配置，对该设备进行基本配置后，该设备已经能够在网络中工作了，以后要进行更深入的配置，就通过 telent 或其他远程方式来进行配置。

3.1.6　Cisco 设备的启动

在登录路由器之前，有必要对 Cisco 设备的工作方式有所了解。这包括 Cisco 设备的启动过程，启动过程分为以下 4 个主要阶段。

（1）执行 POST。

加电自检（POST）几乎是每台计算机启动过程中必经的一个过程。POST 过程用于检测路由器硬件。当路由器加电时，ROM 芯片上的软件便会执行 POST。在这种自检过程中，路由器会通过 ROM 执行诊断，主要针对包括 CPU、RAM 和 NVRAM 在内的几种硬件组件。POST 完成后，路由器将执行 bootstrap 程序。

（2）加载 bootstrap 程序。

POST 完成后，bootstrap 程序将从 ROM 复制到 RAM。进入 RAM 后，CPU 会执行 bootstrap 程序中的指令。bootstrap 程序的主要任务是查找 Cisco IOS 并将其加载到 RAM。

> **小提示**
>
> 此时，如果有连接到路由器的控制台，会看到屏幕上开始出现输出内容。

（3）查找并加载 Cisco IOS 软件。

查找 Cisco IOS 软件。IOS 通常存储在闪存中，但也可能存储在其他位置，如 TFTP（简单文件传输协议）服务器上。如果不能找到完整的 IOS 映像，则会从 ROM 将精简版的 IOS 复制到 RAM 中。这种版本的 IOS 一般用于帮助诊断问题，也可用于将完整版的 IOS 加载到 RAM。加载 IOS，有些较早的 Cisco 路由器可直接从闪存运行 IOS，但现今的路由器会将 IOS 复制到 RAM 后由 CPU 执行。

（4）查找并加载启动配置文件，或进入设置模式。

查找启动配置文件。IOS 加载后，bootstrap 程序会搜索 NVRAM 中的启动配置文件（startup‑config）。如果在 NVRAM 中找到启动配置文件，则 IOS 会将其加载到 RAM 作为 running‑config，并以一次一行的方式执行文件中的命令。

3.2 动 手 做 做

本节通过 Console 电缆实现路由器和 PC 机之间的连接，来加深读者对路由器的理解，掌握使用 Console 线连接路由器的方法。

3.2.1 实验目的

通过本实验，用户可以掌握以下技能。
- 通过 Console 电缆实现路由器与 PC 机的连接。
- 正确配置 PC 机仿真终端程序的串口参数。
- 熟悉 Cisco 路由器的开机自检过程与输出界面。

3.2.2 实验规划

1. 实验设备

- 路由器 1 台。
- Console 电缆 1 根。
- 装有网卡的 PC 机 1 台，PC 机上装有 Windows 操作系统。

2. 实验拓扑

路由器和 PC 机用 Console 线连好即可，如图 3‑2 所示。

 小提示

要准备 RJ‑45 转 DB‑9 的转换头，翻转线要接转换头后插到电脑的 COM 口上。

图3-2 实验拓扑图

3.2.3 实验步骤

（1）用 Console 电缆将 PC 机的串口与路由器的 Console 端口相连。

（2）启动并设置超级终端程序。

通过"开始 | 程序 | 附件 | 通讯 | 超级终端"命令，启动超级终端程序，填写连接名称、使用端口、设置参数即可进入超级终端控制台，如图 3-3、图 3-4、图 3-5所示。

图3-3 超级终端窗口图

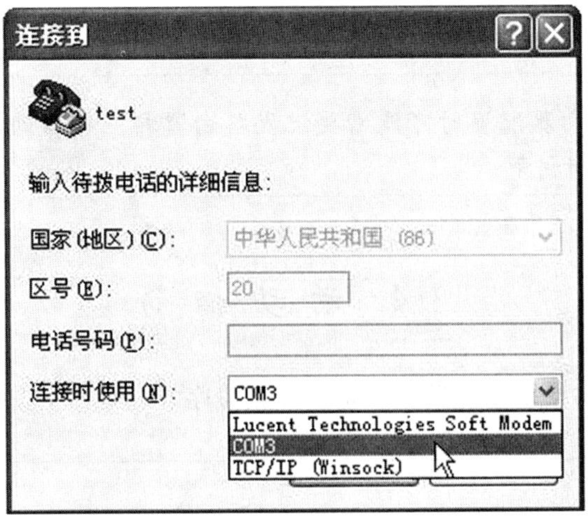

图3-4 选择使用端口

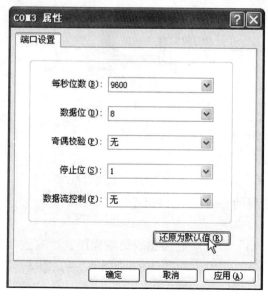

图 3-5　设置端口参数

- 端口速率（即，每秒位数）：9600bits/s。
- 数据位：8。
- 奇偶校验：无。
- 停止位：1。
- 数据流控制：无。

（3）测试超级终端与路由器之间的连接。

在超级终端程序中按 Enter 键，如超级终端与路由器之间连通，且路由器已加电，并已有配置文件，则超级终端程序窗口会出现相关字符。

3.3　活学活用

如图 3-6 所示，PC 机通过交叉线连接到路由器，使实验用 PC 机能通过 Telnet 访问路由器，然后对路由器进行简单配置。

变叉线

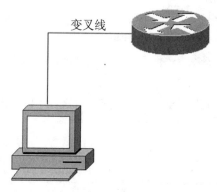

图 3-6　网络拓扑图

> **小提示**
>
> 通过 Telnet 对路由器配置时可能需要配置路由器相应接口的 IP 地址等，相关命令在第 4 章将会详细进行讲解。

3.4　动动脑筋

1. 双绞线的 3 种类型是哪几种？分别是什么线序？

_____

_____

2. Cisco 设备的启动顺序有哪些步骤？

_____

3. PC 机和交换机应该用什么电缆连接？PC 机和路由器应该用什么电缆连接？PC 机和路由器用 Console 口相连应该用什么电缆？

_____

_____

3.5 学 习 小 结

通过本章的学习，了解了路由器的几种访问方式，知道了利用路由器的 Console 口和 PC 机的 COM 口来对路由器进行管理的方法，掌握了几种双绞线的接线方式，为下一步登录路由器 CLI 界面进行一些基本的管理操作打下了基础。由于是刚开始接触路由器，在实验中出现问题是正常的，也是在所难免，这只有靠理清头绪多做实践来弥补。

第 4 章　网络大管家——Cisco IOS 和 CDP

4.1　知 识 准 备

4.1.1　Cisco IOS 概述

经过几十年的发展，ARPANET 从最初的只有 4 个节点发展成现今无处不在的 Internet，计算机网络已经深入到了人们生活当中。随着计算机网络规模的爆炸性增长，作为连接设备的路由器也变得更加重要。

不管是公司还是企事业单位在构建网络时，如何对路由器进行合理的配置管理都是网络管理者的重要任务之一。

路由器就是一种具有多个网络接口的计算机。这种特殊的计算机内部也有 CPU、内存、系统总线、输入输出接口等和计算机相似的硬件，只不过它所提供的功能与普通计算机不同而已，而同计算机上所安装的操作系统譬如 WINDOWS XP 或 LINUX 等相同，在路由器上也同样安装有操作系统，其中在 Cisco 路由器上安装的操作系统名为 IOS（互联网络操作系统）。

Cisco 的网际操作系统（IOS）是一种为网际互联优化的复杂操作系统，是一个与硬件分离的软件体系结构。随着网络技术的不断发展，IOS 不断扩展，成为 Cisco Central Engineering（中央工程部门）所称的"一系列紧密连接的网际互连软件产品"。尽管在其品牌名识别中，IOS 可能仍然等同于路由软件，但是它的持续发展已使之过渡到支持局域网和 ATM 交换机，并为网络管理应用提供重要的代理功能。必须强调的是，IOS 是 Cisco 开发的技术：一项企业资产。它给公司提供了独特的市场竞争优势。IOS 已广泛成为网际互联软件事实上的工业标准。

Cisco IOS 特点如下。

1. 灵活性

基于 Cisco 产品的工程开发使用户可以获得适应变化的灵活性。IOS 软件提供一个可扩展的平台，Cisco 会随着需求和技术的发展集成新的功能。Cisco 可以更快地将新产品投向市场，Cisco 的用户可以享用这种优势。

2. 可伸缩性

IOS 遍布网际互联市场；广泛的 Cisco 使用伙伴及竞争者在他们的产品上支持 IOS。IOS 软件体系结构还允许其集成构造企业互联网络的所有部分。Cisco 已经定义了 4 个 IOS，如下所示。

- 核心/中枢：网络中枢和 WAN 服务，包括大型骨干网络路由器和 ATM 交换机。
- 工作组：从共享型局域网移植到 Virtual LANs（交换机虚拟网），提供更优的网络分段和性能。
- 远程访问：远程局域网连接解决方案；边际路由器、调制解调器等。
- IBM 网际互联：SNA 和 LAN 并行集成，从 SNA 转换到 IP。

Cisco 的 IOS 扩展了所有这些领域，提供了支持端到端网际互联的稳健性。

3. 可操作性

IOS 提供最广泛的基于标准的物理和逻辑协议接口——超过业界任何其他供应商：从双绞线到光纤，从局域网到园区网到广域网，Novell NetWare，UNIX，SNA 以及其他许多接口。也就是说，一个围绕 IOS 建立的网络将支持非常广泛的应用。而且，Cisco 还一直是一个业界标准先驱，是许多知名业界标准机构（如 IETF、ATM 论坛等）的积极成员和支持者。

4. 可管理性

IOS 是 Cisco 将嵌入式智能植入网络设备：管理界面如 IOS 诊断界面，以及智能网络应用的代理软件。随着 Cisco 转向智能代理和基于策略的自动化管理的大规模部署，IOS 将作为一个关键的技术组件。

4.1.2　CDP 协议概述

CDP（Cisco Discovery Protocol，即：思科发现协议）是 Cisco 专有协议，是用来获取相邻设备的协议地址以及发现这些设备的平台。CDP 也可为路由器的使用提供相关接口信息，此信息对于故障诊断和网络文件归档非常有用。CDP 是一种独立媒体协议，运行在所有 CISCO 制造的设备上，包括路由器、网桥、接入服务器和交换机。

CDP 是工作在第 2 层的协议，它可以与不同协议层的设备建立邻居。Cisco 设备启动时，默认情况下 CDP 每 60 秒以 01 - 00 - 0c - cc - cc - cc 为目的地址发送一次组播通告，默认的保持时间是 180 秒。达到保持时间上限后仍未获得邻居设备的通告时，将清除邻居设备信息。

4.1.3　IOS 的编辑功能

IOS 的文本编辑键用于控制光标的位置、字符的删除等。常用编辑键如表 4 - 1 所示。

表 4 - 1　常用编辑键表

文本编辑键	说　　明
Ctrl - a	移动光标至行首
Ctrl - e	移动光标至行尾
Ctrl - f	光标向前移一个字符

续表

文本编辑键	说　明
Ctrl－b	光标向后移一个字符
Esc－f	光标向前移一个单词
Esc－b	光标向后移一个单词
Ctrl－d	删除一个字符
Ctrl－k	删除光标右边的内容
Ctrl－x	删除光标左边的内容
Ctrl－w	删除一个单词
Ctrl－u	删除一行
Ctrl－r	刷新命令行和此前输入的内容
Back space	删除光标左边的一个字符

在系统提示符下键入问号（?）将显示出可用于每一个命令模式的命令列表。也可以获得与关键词和带有敏感于上下文帮助特性的变量有关的任何命令的一个列表。

"?"的使用方法汇如下。

● 用于查找某个命令，在提示符下直接输入"?"，可以显示当前模式下所支持的命令。

● 用于提示某个命令的全名。

● 用于提示某个命令的用法，当知道某个命令，但不会使用它时，就可以使用"?"来帮忙。

● 当输入命令无效时，通过 IOS 显示的信息，可以了解到出错的原因，表 4－2 列出了 IOS 中常见的错误信息提示。

表 4－2　IOS 错误信息提示表

提　示　信　息	原　因	解　决　方　法
% ambiguous command	命令没有加入正确的参数	使用"?"工具了解命令的全名
% incomplete command	命令没有输入完整	使用"?"工具了解命令的参数
% invalid input detected at '^' marker	输入的命令不正确，并且错误的位置在"^"的标记处	使用"?"工具了解正确的命令

在 IOS 里 TAB 键是一个很有帮助的按键。它的作用是补齐命令：当知道某个命令的前几个字母时，就可以借助 TAB 键来把命令补齐。但要注意输入的这几个字母必须能够唯一地标识该命令。像"set"、"setup"的开头字母都是"se"，输入"se"就不行了，例如已知某个命令的前几个字母是"era"，按下 Tab 键，得到命令"erase"。

和 Tab 键类似，对于某个命令，只输入能够唯一标识该名字的前几个字母，也可以达到相同的效果。例如从用户模式到特权模式的命令"enable"，可以只输入"en"，得到命令 enable。

4.1.4　IOS 访问模式

要配置路由器，必须首先登录到路由器，之后才能输入命令。出于安全方面的考虑，路由器有两级命令来控制访问：用户模式（User Mode）和特权模式（Privileged Mode）。

用户模式仅允许基本的监测命令，在这种模式下不能改变路由器的配置，在"router >"的命令提示符下，用户处在用户模式下。

特权模式可以使用所有的配置命令，在用户模式下访问特权模式一般都需要一个密码，"router#"命令提示符是指用户正处在特权模式下，进入该模式的命令是 enable，为离开特权模式并回到用户模式，使用命令 disable。

在特权模式下，还可以进入到全局模式和其他特殊的配置模式，这些特殊模式都是全局模式的一个子集。表 4-3 列出了用户模式和特权模式下进入和退出用到的一些命令。

表 4-3　用户模式和特权模式进入和退出命令汇总

命　　令	说　　明
Router > enable	用户模式下的命令，用于进入特权模式
Router > exit（logout、quit）	从用户模式退回到 EXEC
Router#disable	从特权模式退回到用户模式
Router#exit（logout、quit）	从特权模式退回到 EXEC

在进入特权模式后，可以在特权命令提示符下键入 configure terminal 的命令来进行的全局配置模式，从全局模式还可以进入接口模式和链路模式等。

4.1.5　设置路由器口令

在 Cisco 路由器产品中，在最初进行配置的时候通常需要限制一般用户的访问。这对于路由器是非常重要的，在默认的情况下，路由器是一个开放的系统，访问控制选项都是关闭的，任一用户都可以登录到设备进行更进一步的攻击，所以需要网络管理员设置密码来限制非授权用户通过直接的连接、Console 终端和从拨号 MODEM 线路访问设备。

1. 配置进入特权模式的密码

（1）命令语法。

```
router(config)#enable secret password
```

（2）命令功能。

下次进入特权模式需输入对应密码，否则无法进入特权模式。

2. 配置 Console 端口的密码

（1）命令语法。

```
:Router(config)#line console 0
Router(config-line)#password password
Router(config-line)#login
```

（2）命令功能。

下次通过 Console 口访问路由器需输入对应密码，否则无法访问路由器。

3. 配置 VTY（telnet）登录访问密码

（1）命令语法。

```
Router( config)#line vty 0 4
Router( config - line)#password password
Router( config - line)#login
```

（2）命令功能。

配置下次通过 telnet 的方式访问路由器需要输入的密码。

4.1.6 设置路由器接口

路由器就好比一台 PC 机，不同的接口就好比计算机的网卡。每个计算机都要设置 IP 地址才能在网络中进行通信，路由器也是如此，要为接口分配 IP 地址和子网掩码才能正常工作。默认情况下，以太网接口是管理性关闭的，所以在配置完成 IP 地址后，还需要激活接口。

（1）命令语法。

```
Router( config)#interface e0/1
Router( config - if)#ip address address mask
Router( config - if)#no shutdown
```

（2）命令功能。

进入 e0/1 口的接口模式，为 e0/1 口配置 IP 地址和子网掩码并激活对应接口。

4.1.7 路由器的主机名和接口描述信息

每台路由器在网络中都应该有自己的名称，一般情况下 Cisco 公司的路由器默认名称为 router，即主机名为 router。为了更好地区分不同的路由器，需要对主机名进行修改，一方面方便了记忆，另一方面降低了排除故障的难度。

当用户登录到路由器时，可能不知道哪个端口是干什么用的，在这种情况下可以为端口加上描述信息，这样直接查看描述信息就能了解端口的用途了，方便管理路由器。

1. 配置路由器主机名

（1）命令语法。

```
Router( config)#hostname hostname
```

（2）命令功能。

将路由器主机名设置为对应名称。

2. 配置接口描述信息

（1）命令语法。

```
Router( config)#interface fa0/0
Router( config - if)#description description
```

（2）命令功能。

给对应接口添加相应的描述。

4.1.8　获得路由器基本信息

在网络中，网络管理员应该随时了解路由器的各种状态，以便及时地排除故障。show 命令可以同时在用户模式和特权模式下运行，"show ？"命令来提供一个可利用的 show 命令列表。

- show interface：显示所有路由器端口状态。
- show controllers serial：显示特定接口的硬件信息。
- show clock：显示路由器的时间设置。
- show hosts：显示主机名和地址信息。
- show users：显示所有连接到路由器的用户。
- show history：显示键入过的命令历史列表。
- show flash：显示 flash 存储器信息以及存储器中的 IOS 映像文件。
- show version：显示路由器信息和 IOS 信息。
- show arp：显示路由器的地址解析协议列表。
- show protocol：显示全局和接口的第三层协议的特定状态。
- show startup – configuration：显示存储在非易失性存储器（NVRAM）的配置文件。
- show running – config：显示存储在内存中的当前正确配置文件。

4.1.9　配置登录提示信息

配置登录的提示信息也称为 banner，所有连接的终端都能收到，当需要向所有连接的终端发信息时，这个命令很有用。

banner 原意为旗帜、标记的意思，很多人往往忽视了 banner 的重要性，下面讲一个故事。

以前有一个黑客，攻击了一家公司，破坏了该公司的网络，后来该公司找到了这个黑客，把他告上了法庭。在法庭上这个黑客指出，该公司的路由器的 banner 信息提示的是"欢迎进入"，最后这个黑客被判无罪释放，后来所有的公司都把 banner login 改为警告信息。

1. 命令语法

```
Router(config)#banner motd#......#
```

2. 命令功能

在两个"#"之间输入提示信息，下次登录即可看到登录提示验证信息。

4.1.10　CDP 协议配置命令

1. 关闭 CDP

（1）命令语法。

```
router(config)#no cdp run
```

（2）命令功能。

全局关闭 CDP。

2. 开启 CDP

（1）命令语法。

```
router(config)#cdp run
```

（2）命令功能。

全局开启 CDP。

3. 收集邻居信息

（1）命令语法。

```
router#show cdp neighbor
```

（2）命令功能。

可以显示有关直连设备的信息。要记住 CDP 分组不经过 Cisco 交换机，这非常重要，它只能看到与它直接相连的设备。在连接到交换机的路由器上，不会看到连接到交换机上的其他所有设备。

（3）命令示例。

```
R1#show cdp neighbor
Capability Codes: R - Router, T - Trans Bridge, B - Source Route Bridge
                  S - Switch, H - Host, I - IGMP, r - Repeater

DeviceID   LocalIntrfce   Holdtme   Capability   Platform        Port ID
SW1        Eth 0          154       T S          WS - C2912 - X  Fas 0/1
R2         Ser0           161       R            2500            Ser 0
```

下面列出 show cdp neighbor 命令为每个设备显示的信息。

- Device ID：直连设备的主机名。
- Local Intrfce：要接收 CDP 分组的端口或接口（直接控制的本地设备）。
- Holdtme：如果没有接收到其他 CDP 分组，路由器在丢弃接收到的信息之前将要保存的时间量。
- Capability：邻居设备的类型，如路由器，交换机或中继器。
- Platform：显示 Cisco 设备的邻居平台版本号。
- Port ID：与路由器 R1 直接相连的设备在发送更新时所用的接口。

与 CDP 相关的命令如表 4-4 所示。

表 4-4 CDP 命令

命　　令	说　　明
Router#show cdp neighbors	显示相邻设备的信息
Router#show cdp neighbors detail	显示相邻设备的详细信息
Router#show cdp entry ＊	显示相邻设备的详细信息
Router#show cdp interface	显示参与 CDP 接口的状态和配置
Router#show cdp traffic	显示 CDP 本身的流量
Router#no cdp run	禁止发送 CDP 信息
Router（config-if）#no cdp enable	禁止某个接口发送 CDP 信息

4.2　动手做做

本节通过路由器的一些基本配置实验来使学习者加深对路由器配置的了解，并掌握配置密码，接口配置，主机名配置等基本命令。路由器配置模式是用不同级别的命令对路由器进行配置，同时提供了一定的安全性、规范性。对于几种配置模式的学习，需要不断的使用才可掌握。

> **小提示**
>
> 在使用命令行进行配置的时候，不可能完全记住所有的命令格式和参数，交换机提供了强有力的帮助功能，在任何模式下均可以使用"?"来帮助用户完成配置。使用"?"可以查询任何模式下可以使用的命令，或者某参数后面可以输入的参数，或者以某字母开始的命令。如在全局配置模式下输入"?"、"show ?"或"s?"。

4.2.1　实验目的

通过本实验，用户可以掌握以下技能。

- 熟悉路由器的配置模式。
- 能够对路由器进行各种简单配置。

4.2.2　实验规划

1. 实验设备

- 路由器 1 台。
- 实验用 PC 机 1 台。
- Console 电缆 1 根。
- 交叉双绞线 1 根。

2. 实验拓扑

如图 4-1 所示，routerA 和实验用 PC 机用 Console 线连接，同时 routerA 的 fa0/0 口和 PC 机用交叉双绞线相连。

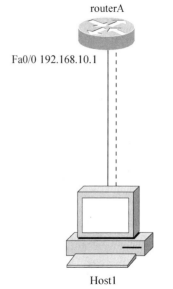

Host1
IP Address:192.168.10.2/24
Default Gateway:192.168.10.1/24

图 4-1　实验拓扑图

4.2.3　实验步骤

1. 配置路由器的基本参数（路由器名称，接口 IP，接口描述）

```
Router > en                                              //进入特权模式
Router#config t                                          //进入全局配置模式
Router(config)#hostname RouterA                          //配置路由器名称
RouterA(config)#interface fa0/0                          //进入 fa0/0 的接口模式
RouterA(config-if)#ip address 192.168.10.1 255.255.255.0 //配置 IP 地址
RouterA(config-if)#no shutdown                           //激活该接口
```

```
routerA(config-if)#description network interface        //添加相应接口描述
routerA(config-if)#exit
```

小提示

路由器接口在默认情况下是关闭的（shutdown），因此必须在配置接口 fastethernet0 的 IP 地址后须用命令"no shutdown"开启。

2. 配置路由器的远程登录密码

```
RouterA(config)# line vty 0 4              //进入路由器线路配置模式
RouterA(config-line)# login                //配置远程登录
RouterA(config-line)# password cisco       //设置路由器远程登录密码为"cisco"
RouterA(config-line)#end
```

3. 配置路由器的特权模式密码

```
RouterA(config)#enable secret cisco                //配置特权密码
```

4. 保存路由器上的配置

```
RouterA# copy running-config startup-config                //保存设置
```

5. 配置 Host1 的基本参数

本步骤配置 Host1 的 IP 地址、子网掩码和网关（略）。

6. 结果验证

（1）利用 ping 进行测试 Host1 和路由器的连通性，在 Host1 的"命令提示符"下输入 ping 192.168.10.1，如果连通正常则说明路由器和电脑连通正常。

```
C:>ping 192.168.10.1
Pinging 192.168.50.2 with 32 bytes of data:

Reply from 192.168.10.1: bytes=32 time=5ms TTL=241
Reply from 192.168.10.1: bytes=32 time=5ms TTL=241
Reply from 192.168.10.1: bytes=32 time=5ms TTL=241
Reply from 192.168.10.1: bytes=32 time=5ms TTL=241
Reply from 192.168.10.1: bytes=32 time=5ms TTL=241

Ping statistics for 192.168.10.1:    Packets: Sent=5, Received=5, Lost=0 (0% loss),
Approximate round trip times in milli-seconds:
    Minimum=5ms, Maximum=  5ms, Average=  5ms
```

（2）验证路由器 A 的端口配置，正确运行结果如下所示：

```
RouterA#show ip interface brief
Interface          IP-Address        OK? Method Status        Protocol
FastEthernet 0/0   192.168.10.1      YES unset  up            up
```

（3）验证路由器的远程登录密码。

在 C:\ >下输入 telnet 192.168.10.1，该命令可从 PC 机登录到路由器上。

4.3 活 学 活 用

网络拓扑图如图4-2所示，在 HOST2 上为路由器 RouterB 配置路由器名称 RouterB、Console 端口登录密码以及对应的端口 IP，并保存所做的配置。

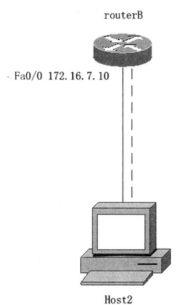

routerB

Fa0/0 172.16.7.10

Host2
IP Address:172.16.7.2/24
Default Gateway:172.16.7.10/24

图4-2 实验拓扑图

4.4 动 动 脑 筋

1. IOS 的特点有哪些？

_____

_____

2. CDP 协议是如何工作的？

_____

_____

3. IOS 有哪几种模式？它们分别起到什么作用？

_____

_____

4. 简述对路由器登录进行验证的必要性。

_____

_____

4.5 学 习 小 结

通过本章的学习，读者已对 Cisco IOS 的一些基本命令有了一定理解，为下一步学习静态路由等路由基本知识打下了坚实的基础，学知识重在努力与实践，但定期的复习同样重要，现将本章涉及的命令汇总如表 4-5 所示，供读者复习或使用时查阅。

表 4-5 命令汇总

命 令	功 能
enable	进入特权模式
config t	进入全局配置模式
hostname hostname	配置路由器名称
interface fa0/0	进入对应接口模式
ip address address mask	配置 IP 地址与掩码
description description	添加接口描述
enable secret secret	配置特权密码
show running - configuration	显示当前配置
copy running - config startup - config	保存设置

第5章 网络忠实向导——静态路由和默认路由

5.1 知 识 准 备

5.1.1 路由基础

路由是把信息从源端通过网络传递到目的端的行为，在路上，至少碰到一个中间节点。路由通常与网桥来比较，在粗心的人看来，它们似乎完成的是一回事。它们的主要区别在于网桥发生在 OSI 参考协议的第二层（链接层），而路由发生在第三层（网络层）。这一区别使二者在传递信息的流程中运用不同的信息，从而以不同的方式来完成其任务。

路由包含两个基本的动作：确定最佳路径和通过网络传输信息。在路由的流程中，后者也称为（数据）交换。交换相对来说比较简单，而选择路径很复杂。

在网络中路由是通过路由器来完成的，路由器可以将数据包从一台主机路由到任何网络。可以这样来理解：每个路由器都是一个交通管制员，数据链路就是公路，数据包就是行人，路由器在交叉道口管理交通运行。行人都不认识路，但都知道自己要到哪里去，交警负责告诉行人当前该往哪个路口走。

5.1.2 路由原理

路由是将对象从一个地方转发到另一个地方的一个中继过程。学习和维持网络拓扑结构的机制被认为是路由功能。路由设备必须同时具有路由和交换的功能才可以作为一台有效的中继设备。为了进行路由，路由器必须确定下面 3 项内容。

- 路由器必须确定它是否激活了对该协议组的支持。
- 路由器必须知道目的地网络。
- 路由器必须知道哪个外出接口是到达目的地的最佳路径。

路由选择协议通过度量值来决定到达目的地的最佳路径。小度量值代表优选的路径；如果两条或更多路径都有一个相同的小度量值，那么所有这些路径将被平等地分享。通过多条路径分流数据流量被称为到目的地的负载均衡。执行路由操作所需要的信息被包含在路由器的路由表中，它们由一个或多个路由选择协议进程生成。路由表由多个路由条目组成，每个条目指明了以下内容。

- 学习该路由所用的机制（动态或手动）。
- 逻辑目的地。
- 管理距离。
- 度量值（它是度量一条路径的"总开销"的一个尺度）。
- 去往目的地下一 HOP 的中继设备（路由器）的地址。
- 路由信息的新旧程度。
- 与要去往目的地网络相关联的接口。

默认情况下，管理距离的预先分配原则是：人工设置的路由条目优先级高于动态学到的路由条目，度量值算法复杂的路由选择协议优先级高于度量值算法简单的路由选择协议。

路由器一般选择具有最小度量值的路径；Cisco 路由器的 IP 环境中如果同时出现了多条度量值最低且相同的路径，那么在这多条路径上将启用负载均衡，Cisco 默认支持 4 条相同度量值的路径，通过使用"maximum‐paths"命令可以设置 Cisco 路由器支持最多达 6 条相同度量值路径。

路由选择协议会交换定期的 HELLO 消息或定期的路由更新数据包，以维持相邻设备间进行通信。

在了解了网络拓扑结构，且路由表中已包含了到已知地网络的最佳路径后，向这些目的地的数据转发就可以开始了。

5.1.3 静态路由

静态路由是指由网络管理员手工配置的路由信息。当网络的拓扑结构或链路的状态发生变化时，网络管理员需要手工去修改路由表中相关的静态路由信息。静态路由信息在默认情况下是私有的，不会传递给其他的路由器。当然，网管员也可以通过对路由器进行设置使之成为共享的。静态路由一般适用于比较简单的网络环境，在这样的环境中，网络管理员易于清楚地了解网络的拓扑结构，便于设置正确的路由信息。

下面是两个适合使用静态路由的情形。

图 5‐1 所示网络中，如果本地网络之外的其他网络访问本地网络时必须经过路由器 A 和路由器 B，网管员则可以在路由器 A 中设置一条指向路由器 B 的静态路由信息。这样做的好处是可以减少路由器 A 和路由器 B 之间 WAN 链路上的数据传输量，因为网络在使用静态路由后，路由器 A 和 B 之间没有必要进行路由信息的交换。

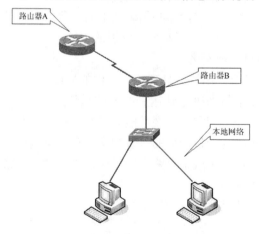

路由器A

路由器B

本地网络

图 5‐1 静态路由示例

在一个支持 DDR（Dial‐on‐Demand Routing）的网络中，拨号链路只在需要时才拨通，因此不能为动态路由信息表提供路由信息的变更情况。在这种情况下，网络也适合使用静态路由。

静态路由协议的优点是显而易见的，由于是人工手动设置的，所以具有设置简单、传输效率高、性能可靠等优点，在所有的路由协议中它的优先级是最高的，当静态路由协议与其他路由协议发生冲突时，会自动以静态路由为准。静态路由一般适用于比较简单的网络环境，在这样的环境中，网络管理员易于清楚地了解网络的拓扑结构，便于设置正确的路由信息。

5.1.4 静态路由配置命令

（1）命令语法。

```
Router(config)#ip route network  [mask] {address|interface}[distance]
```

（2）命令功能。

静态路由定义了一条到目标网络或子网的路径。

（3）参数说明。

- ip route：静态路由配置命令（command）。
- network：目标网络（destination network）。
- mask：网络掩码（subnet mask）。
- address：下一跳地址（Next-hop address）。
- interface：本地出接口（Local outgoing interface）。
- distance：管理距离（administrative distance）。

（4）命令示例。

```
ip route 172.16.1.0 255.255.255.0 172.16.2.1
```

这只是单向配置，在另一端也必须有相应的路由，网络才通。

5.1.5 默认路由

默认路由是一种特殊的静态路由，指的是当路由表中与包的目的地址之间没有匹配的表项时路由器能够做出的选择。在路由表中，默认路由以到网络 0.0.0.0（掩码为 0.0.0.0）的路由形式出现。如果没有默认路由器，那么目的地址在路由表中没有匹配表项的包将被丢弃。可以将默认路由认为成一个使用通配符来代替网络和子网掩码信息的静态路由。默认路由在某些时候非常有效，当存在末梢网络（stub network）时，默认路由会大大简化路由器的配置，减轻管理员的工作负担，提高网络性能。

5.1.6 默认路由配置命令

（1）命令语法。

```
Router(config)#ip route 0.0.0.0 0.0.0.0 {address|interface}[distance]
```

默认路由和静态路由的命令格式一样。只是把目的地 IP 和子网掩码改成 0.0.0.0 和 0.0.0.0。默认路由一般适用于末梢网络（stub network）当中。

（2）命令示例。

```
ip route 0.0.0.0 0.0.0.0 10.0.0.2
```

该命令实现的末端网络到达任意一个网络都通过 10.0.0.2。

5.1.7　验证路由配置

（1）使用 ping 命令可以测试设备之间的连通性。

（2）使用 traceroute 命令可以进行路由跟踪。

（3）使用 show ip route 可以查看路由表信息，示例如下：

```
R1# show ip route                          //查看路由表
Gateway of last resort is not set
1.0.0.0/24 is subnetted, 1 subnets
C       1.1.1.0 is directly connected, Loopback0
2.0.0.0/24 is subnetted, 1 subnets
S       2.2.2.0 [1/0] via 12.12.12.2          //到 2.2.2.0/24 网络的静态路由
12.0.0.0/24 is subnetted, 1 subnets
C       12.12.12.0 is directly connected, Serial0/0
```

> **小提示**
>
> C 代表直接连接，S 代表静态路由。

5.2　动手做做

本节主要是通过静态路由和默认路由设置的实验使学习者深入体会路由的概念并掌握静态路由和默认路由的设置、查看路由表等常用命令。

5.2.1　实验目的

通过本实验，用户可以掌握以下技能。

- 配置静态路由。
- 配置默认路由。
- 查看路由表。
- 删除路由。

5.2.2　实验规划

1. 实验设备

- 路由器 2 台。
- 实验用 PC 机 2 台。
- Console 电缆 2 根。
- 直连双绞线 2 根。
- 串行电缆 1 根。

2. 实验拓扑

如图 5-2 所示，两台路由器 Router A 和 Router B 之间使用串行电缆进行互联，连接端口都是 Serial 0/0，地址分别为 192.168.30.1 和 192.168.30.2，子网掩码为 255.255.255.0。路由器 Router A 的另一个端口 FastEthernet 0/0 直接与计算机（也可以与交换机）相连，IP 地址为 192.168.10.1，Router A 连接的网络为 192.168.10.0/24，Host1 的 IP 地址设置为 192.168.10.2；路由器 Router B 的 FastEthernet 0/0 的 IP 地址为 192.168.50.1，连接的网络为 192.168.50.0/24，Host2 的 IP 地址设置为 192.168.50.2，Host1 和 Host2 的网关地址为 192.168.10.1 和 192.168.50.1。

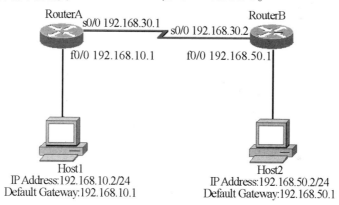

图 5-2 实验拓扑图

> **小提示**
>
> （1）serial 0/0：是指路由器的串行接口，用于路由器与路由器连接，0/0 是指第 0 个模块的第 0 个端口。
>
> （2）Fast Ethernet 0/0 指的是快速以太网接口，用于连接 PC 机。0/0 意思同（1）。

5.2.3 实验步骤

1. 配置 RouterA 的基本参数

```
Router >enable                                      //打开特许模式
Router #configure  terminal                         //进入全局配置模式，从终端进行手动配置
Router(config)#hostname RouterA                      //设置路由器标示，使用一个主机名来配置路由
                                                     //器，该主机名以提示符或者默认文件名的方式使用
RouterA (config)#interface FastEthernet 0/0                    //进入端口设置状态
RouterA (config-if)#ip address 192.168.10.1 255.255.255.0      //设置端口 IP 地址
RouterA (config-if)#no shutdown                      //打开一个关闭的接口
RouterA (config-if)#exit                             //返回全局配置模式
RouterA (config)#interface serial 0/0                //选择接口
RouterA (config-if)#ip address 192.168.30.1 255.255.255.0      //设置端口 IP 地址
RouterA (config-if)#no shutdown                      //开启路由器端口
RouterA (config-if)#end                              //退出配置模式
RouterA #copy run start                              //保存配置
```

2. 配置 RouterB 的基本参数

```
Router >enable                                    //打开特许模式
Router #conf  t                                   //进入全局配置模式,从终端进行手动配置
Router (config)#host RouterB
RouterB (config)# interface FastEthernet 0/0      //进入端口设置状态
RouterB (config - if)#ip address 192.168.50.1 255.255.255.0    //设置 IP 地址
RouterB (config - if)#no shut                     //打开一个关闭的接口
RouterB (config)#exit                             //返回全局配置模式
RouterB (config)# interface serial 0/0            //选择接口
RouterB (config - if)# ip add 192.168.30.2 255.255.255.0    //设置 IP 地址
RouterB (config - if)#clock rate 64000            //配置同步时钟 DCE
RouterB (config - if)#no shut                     //开启路由器端口
RouterB (config - if)#end                         //退出配置模式
RouterB #copy run start                           //保存配置
```

小提示

　　(1)配置 RouterB 采用简写命令方式;(2)在配置了路由器端口后需要使用 no shutdown 命令将其开启;(3)如果两台路由器通过串口直接连接,则必须在其中一端设置时钟频率。

3. 配置 Host1 和 Host2 基本参数

本步骤配置 Host1 和 Host2 的 IP 地址、子网掩码和网关(略)。

4. RouterA 上静态路由配置

```
RouterA #conf t
RouterA (config)#ip route 192.168.50.0 255.255.255.0 192.168.30.2
        //命令 ip route 告诉我们这是一个静态路由,192.168.50.0 就是想要发送数据
        //包的远程网络,255.255.255.0 是这个远程网络的掩码。
RouterA (config)#end
RouterA# copy run start
```

5. RouterB 上静态路由配置

```
RouterB#conf t
RouterB (config)# ip route 192.168.10.0 255.255.255.0 192.168.30.1
        //命令 ip route 直接告诉我们这是一个静态路由,192.168.10.0 就是想要
        //发送数据包的远程网络,255.255.255.0 是这个远程网络的掩码。
RouterB (config)#end
RouterB#copy run start
```

6. 结果验证

(1)利用 ping 进行测试 Host1 和 Host2 之间的连通性,在 Host1 的"命令提示符"下

输入 ping 192.168.50.2，在 Host2 的"命令提示符"下输入 ping 192.168.10.2，host1 上的正确运行结果如下所示。如果两台主机之间是互通的，则说明路由器配置正确。

```
C:>ping 192.168.50.2
Pinging 192.168.50.2 with 32 bytes of data:

Reply from 192.168.50.2: bytes=32 time=60ms TTL=241
Reply from 192.168.50.2: bytes=32 time=60ms TTL=241
Reply from 192.168.50.2: bytes=32 time=60ms TTL=241
Reply from 192.168.50.2: bytes=32 time=60ms TTL=241
Reply from 192.168.50.2: bytes=32 time=60ms TTL=241

Ping statistics for 192.168.50.2:    Packets: Sent=5, Received=5, Lost=0 (0%
loss),
Approximate round trip times in milli-seconds:
   Minimum=50ms, Maximum=  60ms, Average=  55ms
```

（2）验证路由器 RouterA 的端口配置，正确运行结果如下所示。

```
RouterA#show ip interface brief
Interface              IP-Address       OK? Method Status        Protocol
Serial0/0              192.168.30.1     YES unset  up            up
FastEthernet 0/0       192.168.10.1     YES unset  up            up
```

（3）验证路由器 RouterA 的静态路由配置。

```
RouterA#show ip route          //察看路由表
Codes:  C - connected, S - static, I - IGRP, R - RIP, M - mobile, B - BGP
     D - EIGRP, EX - EIGRP external, O - OSPF, IA - OSPF inter area
     E1 - OSPF external type 1, E2 - OSPF external type 2, E - EGP
     i - IS-IS, L1 - IS-IS level-1, L2 - IS-IS level-2, * - candidate default
     U - per-user static route

Gateway of last resort is not set

C    192.168.10.0 is directly connected, FastEthernet 0/0
C    192.168.30.0 is directly connected, Serial0/0
S    192.168.50.0 [1/0] via 192.168.30.2
```

（4）验证路由器 RouterB 的端口配置。

```
RouterB#show ip interface brief
I Interface            IP-Address       OK? Method Status       Protocol
Serial0/0              192.168.30.2     YES  unset  up          up
FastEthernet 0/0       192.168.50.1     YES  unset  up          up
```

（5）验证路由器 RouterB 的静态路由配置。

```
RouterB #show ip route
Codes: C - connected, S - static, I - IGRP, R - RIP, M - mobile, B - BGP
     D - EIGRP, EX - EIGRP external, O - OSPF, IA - OSPF inter area
     E1 - OSPF external type 1, E2 - OSPF external type 2, E - EGP
```

```
       i - IS-IS, L1 - IS-IS level-1, L2 - IS-IS level-2, * - candidate default
       U - per-user static route
Gateway of last resort is not set

C    192.168.50.0 is directly connected, FastEthernet 0/0
C    192.168.30.0 is directly connected, Serial0/0
S    192.168.10.0 [1/0] via 192.168.30.1
```

（6）在 Host 2 上输入 tracert 命令跟踪路由。

```
C:>tracert 193.168.1.2
"Type escape sequence to abort."
Tracing the route to 192.168.50.2

1 192.168.10.1 0 msec 16 msec 0 msec
2 192.168.30.2 20 msec 16 msec 16 msec
3 192.168.50.2 20 msec 16 msec *
```

（7）配置默认路由。

假设 RouterB 位于末梢网络（Stub-Network），保持路由器 RouterA 的静态路由配置不变，在路由器 RouterB 上配置默认路由。

```
RouterB #conf t
RouterB (config)# no ip route 192.168.10.0 255.255.255.0 192.168.30.1
                                                      //删除路由
RouterB (config)# ip route 0.0.0.0 0.0.0.0 192.168.30.1    //配置默认路由
RouterB (config)#end
RouterB #copy run start
```

（8）验证路由器 RouterB 的默认路由配置，运行结果如下所示。

```
RouterB #show ip route
Codes:  C - connected, S - static, I - IGRP, R - RIP, M - mobile, B - BGP
        D - EIGRP, EX - EIGRP external, O - OSPF, IA - OSPF inter area
        E1 - OSPF external type 1, E2 - OSPF external type 2, E - EGP
        i - IS-IS, L1 - IS-IS level-1, L2 - IS-IS level-2, * - candidate default
        U - per-user static route

Gateway of last resort is to network 0.0.0.0

C    192.168.50.0 is directly connected, FastEthernet 0/0
C    192.168.30.0 is directly connected, Serial0/0
S*   0.0.0.0 [1/0] via 192.168.30.1
```

5.3 活 学 活 用

网络拓扑图如图 5-3 所示，各端口 IP 地址如图 5-3 所示，RouterC 位于末梢网络（Stub-Network）。请完成 RouterA、RouterB 和 RouterC 的路由配置，实现 Host1 和 Host2 互通。

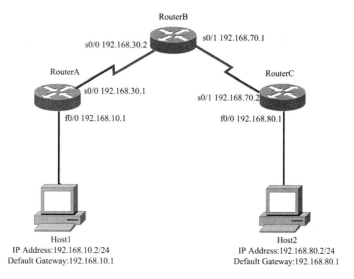

图5-3　网络拓扑图

小提示

注意路由器间时钟频率的配置。

5.4　动动脑筋

1. 路由器怎样传递数据包？

_____

_____

2. 为了进行路由，路由器必须知道哪些内容？

_____

_____

3. 为什么两台路由器之间要配置同步时钟频率？

_____

_____

4. 静态路由的优点和缺点是什么？

_____

_____

5. 为什么使用默认路由？

_____

_____

5.5　总结反思

通过本章的学习，读者对路由原理、静态路由和默认路由等相关技术有了深入认识。通过对本章的实验进行深入细致的练习，读者对路由过程有了一定的认识，为下一步——动态路由协议的学习打下基础。现将本章所涉及的主要命令总结如表5-1所示，供读者查阅。

表5-1 命令汇总

命　　令	功　　能
ip address	配置接口的 IP 地址
show ip interfacebrief	查看接口配置信息
clock rate n	设置时钟频率
show ip router	查看路由配置信息
ip route network　［mask］｛address ｜ interface｝［distance］	配置静态路由
ip route 0.0.0.0　0.0.0. ｛address ｜ interface｝［distance］	配置默认路由
no ip route network　［mask］｛address ｜ interface｝［distance］	删除路由

第6章 经典的动态路由——RIP 协议

6.1 知识准备

6.1.1 动态路由

动态路由就是使用协议来查找网络并且更新路由表的配置，这些协议就是动态路由协议。动态路由协议自 20 世纪 80 年代初期开始应用于网络。1982 年 RIP 第一版协议问世，不过，其中的一些基本算法早在 1969 年就已应用到 ARPANET 中。

与静态路由相比，动态路由协议的管理开销相对较少。不过，运行动态路由协议会占用一部分路由器资源，包括 CPU 时间和网络链路带宽。虽然动态路由有很多好处，但静态路由仍有其用武之地。有些情况适合使用静态路由，但有些情况则适合使用动态路由。一般情况下，中等复杂程度的网络会同时使用这两种路由方式。动态路由和静态路由的优缺点以及之间的区别如表 6-1 所示。

表 6-1 动态路由与静态路由的区别

	动 态 路 由	静 态 路 由
配置复杂与否	不受网络规模的限制	随着网络规模的扩大而趋向复杂
管理员所需技能	要掌握高级的知识技能	不需要额外的专业知识
可预测性	根据当前网络拓扑结构确定路径	总通过同样的路径到达目的网络
资源使用情况	占用 CPU 内存和链路带宽	不需要额外的资源
安全性	不安全	安全
可扩展性	简单的复杂的拓扑结构都适合	仅适合简单的拓扑结构
拓扑结构变换	自动根据拓扑结构的变化调整	需要管理员的参与

在 Internet 中经常使用的路由协议有两种——内部网关协议（IGP）和外部网关协议（EGP），IGP 用于在同一个自治系统（AS）中的路由间交换路由选择信息，而 EGP 则是用于在 AS 间通信。

表 6-2 列出了常见的动态路由协议。

表 6-2 常见的动态路由协议

有类路由协议	RIP	GRP	EGP		
无类路由协议	RIPv2	EIGRP	BGPv4	OSPF	IS – IS

6.1.2 管理距离

管理距离（AD）定义路由来源的优先级别，用来衡量接受的来自相邻路由器上路由选择信息的可靠性。如果从多个不同的路由来源获取到同一目的网络的路由信息，Cisco 路由器会使用 AD 功能来选择最佳路径。管理距离是从 0～255 的整数值，值越低表示路由来源的优先级别越高。管理距离值为 0 表示优先级别最高。只有直连网络的管理距离为 0，而且这个值不能更改。表 6-3 列出了 Cisco 路由器对不同协议的路由的默认管理距离。

表 6-3　默认管理距离

路 由 来 源	默认管理距离
连接接口	0
静态路由	1
EIGRP	90
IGRP	100
OSPF	110
RIP	120
外部 EIGRP	170
未知	255

6.1.3 路由选择协议

路由协议可以分为 3 类。

（1）距离矢量路由就是通过判断距离查找到达远程网络的最佳路径。数据包通过一个路由器称为一跳。有最小跳数的路由是最佳路由，RIP 和 IGRP 就是距离矢量路由，它们发送整个表到相邻的路由器。

（2）链路状态路由亦称为最短路径优先协议，运行这种协议的路由器会创建 3 张独立的表，一张用来跟踪直接连接的邻居路由器，一张用来判断整个互联网的拓扑，另一张则是路由表，使用链路状态的路由器比使用距离矢量的路由器对互联网有更多的了解。OSPF 就是该种路由。

（3）混合型是将两种协议结合起来使用的产物，如 EIGRP。

6.1.4 RIP 的运行特点

1. RIPv1 运行特点

RIP 协议包含有两个版本，RIPv1 的运行特点有以下几点。

• RIPv1 是典型的距离矢量路由协议，具有距离矢量算法路由协议的一切特征。

- RIPv1 通过定期的广播整个路由表来发现和维护路由，默认每 30 秒广播一次路由表。
- RIPv1 以跳数（hop count）作为路由的度量值，每经过一个路由称为一跳，最多支持 15 跳。
- RIPv1 不支持路由汇总和变长子网掩码。
- RIPv1 默认支持 4 条开销相同的链路的负载均衡，最多支持 6 条。
- 基于有类概念的路由协议。

2. RIPv2 运行特点

- 基于无类概念的路由协议。
- 支持 VLSM。
- 可以人工设定是否进行路由汇总。
- 使用多播来代替 RIPv1 中的广播。
- 支持明文或 MD5 加密验证。
- RIPv2 使用多播地址 224.0.0.9 来更新路由信息。

> **小提示**
>
> （1）因为 RIP 是以跳数作为度量值，所以 RIP 不适合大型的互联网络。（2）VLSM 指可变长度子网掩码，使用 VLSM 可以为不同的子网使用不用的子网掩码。（3）使用有类路由：路由器首先匹配主网络号，如果主网络号存在，就继续匹配子网号，且不考虑默认路由，如果子网无法匹配，丢弃数据包。使用无类路由协议的好处是可以节省大量的 IP 地址空间。

6.1.5 RIP 的工作原理

下面的网络运行了 RIP，如图 6-1 所示。

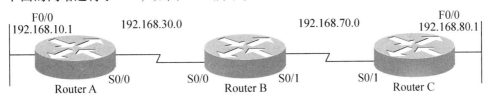

图 6-1　RIP 的工作原理

（1）运行 RIP 路由协议的路由器通过定期更新建立路由表，但这之前要先建立自己直连网络的路由，每个路由器的路由表如表 6-4～表 6-6 所示。

表 6-4　Router A 的路由表 a

目 的 网 络	本 地 端 口	度 量 值
192.168.10.0	F0/0	0（本地直连网络度量为0）
192.168.30.0	S0/0	0

表 6-5　Router B 的路由表 a

目 的 网 络	本 地 端 口	度 量 值
192.168.70.0	S0/1	0
192.168.30.0	S0/0	0

表 6-6　Router C 的路由表 a

目 的 网 络	本 地 端 口	度 量 值
192.168.80.0	F0/0	0
192.168.70.0	S0/1	0

此时的路由表是不完整的，路由器对不和自己直接相连的网络是不知道如何转发的。

（2）每个路由器都定期广播自己完整的路由表，告诉其他路由器与自己直连的网络信息，此时各个路由器的路由表如表 6-7～表 6-9 所示。

表 6-7　Router A 的路由表 b

目 的 网 络	本 地 端 口	度 量 值
192.168.10.0	F0/0	0（本地直连网络度量为))
192.168.30.0	S0/0	0
192.168.70.0（从 Router B 学习的）	S0/0	1（需要经过一个路由器所以度量值加1）

表 6-8　Router B 的路由表 b

目 的 网 络	本 地 端 口	度 量 值
192.168.70.0	S0/1	0
192.168.30.0	S0/0	0
192.168.10.0（从 Router A 学习的）	S0/0	1
192.168.80.0（从 Router C 学习的）	S0/1	1

表 6-9　Router C 的路由表 b

目 的 网 络	本 地 端 口	度 量 值
192.168.80.0	F0/0	0
192.168.70.0	S0/1	0
192.168.30.0（从 Router B 学习的）	S0/1	1

（3）经过了一周期后，并不是每个路由器的路由表都是完整的，还需要额外的时间继续进行学习，再经过下一周期的路由表如表 6-10～表 6-12 所示。

表 6-10　Router A 的路由表 c

目 的 网 络	本 地 端 口	度 量 值
192.168.10.0	F0/0	0
192.168.30.0	S0/0	0
192.168.70.0（从 Router B 学习的）	S0/0	1
192.168.80.0（从 Router B 学习的）	S0/0	2（在 Router B 的基础上加 1）

表 6-11　Router B 的路由表 c

目 的 网 络	本 地 端 口	度 量 值
192.168.70.0	S0/1	0
192.168.30.0	S0/0	0
192.168.10.0（从 Router A 学习的）	S0/0	1
192.168.80.0（从 Router C 学习的）	S0/1	1

表 6-12　Router C 的路由表 c

目 的 网 络	本 地 端 口	度 量 值
192.168.80.0	F0/0	0
192.168.70.0	S0/1	0
192.168.30.0（从 Router B 学习的）	S0/1	1
192.168.10.0（从 Router B 学习的）	S0/1	2（在 Router B 的基础上加 1）

至此，路由表已经完整，每个路由器都有到达网络中每个网络的路由了，所以路由的学习过程也就结束了。

小提示

虽然路由的学习过程结束了，但是路由的更新还会继续，即使没有任何变化。

6.1.6　路由环路

路由环路是指数据包在一系列路由器之间不断传输却始终无法到达其预期目的网络的一种现象，其发生的原因是由于距离矢量路由是通过定期的广播路由更新到所有激活的接口，但有时路由器不能同时或接近同时地完成路由表的更新。如图 6-2 所示。

在路由器 A、B、C 构成的网络里，Router C 连接到 192.168.80.0 的网络，Router A 连接 192.168.10.0 的网络，由于某种原因 192.168.80.0 的网络连接中断，于是在 Router C 的路由表中就缺失了到达 192.168.80.0 网络的路由，Router B 在 Router C 发送更新前发送了更新，造成 Router C 中添加了错误的到达 192.168.80.0 网络的路由（可通过 Router B 到达 192.168.80.0 的网络，跳数为 2。当网络 192.168.10.0 有发往 192.168.80.0 网络的数据包时，Router A 发往 Router B，而 Router B 发往 Router C，Router C 又发往 Router B，

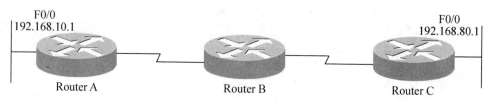

图 6-2 路由环路示例

这样反复就是路由环路。

为了防止路由环路可以有以下几种方法。

● 最大跳数：RIP 允许的跳数最大数是 15。所以任何经过 16 跳到达的网络都被认为是不可达的。最大跳数可以控制一个路由表项在达到多大值后变成无效。

● 水平分割：通过在 RIP 网络中强制信息的传送规则来减少不正确路由信息和路由管理开销，做法就是限制路由器不能按接收信息的方向发送信息。

● 路由中毒：当某路由器发现某个网络出现问题时，它就可以将该网络设为 16 或不可达的表项来引发一个路由中毒。

● 保持关闭：保持关闭指示路由器将那些可能会影响路由的更改保持一段特定的时间。如果确定某条路由为 down（不可用）或 possibly down（可能不可用），则在规定的时间段内，任何包含相同状态或更差状态的有关该路由的信息都将被忽略。这表示路由器将在一段足够长的时间内将路由标记为 unreachable（不可达），以便路由更新能够传递带有最新信息的路由表。

6.1.7 针孔拥塞

由于 RIP 只使用跳数来决定到达某个网络的最佳路径，所以当 RIP 发现一个以上的到达目的网络路径并具有相同的开销时，路由器就会进行负载均衡，但如果出现了下面的情况就有些问题了。

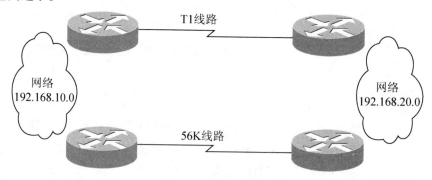

图 6-3 针孔拥塞

如图 6-3 所示，当网络 192.168.10.0 网络中的 RIP 路由器有到达网络 192.168.20.0 网络的路由时，由于经过 T1 线路与经过 56K 线路的跳数是一样的，所以 RIP 会进行负载均衡（显然 56K 线路不如 T1 线路），这种现象就是针孔拥塞。

6.1.8 RIP 的配置命令

RIP 的配置过程完全按照动态路由协议的配置过程进行，主要分两步进行：

- 启用 RIP。
- 指定参与 RIP 的接口。

（1）命令语法。

```
Router(config)#router rip
Router(conifg-router)#version 1|2
Router(conifg-router)#network[mask]{address |interface}[distance]
Router(conifg-route)#maximum-paths <1-6>
Router(conifg-route)#passive-interface interface-number
Router(conifg-route)#default-information originate
```

（2）命令功能。

- 启用 RIP。
- 设定 RIP 版本。
- 指定参与 RIP 的接口。
- 配置 RIP 最大支持多少条开销相同的负载均衡，默认时是 4 条。
- 停止不需要的 RIP 更新。
- 在 RIP 中传播默认路由。

（3）参数说明。

- version 1：RIPv1。
- version 2：RIPv2。
- network：目标网络（destination network）。
- mask：网络掩码（subnet mask）。
- address：下一跳地址（Next-hop address）。
- interface：本地出接口（Local outgoing interface）。
- distance：管理距离（administrative distance）。

小提示

passive-interface interface-number 命令会停止从指定接口发送路由更新。但是，从其他接口发出的路由更新中仍将通告指定接口所属的网络。

6.1.9 查看、调试 RIP 的命令

1. 查看 IP 协议信息

（1）命令语法。

```
Router#show ip protocols
```

（2）命令功能。

查看当前使用什么路由协议，路由协议的配置情况等信息。

2. 查看路由表信息

（1）命令语法。

```
Router#show ip route
```

（2）命令功能。
显示路由表信息。

3. 检测 RIP 协议

（1）命令语法。

```
Router#(no)debug ip rip
```

（2）命令功能。
用于调试 RIP 信息。使用前缀"no"关闭调试信息。当该命令被开启后，路由器会显示所有与 RIP 有关的行为，包括何时、从哪里收到了多少数据包，发送了多少数据包等。

▎ 小提示 ▎

　　该命令应只在调试时开启，调试结束后关闭，因为该命令会不断地返回大量信息并输出，占用路由器的性能。

6.2 动 手 做 做

本节主要是通过动态路由设置的实验使学习者深入体会路由的概念并掌握动态路由的配置。

6.2.1 实验目的

通过本实验，用户可以掌握以下技能。
- RIP 的基本配置。
- 静态路由在 RIP 中的发布。
- 查看路由表。
- 查看 RIP 更新信息。

6.2.2 实验规划

1. 实验设备

- 2600 系列路由器 3 台。
- 实验用 PC 机 3 台。
- 直连双绞线若干。
- 2950 交换机 3 台。

● 串行电缆2根。

2. 实验拓扑

如图6-4所示。

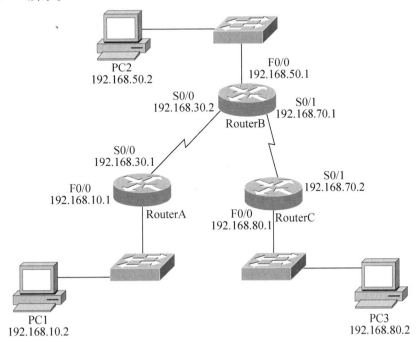

图6-4 实验拓扑图

6.2.3 实验步骤

1. 配置 RouterA 的基本参数

```
Router > en
Router#config t
Enter configuration commands, one per line.  End with CNTL/Z.
Router(config)#hostname RouterA
RouterA(config)#inter f0/0
RouterA(config-if)#ip add 192.168.10.1 255.255.255.0
RouterA(config-if)#no shut
RouterA(config-if)#int s0/0
RouterA(config-if)#ip add 192.168.30.1 255.255.255.0
RouterA(config-if)#clock rate 64000
RouterA(config-if)#no shut
RouterA(config-if)#exit
RouterA(config)#router rip
RouterA(config-router)#version 1
```

```
RouterA(config-router)#network 192.168.10.1
RouterA(config-router)#network 192.168.30.0
RouterA(config-router)#exit              //配置 RIP 协议
RouterA(config)#end
```

2. 配置 RouterB 的基本参数

```
Router>en
Router#config t
Enter configuration commands, one per line.  End with CNTL/Z.
Router(config)#hostname RouterB
RouterB(config)#int s0/0
RouterB(config-if)#ip add 192.168.30.2 255.255.255.0
RouterB(config-if)#no shut
RouterB(config-if)#int s0/1
RouterB(config-if)#ip add 192.168.70.1 255.255.255.0
RouterB(config-if)#clock rate 64000
RouterB(config-if)#no shut
RouterB(config-if)#int f0/0
RouterB(config-if)#ip add 192.168.50.1 255.255.255.0
RouterB(config-if)#no shut
RouterB(config-if)#exit
RouterB(config)#router rip
RouterB(config-router)#version 1
RouterB(config-router)#network 192.168.50.0
RouterB(config-router)#network 192.168.30.0
RouterB(config-router)#network 192.168.70.0
RouterB(config-router)#passive-interface f0/0      //将 f0/0 端口设为被动端口
RouterB(config-router)#exit
RouterB(config)#ip route 0.0.0.0 0.0.0.0 s0/0      //将所有未知网络全部发往 RouterA
RouterB(config)#end
```

3. 配置 RouterC 的基本参数

```
Router>en
Router#config t
Router(config)#hostname RouterC
RouterC(config-if)#int s0/1
RouterC(config-if)#ip add 192.168.70.2 255.255.255.0
RouterC(config-if)#no shut
RouterC(config-if)#int f0/0
RouterC(config-if)#ip add 192.168.80.1 255.255.255.0
RouterC(config-if)#no shut
RouterC(config-if)#exit
RouterC(config)#router rip
RouterC(config)#vision 1
RouterC(config-router)#network 192.168.70.0
```

```
RouterC(config - router)# network 192.168.80.0
RouterC(config - router)# passive - interface f0/0
RouterC(config - router)# end
```

4. PC1、PC2、PC3 的 IP 地址配置

（略）。

5. 检测结果

（1）测试连通性。

在 PC2 上测试到 PC1 的连通性。

```
PC > ping 192.168.10.2

Pinging 192.168.10.2 with 32 bytes of data:
Request timed out.
Reply from 192.168.10.2: bytes = 32 time = 97ms TTL = 126
Reply from 192.168.10.2: bytes = 32 time = 141ms TTL = 126
Reply from 192.168.10.2: bytes = 32 time = 156ms TTL = 126

Ping statistics for 192.168.10.2:
    Packets: Sent = 4, Received = 3, Lost = 1 (25% loss),
Approximate round trip times in milli - seconds:
    Minimum = 97ms, Maximum = 156ms, Average = 131ms
```

在 PC1 上测试到 PC2 的连通性。

```
PC > ping 192.168.50.2

Pinging 192.168.50.2 with 32 bytes of data:
Reply from 192.168.50.2: bytes = 32 time = 156ms TTL = 126
Reply from 192.168.50.2: bytes = 32 time = 156ms TTL = 126
Reply from 192.168.50.2: bytes = 32 time = 125ms TTL = 126
Reply from 192.168.50.2: bytes = 32 time = 125ms TTL = 126

Ping statistics for 192.168.50.2:
    Packets: Sent = 4, Received = 4, Lost = 0 (0% loss),
Approximate round trip times in milli - seconds:
    Minimum = 125ms, Maximum = 156ms, Average = 140ms
```

在 PC3 上测试到 PC1 的连通性。

```
PC > ping 192.168.10.2

Pinging 192.168.10.2 with 32 bytes of data:
Reply from 192.168.10.2: bytes = 32 time = 250ms TTL = 125
Reply from 192.168.10.2: bytes = 32 time = 188ms TTL = 125
Reply from 192.168.10.2: bytes = 32 time = 187ms TTL = 125
Reply from 192.168.10.2: bytes = 32 time = 172ms TTL = 125
```

```
Ping statistics for 192.168.10.2:
    Packets: Sent = 4, Received = 4, Lost = 0 (0% loss),
Approximate round trip times in milli - seconds:
    Minimum = 172ms, Maximum = 250ms, Average = 199ms
```

其余略。

（2）查看 3 个路由器的路由表。

```
RouterA#show ip route
Codes: C - connected, S - static, I - IGRP, R - RIP, M - mobile, B - BGP
       D - EIGRP, EX - EIGRP external, O - OSPF, IA - OSPF inter area
       N1 - OSPF NSSA external type 1, N2 - OSPF NSSA external type 2
       E1 - OSPF external type 1, E2 - OSPF external type 2, E - EGP
       i - IS-IS, L1 - IS-IS level-1, L2 - IS-IS level-2, ia - IS-IS inter area
       * - candidate default, U - per-user static route, o - ODR
       P - periodic downloaded static route

Gateway of last resort is not set

C    192.168.10.0/24 is directly connected, FastEthernet0/0
C    192.168.30.0/24 is directly connected, Serial0/0
R    192.168.50.0/24 [120/1] via 192.168.30.2, 00:00:05, Serial0/0
R    192.168.80.0/24 [120/1] via 192.168.30.2, 00:00:05, Serial0/0

RouterB#show ip route
Codes: C - connected, S - static, I - IGRP, R - RIP, M - mobile, B - BGP
       D - EIGRP, EX - EIGRP external, O - OSPF, IA - OSPF inter area
       N1 - OSPF NSSA external type 1, N2 - OSPF NSSA external type 2
       E1 - OSPF external type 1, E2 - OSPF external type 2, E - EGP
       i - IS-IS, L1 - IS-IS level-1, L2 - IS-IS level-2, ia - IS-IS inter area
       * - candidate default, U - per-user static route, o - ODR
       P - periodic downloaded static route

Gateway of last resort is 0.0.0.0 to network 0.0.0.0
C    192.168.30.0/24 is directly connected, Serial0/0
C    192.168.50.0/24 is directly connected, FastEthernet0/0
C    192.168.70.0/24 is directly connected, Serial0/1
R    192.168.80.0/24 [120/1] via 192.168.70.2, 00:00:05, Serial0/1
S*   0.0.0.0/0 is directly connected, Serial0/0

RouterC#show ip route
Codes: C - connected, S - static, I - IGRP, R - RIP, M - mobile, B - BGP
       D - EIGRP, EX - EIGRP external, O - OSPF, IA - OSPF inter area
       N1 - OSPF NSSA external type 1, N2 - OSPF NSSA external type 2
       E1 - OSPF external type 1, E2 - OSPF external type 2, E - EGP
       i - IS-IS, L1 - IS-IS level-1, L2 - IS-IS level-2, ia - IS-IS inter area
       * - candidate default, U - per-user static route, o - ODR
       P - periodic downloaded static route

Gateway of last resort is 192.168.70.1 to network 0.0.0.0

R    192.168.30.0/24 [120/1] via 192.168.70.1, 00:00:28, Serial0/1
```

```
R    192.168.50.0/24 [120/1] via 192.168.70.1, 00:00:28, Serial0/1
C    192.168.70.0/24 is directly connected, Serial0/1
C    192.168.80.0/24 is directly connected, FastEthernet0/0
R*   0.0.0.0/0 [120/1] via 192.168.70.1, 00:00:28, Serial0/1
RouterA#show ip interface brief        //查看所有接口摘要信息
Interface          IP-Address     OK?  Method  Status  Protocol
Serial0/0          192.168.30.1   YES  unset   up      up
FastEthernet 0/0   192.168.10.1   YES  unset   up      up
```

小提示

注意观察路由表输出中每种路由前面的标志是什么样的。

（3）查看被动端口。

```
RouterC#show run
（略去此处显示信息）
router rip
passive-interface FastEthernet0/0
network 192.168.70.0
network 192.168.80.0
（略去此处显示信息）
```

6.3 活 学 活 用

网络拓扑如图6-4所示，配置路由协议RIPv2版本，实现各PC间互通。

6.4 动 动 脑 筋

1. 路由协议分哪几种？列举常见协议分属哪类。

_____

_____

2. RIP的主要特征是什么？

_____

_____

3. RIPv1与RIPv2的相同和不相同点分别是什么？

_____

_____

4. 和静态路由相比，动态路由的优点是什么？

_____

_____

5. passive-interface interface-number命令使用的结果是什么？

_____

_____

6. 想想6.2节实验中将路由器 B、C 的以太网端口都设为了被动端口，那么还有哪些端口可以设为被动端口？

_____

_____

7. 如果在路由器 A 上的静态路由只设一种，那该怎么修改各个路由器的 IP?

_____

_____

6.5　总　结　反　思

通过本章的学习，读者对动态路由、RIP 协议等相关技术有了深入认识。通过对本章的实验进行深入细致的练习，读者对路由过程有了初步的认识，为下一步——IGRP 协议的学习打下基础。现将本章所涉及的主要命令总结如表6-13所示，供读者查阅。

表6-13　命令汇总

命　　令	功　　能
router rip	启用 RIP
network［mask］｛address ｜ interface｝［distance］	指定参与 RIP 的端口
maximum - paths < 1 - 6 >	设定负载链路数量
passive - interface interface - number	设定被动端口
default - information originate	在 RIP 中发布静态路由
show ip protocols	查看当前使用什么路由协议，路由协议的配置情况等信息
show ip route	显示路由表中的内容
debug ip rip	用于调试 RIP 信息

第 7 章　我的地盘我做主——IGRP 协议

7.1　知识准备

7.1.1　IGRP 协议简介

IGRP（Interior Gateway Routing Protocol，即：内部网关路由协议）是 Cisco 公司在 20 世纪 80 年代中期开发设计的，是 Cisco 专用路由协议，Cisco 设计 IGRP 的主要目的是为 AS（自治系统）内的路由提供一种健壮的路由协议。

7.1.2　IGRP 协议的主要内容及特征

1. IGRP 协议主要内容

- IGRP 以固有的时间间隔把本地的路由表以广播的方式传递给邻居路由器。
- IGRP 不支持 VLSM（Variable Length Subnet Mask，即：可变长子网掩码）。
- IGRP 使用水平分割（Split Horizon）、毒性逆转（Poison Reverse）、触发更新（Trigger Update）、抑制计时（Holddown Timer）等方法解决路由环路问题。

> **小提示**
>
> - 水平分割（Split Horizon）：保证路由器记住每一条路由信息的来源，阻止路由更新信息返回到最初发送的方向，即路由器不能使用接收更新的同一接口来通告同一网络。
> - 毒性逆转（Poison Reverse）：也叫路由毒化，这种方法是在路由器发往其他路由器的路由更新中将不可到达的路由信息标记为不可到达，标记的方法是将度量值设置为最大值。
> - 触发更新（Trigger Update）：是路由的更新方式，不需要等待更新计时器超时，只要检测到网络拓扑结构发生变化立即向相邻路由器发送更新消息，相邻路由器收到更新消息以后依次生成触发更新，以通知其邻居路由器。
> - 抑制计时（Holddown Timer）：即抑制计时器，可以用来防止定期更新消息错误地恢复某些可能发生故障的路由信息，当路由器发现路由表中的路由信息无效以后，在抑制计时器规定的时间内，不接收任何与无效路由信息具有相同状态或具有比无效路由信息更差状态的那些路由信息。

2. IGRP 协议特征

- IGRP 是距离向量路由协议。
- IGRP 是有类别的路由协议。
- IGRP 采用广播的方式（255.255.255.255）进行相邻路由器之间的路由更新。
- IGRP 的管理距离为 100。
- IGRP 采用跳数限制来避免路由环路，IGRP 支持最大跳数为 255，默认值为 100 跳，但在实际设置时通常其设置值比默认值还要低。
- IGRP 支持等价和非等价负载均衡。

7.1.3　IGRP 的定时器和度量值的计算

1. 定时器

IGRP 在默认设置中包含下列定时器。

- 更新定时器（Update Timer）：表示路由更新消息的发送频率，默认值为 90 秒。
- 失效定时器（Invalid Timer）：表示在没有收到特定路由的路由更新消息时，路由失效前路由器应该等待的时间，默认值为 270 秒（更新周期的 3 倍）。
- 保持定时器（Hold-down Timer）：用于指定保持关闭时间间隔，默认值为 280 秒（3 倍于更新时间间隔加 10 秒）。
- 清空计时器（Flash Timer）：表示路由器清空路由表之前需要等待的时间，默认值为 630 秒（路由更新周期的 7 倍）。

默认情况下，IGRP 每 90 秒发送一次路由更新广播，在 3 个更新周期内（即 270 秒），没有收到路由条目的更新，则宣布路由不可访问。在 7 个更新周期（即 630 秒）后，路由器就会从路由表中清除该路由条目。

2. 度量值的计算

IGRP 使用一个综合性的度量值选择路由，这个度量值包括如下 5 个要素：带宽（Bandwidth）、延迟（Delay）、负载（Load）、可靠性（Reliability）和 MTU（最大传输单元）。

> **小提示**
>
> 默认只使用带宽和延迟两个度量值。

（1）IGRP 的度量值的计算公式

度量值 = ［K1 × Bandwidth + （K2 × Bandwidth）/ （256 - Load）+ K3 × Delay］ × ［K5/（Reliability + K4］

（2）公式解析

默认情况下，K1 = K3 = 1，K2 = K4 = K5 = 0。因为 K5 = 0，因此公式后面的 × ［K5/（Reliability + K4］ 可以忽略。公式可简化为 K1 × Bandwidth + （K2 × Bandwidth）/ （256 - Load）+ K3 × Delay。因为 K2 = 0，公式进一步简化为 K1 × Bandwidth + K3 × Delay。公式中

的带宽以 Kbps 为单位，延迟以 μs 为单位。从源端到目的端所经过的链路带宽可能不一定相同，所以公式中使用的带宽应该是从源端到目的端所经过的链路中带宽最小值，然后用 10 000 000 除以该值。公式中的延迟是从发送数据的源端到目的端所经过的所有路由器出口的延迟之和，再除以 10。

因此公式最终简化为：度量值 = 10 000 000/Bandwidth + $\sum$ Reliability/10。

7.1.4 IGRP 协议的配置命令

在路由器上配置 IGRP 路由协议主要分两个步骤。

1. 启动 IGRP 路由协议

（1）命令语法。

```
Router(config)#router igrp {autonomous-system}
```

（2）命令功能。

启动 IGRP 路由协议。

（3）命令参数。

autonomous-system：自治域号，可以随意建立，并非实际意义上的 autonomous-system，但运行 IGRP 的路由器要想交换路由更新信息，autonomous-system 必须相同，其范围为 1 ~ 65 535。

2. 声明相应网络加入 IGRP 路由进程

（1）命令语法。

```
Router(config)#network {network_number}
```

（2）命令功能。

指定该路由器相连的网络。

（3）命令参数。

network_number：主机所属网络号。

3. 等价负载均衡和非等价负载均衡

如果有多条到达同一个目的网络的路由，且这些路由具有相同的度量值，路由器会在这多条路径上均衡负载，这称为等价负载均衡。IGRP 和 RIP 一样具有等价负载均衡的能力，IGRP 不同于 RIP 的是 IGRP 还具有非等价负载均衡的能力（EIGRP 与 IGRP 相同）。非等价负载均衡是指 IGRP 能在目的地相同但度量值不同的多条路径上平衡负载。

（1）命令语法。

```
Router(config-router)#variance {variance-multiplier}
```

（2）命令功能。

启用并配置 IGRP 的非等价负载均衡的功能，该命令定义 1 个倍数（必须为整数），决定多条路径里面有哪些路径在非等价的负载均衡中可用。

（3）命令参数。

variance-multiplier 是变化量，取值范围为 1 ~ 128，这个乘数代表了可以接受的不等价链路的度量值的倍数，在这个范围内的链路都将被接受，并且被加入到路由表中。默认值为1时，表示负载平衡相同。

（4）命令示例。

```
Router(config)#router igrp 100
Router (config-router)#variance 7
```

▸ 小提示

实例如图7-1所示，RouterA 和 RouterB 由两条串行线路连接，RouterA 的 S0/0 和 RouterB 的 S0/0 接口连接的链路带宽是 1 544kbit/s，延迟为 20 000 毫秒；RouterA 的 S0/1 和 RouterB 的 S0/1 接口连接的链路带宽是 256kbit/s，延迟为 1 000 毫秒，要在这两条链路上实现非等价负载均衡，variance-multiplier 如何确定呢？

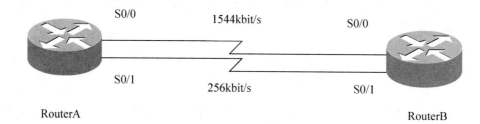

图7-1 非等价负载均衡拓扑图

● 第1个方法

首先计算每条链路的度量值，即 metric = 10 000 000/Bandwidth + $\sum$ Reliability/10。

所以两条链路的度量值分别为：metric = 10 000 000/1 544 + （20 000 + 1 000）/10 = 8 576

metric = 10 000 000/256 + （20 000 + 1 000）/10 = 41 162

然后可得：41 162/8 576 = 4.8，可近似取值为5。这样 variance-multiplier 的值就被确定了。

● 第2个方法（在 EIGRP 下使用）

使用 show ip eigrp topology 命令，该命令用来查看 EIGRP 的拓扑表，在显示结果中可以直接看到度量值（metric）。

```
Router A# show ip eigrp topology
IP-EIGRP Topology Table for As(100)/ID(10.1.3.9)
Codes:P-passive,A-Active,U-Update,Q-Query,
R-Reply,r-reply status,S-sia status
P  192.168.0.0/24  successors,FD is 8576
Via  172.16.0.1(8576/28160),Serial 0/0
Via  23.0.0.2(41162/428160),Serial 1/1
```

8 756、41 162 即为两条链路的质量值，然后可得 8 576/41 162 = 4.8 可近似取值为5。这样 variance-multiplier 的值就被确定了。

4. 路径最大数目

所有的路由协议都默认4条等价链路负载均衡，可以通过命令调整允许负载均衡的路径数目，最多可以达到6条并行等价路径。

命令示例：

```
Router(config)#router igrp 100
Router (config-router)#maximum-paths 6
```

7.1.5 IGRP 协议的验证命令

1. 查看 IGRP 路由表

（1）命令语法。

```
Router#show ip route igrp
```

（2）命令功能。

查看 IGRP 路由表。

2. 监测 IGRP 协议的事件

（1）命令语法。

```
Router#debug ip igrp [events]
```

（2）命令功能。

提供在网络中运行的 IGRP 路由选择信息的概要。

3. 监测 IGRP 的事务处理

（1）命令语法。

```
Router#debug ip igrp transactions
```

（2）命令功能。

显示来自相邻路由器要求更新的请求消息和由路由器发到相邻路由器的广播消息。

7.1.6 两条可选择命令

1. 指定与该路由器相邻的节点地址

（1）命令语法。

```
Router(config-router)#neighbor {ip-address}
```

（2）命令参数。

ip-address：为相邻路由器的相邻端口 IP 地址。

2. 不让某个端口发送 IGRP

（1）命令语法。

```
Router(config-router)#passive-interface interface {type-and-number}
```

（2）命令功能。

使用 passive-interface 命令有以下两种方式。

- 指定某个接口成为被动模式，这意味着它将不会发出路由更新。
- 首先将所有接口设为被动模式。然后在那些打算发送路由更新的接口上，使用 no passive - interface 命令。

（3）命令参数。

type - and - number：端口类型和端口编号。

（4）命令示例。

```
Router(config)# router igrp 110
Router(config - router)# passive - interface default        //要将所有接口设为被动
Router(config - router)# no passive - interface Serial 0/0  //单独打开接口 s0/0
```

7.2　动手做做

本节通过 IGRP 路由协议的配置实验使读者掌握 IGRP 路由协议的常用配置及验证命令。

7.2.1　实验目的

通过本实验，读者可以掌握以下技能。
- 能够在路由器上配置 IGRP。
- 能够使用 IGRP 动态路由协议实现网络的互访。

7.2.2　实验规划

1. 实验设备

- Cisco 2600 系列路由器 3 台。
- PC 机 2 台。
- 双绞线若干。
- Console 电缆 3 根。
- 串行电缆 2 根。

2. 实验拓扑

如图 7 - 2 所示，RouterA 的 S0/0 接口（192.168.30.1）通过串行电缆与 RouterB 的 S0/0 接口（192.168.30.2）相连，RouterB 的 S0/1 接口（192.168.70.1）通过串行电缆与 RouterC 的 S0/0 接口（192.168.70.2）相连。PC1 和 PC2 分别用交叉线连接到路由器 RouterA 和 RouterC 的 FastEthernet 0/0。

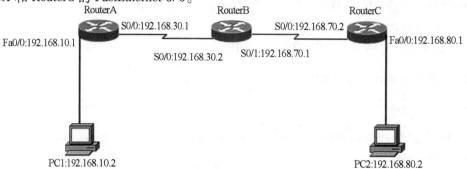

图 7 - 2　实验拓扑图

7.2.3 实验步骤

首先对各路由器的相关接口进行配置（读者应该在前面的章节中熟悉了这一配置过程，此处不再重复），然后启动 IGRP 路由协议，并声明网段。

1. 配置 IGRP 协议

（1）配置路由器 A。

```
RouterA(config)#router igrp 100
RouterA(config - router)#network 192.168.30.0
RouterA(config - router)#network 192.168.10.0
```

（2）配置路由器 B。

```
RouterB(config)#router igrp 100
RouterB(config - router)#network 192.168.30.0
RouterB(config - router)#network 192.168.70.0
```

（3）配置路由器 C。

```
RouterC(config)#router igrp 100
RouterC(config - router)#network 192.168.70.0
RouterC(config - router)#network 192.168.80.0
```

（4）配置 PC1 和 PC2 的 IP 地址、子网掩码和网关。
（略）。

2. 结果验证

利用 ping 命令测试 PC1 和 PC2 之间的连通性，在 PC1 的"命令提示符"下输入 ping 192.168.80.2，在 PC2 的"命令提示符"下输入 ping 192.168.10.2。如果 PC1 和 PC2 之间彼此能 ping 通，说明在路由器的 IGRP 协议配置是正确的。

在 PC1 上运行 ping 命令：

```
C:>ping 192.168.80.2
Pinging 192.168.80.2 with 32 bytes of data:
Reply from 192.168.80.2: bytes =32 time =60ms TTL =241
Reply from 192.168.80.2: bytes =32 time =60ms TTL =241
Reply from 192.168.80.2: bytes =32 time =60ms TTL =241
Reply from 192.168.80.2: bytes =32 time =60ms TTL =241
Reply from 192.168.80.2: bytes =32 time =60ms TTL =241
Ping statistics for 192.168.80.2:
Packets: Sent =5, Received =5, Lost =0 (0% loss),
Approximate round trip times in milli - seconds:
    Minimum =50ms, Maximum =  60ms, Average =  55ms
```

在 PC2 上运行 ping 命令：

```
PC2:
C:>ping 192.168.10.2
Pinging 192.168.10.2 with 32 bytes of data:
```

```
Reply from 192.168.10.2: bytes = 32 time = 60ms TTL = 241
Reply from 192.168.10.2: bytes = 32 time = 60ms TTL = 241
Reply from 192.168.10.2: bytes = 32 time = 60ms TTL = 241
Reply from 192.168.10.2: bytes = 32 time = 60ms TTL = 241
Reply from 192.168.10.2: bytes = 32 time = 60ms TTL = 241
Ping statistics for 192.168.10.2:
Packets: Sent = 5, Received = 5, Lost = 0 (0% loss),
Approximate round trip times in milli - seconds:
    Minimum = 50ms, Maximum =  60ms, Average =  55ms
```

3. 查看路由信息

本实验只给出了查看 RouterA 上配置信息的命令，RouterB、RouterC 的查看过程与 RouterA 相同，请读者自己动手完成。

（1）查看路由器 A 的路由表。

```
RouterA#show ip route
Codes: C - connected, S - static, I - IGRP, R - RIP, M - mobile, B - BGP
       D - EIGRP, EX - EIGRP external, O - OSPF, IA - OSPF inter area
       E1 - OSPF external type 1, E2 - OSPF external type 2, E - EGP
       i - IS - IS, L1 - IS - IS level - 1, L2 - IS - IS level - 2, * - candidate default
       U - per - user static route
Gateway of last resort is not set
C    192.168.30.0 is directly connected, Serial0/0
C    192.168.10.0 is directly connected, FastEthernet0/0
I    192.168.70.0 [100/651] via 192.168.30.2, 00:07:31, Serial0/0
I    192.168.80.0 [100/1040] via 192.168.30.2, 00:09:41, Serial0/0
```

（2）查看路由器 A 的协议信息。

```
RouterA#show ip protocols
Routing Protocol is "igrp 100"
  Sending updates every 90 seconds, next due in 55 seconds
  Invalid after 270 seconds, hold down 280, flushed after 630
  Outgoing update filter list for all interfaces is not set
  Incoming update filter list for all interfaces is not set
  Default networks flagged in outgoing updates
  Default networks accepted from incoming updates
  IGRP metric weight K1 = 1, K2 = 0, K3 = 1, K4 = 0, K5 = 0    //显示计算度量值时的 K 值
  IGRP maximum hopcount 100                                    // 默认最大跳数为 100
  IGRP maximum metric variance 1
                        // 默认 variance 值为 1，通过改变该值可以实现非等价负载均衡
  Redistributing: igrp 100
  Routing for Networks:
    192.168.30.0
    192.168.10.0
  Routing Information Sources:
    192.168.30.2             100         00:00:03
  Distance: (default is 100)
```

（3）检测路由器 A 的 IGRP 协议事件。

```
RouterA#debug ip igrp events
IGRP event debugging is on
IGRP: received update from 192.168.30.2 on Serial0/0
IGRP: Update contains 0 interior, 2 system, and 0 exterior routes.
IGRP: Total routes in update: 2
IGRP: sending update to 255.255.255.255 via Serial0/0 (192.168.30.1)
IGRP: Update contains 0 interior, 1 system, and 0 exterior routes.
IGRP: Total routes in update: 1
IGRP: sending update to 255.255.255.255 via FastEthernet0/0 (192.168.10.1)
IGRP: Update contains 0 interior, 3 system, and 0 exterior routes.
IGRP: Total routes in update: 3
IGRP: received update from 192.168.30.2 on Serial0/0
IGRP: Update contains 0 interior, 2 system, and 0 exterior routes.
IGRP: Total routes in update: 2
IGRP: sending update to 255.255.255.255 via Serial0/0 (192.168.30.1)
IGRP: Update contains 0 interior, 1 system, and 0 exterior routes.
IGRP: Total routes in update: 1
IGRP: sending update to 255.255.255.255 via FastEthernet0/0 (192.168.10.1)
IGRP: Update contains 0 interior, 3 system, and 0 exterior routes.
IGRP: Total routes in update: 3
```

7.3　活学活用

网络拓扑图如图 7-3 所示，分别在路由器 A 和 B 上配置 IGRP 路由协议，实现 PC1
和 PC2 的网络连通；同时在路由器 A 和 B 上查看路由表。

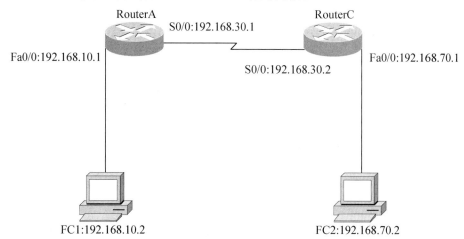

图 7-3　网络拓扑图

7.4 动 动 脑 筋

1. IGRP 路由协议的特征是什么?

_____

2. IGRP 路由协议的主要内容是什么?

_____

3. IGRP 路由协议与 RIP 路由协议有哪些不同?

_____

_____

7.5 学 习 小 结

通过本章的学习,读者能够理解 IGRP 路由协议的原理、特性及相关概念,并掌握 IG-RP 路由协议的配置和验证方法。现将本章所涉及的主要命令总结如表 7-1 所示,供读者查阅。

表 7-1 命令汇总表

命 令	功 能
Router (config) #router igrp ｛autonomous − system｝	启动 IGRP 路由协议
Router (config) #network ｛network_number｝	指定该路由器相连的网络
Router#show ip route igrp	查看 IGRP 路由表
Router#debug ip igrp events	提供在网络中运行的 IGRP 路由选择信息的概要
Router#debug ip igrp transactions	显示来自相邻路由器要求更新的请求消息和由路由器发到相邻路由器的广播消息
Router (config − router) #neighbor ｛ip − address｝	指定与该路由器相邻节点的 IP
Router (config − router) #passive − interface interface ｛type − and − number｝	不让某个端口发送 IGRP 信息

第8章 强大的距离矢量路由协议——EIGRP

8.1 知 识 准 备

8.1.1 EIGRP 简介

EIGRP（Enhanced Interior Gateway Routing Protocol，即：增强的内部网关路由协议）是 Cisco 公司开发的距离向量路由协议，也是 Cisco 公司的专用协议。Cisco 开发 EIGRP 路由协议的主要目的是开发 IGRP 的无类版本。EIGRP 的工作方式很类似于链路状态路由协议，但是它仍然属于距离矢量路由协议，一些书上将它称为混合路由协议，但 EIGRP 不是链路状态路由协议和距离矢量路由协议的混合体，是纯粹的距离矢量路由协议，现在 Cisco 公司已经不再用混合路由协议来定义 EIGRP。

8.1.2 EIGRP 中的数据包类型

EIGRP 数据的数据部分封装在数据包内，这部分数据段称为类型/长度/值（TLV）。所有的 EIGRP 数据包都具有 EIGRP 数据包报头。EIGRP 数据包报头和 TLV 被封装在一个 IP 数据包中，IP 数据包的协议字段会被设成 88，以表明此 IP 数据包为 EIGRP 数据包。EIGRP 的数据包格式如表 8-1 所示。

表 8-1　EIGRP 消息格式

数据链路帧报头	IP 数据包报头	EIGRP 数据包报头	类型/长度/值

在 EIGRP 中，有 5 种类型的数据包。

1. Hello

Hello 数据包用于发现邻居并与所发现的邻居保持邻居关系。Hello 包以组播的方式发送，而且使用 RTP（可靠传输协议）。在大部分网络中，每 5 秒发送一次 Hello 包，保持时间（Holddown）为 15 秒；在多点非广播多路访问（Non-Broadcast Multiple Access，即 NBMA）网络上和带宽为 T1 或 ATM 接口上，每 60 秒发送一次 Hello 包，保持时间（Holddown）为 180 秒。

2. 更新（Update）

更新数据包用来传输路由信息。路由器与邻居路由器建立邻居关系后，以单播方式将包含它所知道的路由信息的更新包传递给邻居路由器。只有在路由信息有改变的时候才发送更新数据包，更新数据包仅包含发生变化的路由信息，仅发送给需要该信息的路由器。如果是多台路由器需要更新路由信息，就以组播的方式传输；如果只有一台路由器需要更新路由信息，就以单播的方式传输。

3. 查询（Query）

当网络中的链路发生变换的时候，路由器需要重新计算路由，如果在备份路由表里面没有找到可以替代的路由信息时，路由器会以单播或组播的方式向它的邻居路由器发送一个查询数据包，询问邻居路由器是否有到达目的网络的最佳路由。查询使用可靠传输协议。

4. 应答（Reply）

所有收到查询的路由器都会发送一个应答给查询方，应答总是单播，也使用可靠传输协议。

5. 确认（ACK）

确认数据包以不可靠单播方式传输。对于查询、应答和更新的数据包，路由器都必须回应一个确认。

8.1.3　EIGRP 的相关概念

1. 可行距离（Feasible Distance，即 FD）

可行距离是计算出来的到达目的网络的最佳度量值。

2. 后继路由器（Successor Router）

后继路由器简称为后继，指用于转发数据包的一台相邻路由器，具有到达目的网络的最佳路由。

3. 通告距离（Advertise Distance，即 AD）

通告距离也称为报告距离，相邻路由器所通告的相邻路由器自己到达某个目的网络的最佳路由。

4. 可行后继（Feasible Successor，即 FS）

可行后继是一台邻居路由器，具有到达目的网络的路由。没有在路由表中使用它，是因为它的度量值不是最佳的，但是它的通告距离小于可行距离，因而被保持在拓扑表中，作为备用路由使用。

5. 可行条件（Feasible Condition）

可行距离、后继、通告距离、可行后继共同构成可行条件，可行条件是 EIGRP 路由协议更新路由表和拓扑表的依据，可行条件可以有效地阻止路由环路，实现路由的快速收敛。可行条件的原则是通告距离小于可行距离。

8.1.4　EIGRP 的工作原理

在运行 EIGRP 的路由器上保存有 3 张独立的表。

- 路由表：保存路由器到达目的网络的路由。
- 拓扑表：描述网络的拓扑结构。
- 邻居表：保存与本地路由器建立邻居关系的路由器。

1. 建立相邻关系

路由器运行 EIGRP 路由协议以后，会使用 224.0.0.10 的组播地址从启用参与了 EIGRP 路由协议的接口向网络发送 Hello 包。当网络中与其直接连接的路由器第一次收到 Hello 包的时候，就会以单播的方式回送一个更新包，更新包包括这台相邻路由器的全部路由信息，在收到这个更新包后，本地路由器会以单播的方式回送一个确认，自此这两台路由器之间建立起了邻居关系。

2. 发现网络拓扑，选择最短路由

本地路由器完成邻居路由器的发现，与邻居路由器的邻居关系的建立，从邻居路由器获得路由更新信息以后，本地路由器会将获得的路由更新信息与拓扑表中所记录的信息进行比较，符合可行条件的路由信息会被放入拓扑表，然后将拓扑表中符合后继路由器的路由信息添加到路由表中。拓扑表中符合可行后继路由器的路由信息如果在所配置的非等价负载均衡范围内，会被添加到路由表，反之，会被保存到拓扑表中作为备选路由。如果路由器通过不同的路由协议学到了到同一目的地的多条路由，则比较路由的管理距离，管理距离最小的路由为最优路由。

> **小提示**
>
> 负载均衡是指路由器在其离目标地址的距离相同的所有网络端口之间分配数据流的能力。IGRP 对给定目的站点，可同时使用不对称路径，这被称之为非等价负载均衡（unequal-cost load balancing）。非等价负载均衡允许在多重（多达 4 条）开销不等路径间分布传输，以保证更大的总吞吐率和更高的可靠性。备选路径可变系数 path variance（即在首选和备选路径之间满意度的差异）用于衡量潜在路由的可行性。如果路径上后续路由器比本地路由器更近于目标站点时（尺度值较低），并且整条备选路径的尺度不大于可变系数，则备选路径是合格的。只有合格的路径才能用于负载均衡，并被加入到路由表中。尽管由于这些条件限制，减少了负载均衡出现的几率，但却保证了动态网络的稳定性。

3. 路由查询、更新

当网络的拓扑没有发生变化的时候，EIGRP 的邻居路由器之间只会通过发送 Hello 包来维持邻居关系，这样可以减小对网络带宽不必要的占用。当网络的拓扑结构发生改变的时候，运行在路由器上的 EIGRP 协议会从拓扑表中查询作为备份路由的可行后继路由，

并将它添加到路由表中。如果在拓扑表中没有找到备份路由，路由器就会向它的邻居路由器发送查询包，邻居路由器在收到查询包后会查找自己的路由表中是否有符合查询条件的路由信息，如果有就将该路由信息回复给查询端的路由器，并且不再扩散这个查询；如果没有符合查询条件的路由信息，邻居路由器会向它的邻居路由器扩散这个查询信息，直到收到符合条件的路由信息或者收到网络中没有符合此路由信息的回复。路由器会从新计算路由，选择新的后继路由器。

8.1.5　EIGRP 的特征

EIGRP 的特征有以下几点。
- 采用触发更新。
- 支持 VLSM（Variable Length Subnet Mask，即：可变长子网掩码）和不连续子网，默认开启路由自动汇总功能。
- 使用 DUAL（Diffusing Update Algorithm，即：扩散更新算法）来选择和保持到远端的最佳路径。它能使路由器判决某邻居通告的一条路径是否处于循环状态，并运行路由器找到替代路径而无须等待来自其他路由器的更新，这样做有助于加快网络的汇聚。
- 支持等价和非等价的负载均衡。
- EIGRP 是用 32bit 来表示度量值，IGRP 用 24bit 来表示度量值，所以 EIGRP 的度量值是 IGRP 的 256 倍；
- 采用组播（224.0.0.10）进行路由更新。
- 采用 RTP 协议传输 EIGRP 数据包，RTP 负责 EIGRP 数据包有保证的和按顺序的被传输到所有邻居，它支持多目组播获单点传送数据包的混合传输。

8.1.6　EIGRP 协议的基本配置

在路由器上配置 EIGRP 路由协议与配置 IGRP 方法类似，也分两个步骤。

1. 启动 IGRP 路由协议

（1）命令语法。

```
Router(config)#router eigrp { as - number }
```

（2）命令功能。
启动 EIGRP 路由协议。
（3）命令参数。
as - number：自治域号，实际上起进程 ID 的作用，可以随意建立，并非实际意义上的 autonomous - system，同一路由域内的所有路由器要想交换路由更新信息，其 autonomous - system 必须相同，其范围为 1 ~ 65 535。

2. 声明相应网络加入 EIGRP 路由进程

（1）命令语法。

```
Router(config)#network ip - address [wildcard_mask]
```

（2）命令功能。

启用参与路由协议的接口，并通告全网。

（3）命令参数。

ip‐address wildcard‐mask：与 IGRP 和 RIP 协议不同，在通告网络的时候，如果通告的是主网地址（没有划分过子网的网络），就只输入主网地址；如果网络划分过子网，就必须在子网网络地址后面输入反掩码；如果对划分过子网的网络只输入主网地址，则表明此网络的所有子网都加入 EIGRP 的路由进程。

（4）命令示例。

```
Router(config)#router eigrp 10
Router(config‐router)network 10.0.0.0
```

或：

```
Router(config‐router)network 10.1.0.0 0.0.255.255
Router(config‐router)network 10.2.0.0 0.0.255.255
```

8.1.7　其他相关命令

1. 关闭或激活自动路由汇总

（1）命令格式。

```
Router(config‐router)#[no] auto‐summary
```

（2）命令功能。

关闭或激活 EIGRP 协议的路由汇总功能，路由汇总功能默认是开启的。在处理使用 VLSM（尤其是存在不连续的子网）的网络时候，通常需要关闭自动路由汇总功能。

2. 不记录相邻路由器有关 EIGRP 协议的变化

（1）命令格式。

```
Router(config‐router)#no eigrp log‐neighbor‐changes
```

（2）命令功能。

该命令是路由器的默认配置，作用是不记录相邻路由器有关 EIGRP 协议的变化信息。

8.1.8　EIGRP 协议的验证命令

1. 查看 EIGRP 邻居表

（1）命令格式。

```
Router#show ip eigrp neighbors
```

（2）命令功能。

显示 IP EIGRP 发现的相邻路由器的信息。

2. 查看 EIGRP 拓扑结构表

（1）命令格式。

```
Router#show ip eigrp topology [as - number | [[ip - address] mask]] [active | all -
links | pending | summary | zero - successors]
```

（2）命令功能。

根据选项显示 EIGRP 拓扑表的不同部分，没有选项则全部显示。但并不是所有这些信息都进入路由表并被路由器所使用，只有最佳的路由才被使用，即度量值最小的路由。

3. 显示 EIGRP 配置的接口信息

（1）命令格式。

```
Router# show ip eigrp interfaces [interface - type interface - number] [as - number]
```

（2）命令功能。

查看运行 EIGRP 路由协议的接口信息。

（3）命令参数。

- interface - type interface - number：端口类型及端口号。
- as - number：自治系统号。

4. 查看 EIGRP 流量统计信息

（1）命令格式。

```
Router#show ip eigrp traffic autonomous - system - number
```

（2）命令功能。

显示所有或一个特殊的 IP EIGRP 进程发送和接收的报文数量。

（3）命令参数。

autonomous - system - number：自治系统号。

5. 检测各种包发送和接收的情况

（1）命令格式。

```
Router#debug eigrp packets
```

（2）命令功能。

查看在该路由器和它的邻居之间发送的数据包类型。

8.2 动手做做

本节主要通过 EIGRP 路由协议的配置实验使读者掌握 EIGRP 路由协议的基本配置及验证命令。

8.2.1 实验目的

通过本实验，读者可以掌握以下技能。

- 在路由器上配置 EIGRP。

- 查看 EIGRP 协议配置信息。
- 查看 EIGRP 邻居路由器信息。

8.2.2 实验规划

1. 实验设备

- 路由器3台,其中一台要求有两个串口。
- PC 机 2 台。
- 双绞线若干。
- Console 电缆 3 根。
- 串行电缆 2 根。

2. 实验拓扑

如图8-1所示,RouterA 的 S0/0 接口(192.168.30.1)通过串行电缆与 RouterB 的 S0/0 接口(192.168.30.2)相连,RouterB 的 S0/1 接口(192.168.70.1)通过串行电缆与 RouterC 的 S0/0 接口(192.168.70.2)相连。PC1 和 PC2 分别用交叉线连接到路由器 RouterA 和 RouterC 的 FastEthernet 0/0。

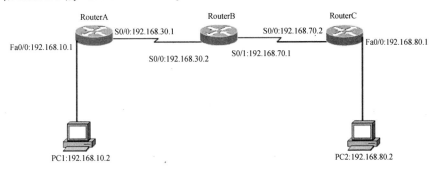

图 8-1 实验拓扑图

8.2.3 实验步骤

首先对各路由器的相关接口进行配置,读者应该在前面的路由协议配置中非常熟悉了这一配置过程,此处不再详述该配置过程,然后启动 EIGRP 路由协议,并声明网段。

1. 对路由器配置 EIGRP 协议

(1)配置路由器 RouterA。

```
RouterA(config)#router eigrp 100
RouterA(config-router)#network 192.168.30.0 0.0.0.255
RouterA(config-router)#network 192.168.10.0 0.0.0.255
RouterA(config-router)#no auto-summary
```

（2）配置路由器 RouterB。

```
RouterB(config)#router eigrp 100
RouterB(config-router)#network 192.168.30.0 0.0.0.255
RouterB(config-router)#network 192.168.70.0 0.0.0.255
RouterB(config-router)#no auto-summary
```

（3）配置路由器 RouterC。

```
RouterC(config)#router eigrp 100
RouterC(config-router)#network 192.168.70.0 0.0.0.255
RouterC(config-router)#network 192.168.80.0 0.0.0.255
RouterC(config-router)#no auto-summary
```

▌小提示

在 EIGRP 网段声明中，如果是主网地址（即 A、B、C 类的主网，没有划分子网的网络），只需输入此网络地址，反掩码可省略。

2. 配置 PC1 和 PC2 的 IP 地址、子网掩码和网关

（略）。

3. 结果验证

利用 ping 命令测试 PC1 和 PC2 之间的连通性，在 PC1 的"命令提示符"下输入 ping 192.168.80.2，在 PC2 的"命令提示符"下输入 ping 192.168.10.2。如果运行结果如下所示，说明 PC1 和 PC2 之间彼此是互通的，也说明路由器的 IGRP 配置是正确的。

（1）PC1 上输入 ping 命令的正确运行结果。

```
C:>ping 192.168.80.2
Pinging 192.168.80.2 with 32 bytes of data:

Reply from 192.168.80.2: bytes=32 time=60ms TTL=241
Reply from 192.168.80.2: bytes=32 time=60ms TTL=241
Reply from 192.168.80.2: bytes=32 time=60ms TTL=241
Reply from 192.168.80.2: bytes=32 time=60ms TTL=241
Reply from 192.168.80.2: bytes=32 time=60ms TTL=241

Ping statistics for 192.168.80.2:
Packets: Sent=5, Received=5, Lost=0 (0% loss),
Approximate round trip times in milli-seconds:
    Minimum=50ms, Maximum=  60ms, Average=  55ms
```

（2）PC2 上输入 ping 命令的正确运行结果。

```
C:>ping 192.168.10.2
Pinging 192.168.10.2 with 32 bytes of data:

Reply from 192.168.10.2: bytes=32 time=60ms TTL=241
Reply from 192.168.10.2: bytes=32 time=60ms TTL=241
Reply from 192.168.10.2: bytes=32 time=60ms TTL=241
```

```
Reply from 192.168.10.2: bytes=32 time=60ms TTL=241
Reply from 192.168.10.2: bytes=32 time=60ms TTL=241

Ping statistics for 192.168.10.2:
Packets: Sent=5, Received=5, Lost=0 (0% loss),
Approximate round trip times in milli-seconds:
    Minimum=50ms, Maximum=  60ms, Average=  55ms
```

4. 查看 IGRP 路由协议的配置信息

本实验只给出了查看 RouterA 上的配置信息的命令，RouterB、RouterC 的查看过程与 RouterA 相同，请读者自己动手完成。

（1）查看路由器 A 的路由配置信息。

```
RouterA#show ip route
Codes: C - connected, S - static, I - IGRP, R - RIP, M - mobile, B - BGP
       D - EIGRP, EX - EIGRP external, O - OSPF, IA - OSPF inter area
       N1 - OSPF NSSA external type 1, N2 - OSPF NSSA external type 2
       E1 - OSPF external type 1, E2 - OSPF external type 2, E - EGP
       i - IS-IS, L1 - IS-IS level-1, L2 - IS-IS level-2, ia - IS-IS inter area
       * - candidate default, U - per-user static route, o - ODR
       P - periodic downloaded static route
Gateway of last resort is not set

C    192.168.10.0/24 is directly connected, FastEthernet0/0
C    192.168.30.0/24 is directly connected, Serial1/0
D    192.168.70.0/24 [90/21024000] via 192.168.30.2, 00:02:51, Serial1/0
D    192.168.80.0/24 [90/21026560] via 192.168.30.2, 00:01:00, Serial1/0
```

（2）查看路由器 A 的 IP 协议信息。

```
RouterA#show ip protocols
Routing Protocol is "eigrp 100 "
  Outgoing update filter list for all interfaces is not set
  Incoming update filter list for all interfaces is not set
  Default networks flagged in outgoing updates      //显示在发送的路由更新中的标记
  Default networks accepted from incoming updates    //默认路由可以被接收进来
  EIGRP metric weight K1=1, K2=0, K3=1, K4=0, K5=0  //显示计算度量值的 K 值
  EIGRP maximum hopcount 100
  EIGRP maximum metric variance 1
Redistributing: eigrp 100
  Automatic network summarization is not in effect   //路由自动汇总功能已关闭
  Maximum path: 4
  Routing for Networks:
    192.168.10.0
    192.168.30.0
  Routing Information Sources:
```

```
    Gateway         Distance        Last Update
    192.168.30.2      90              449500
  Distance: internal 90 external 170         //管理距离: 内部 90, 外部 170
```

小提示

　　管理距离: 这里的内部指由 EIGRP 协议本身产生的路由信息, 外部是指由其他协议再分发过来的路由信息, 这两者的管理距离是不同的, 两者的可信程度区别较大。

　　(3) 查看路由器 A 的邻居路由表。

```
RouterA#show ip eigrp neighbors
IP - EIGRP neighbors for process 100
H  Address       Interface   Hold    Uptime    SRTT   RTO    Q    Seq  Type
                             (sec)             (ms)         Cnt  Num
0  192.168.30.2  Ser1/0      10      00:14:32  40     1000   0    10
```

在这个输出中, 可以看到的信息如下所示。

- H: 表示与邻居建立会话的顺序。
- Address: 邻居路由器的接口地址。
- Interface: 本地邻居的接口。
- Hold: 定义了等待没有从邻居那里接收到任何包的最大时间, 当接收到新的包以后, hold timer 复位。
- Uptime: 从建立邻居关系到目前的时间。
- SRTT: 平均回程时间, 发一个包给邻居到邻居给出响应的时间的平均值。
- RTO (Retransmit Time Out): 单位是毫秒, 路由器在从新传输包之前等待 ACK 的时间。
- Q (Queue): 等待发送的队列的包, 如果这个值持续高于 0 的话, 说明发生了拥塞。
- Seq Num: 指示来自邻居的最近更新的序列号, 用于管理同步及避免信息处理中的重复或错序。

　　(4) 查看路由器 A 的接口配置信息。

```
RouterA#show ip eigrp interfaces
IP - EIGRP interfaces for process 100

                 Xmit Queue   Mean   Pacing Time  Multicast   Pending
Interface  Peers Un/Reliable  SRTT   Un/Reliable  Flow Timer  Routes
Fa0/0      0     0/0          1236   0/10         0           0
Ser1/0     1     0/0          1236   0/10         0           0
```

在这个输出中, 可以看到的信息如下所示。

- Interface: 表示运行 EIGRP 协议的接口。
- Peers: 表示该接口邻居的个数。
- Xmit Queue Un/Reliable: 在不可靠/可靠队列中保留的数据包数量。
- Mean SRTT: 平均的往返时间, 单位为秒。
- Pacing Time Un/Reliable: 用来决定一个接口的 EIGRP 什么时候发送可靠的和不可靠的报文。

- Multicast Flow Timer：组播数据包被发送前最长的等待时间。
- Pending Routes：在传送队列中等待被发送的数据包携带的路由条目。

（5）查看路由器 A 的拓扑结构表。

```
RouterA#show ip eigrp topology
IP - EIGRP Topology Table for AS 100
Codes: P - Passive, A - Active, U - Update, Q - Query, R - Reply,
     r - Reply status

       via Connected, FastEthernet0/0
P 192.168.30.0/24, 1 successors, FD is 20512000
       via Connected, Serial1/0
P 192.168.70.0/24, 1 successors, FD is 21024000
       via 192.168.30.2 (21024000/20512000), Serial1/0
P 192.168.80.0/24, 1 successors, FD is 21026560
       via 192.168.30.2 (21026560/20514560), Serial1/0
```

在这个输出中，可以看到的信息如下所示。

- P：表示网络处于收敛的稳定状态。
- A：表示当前网络不可用，正处于发送查询状态。
- U：表示网络处于等待 Update 包的确认状态。
- Q：表示网络处于等待 Query 包的确认状态。
- R：表示网络处于等待 Reply 包的确认状态。
- r：当软件发送一个请求后，正在等待回复，标志被设置。

（6）查看路由器 A 的流量统计信息。

```
RouterA#show ip eigrp traffic
IP - EIGRP Traffic Statistics for process 100
  Hellos sent/received: 1309/607
  Updates sent/received: 10/6
  Queries sent/received: 0/0
  Replies sent/received:  0/0
  Acks sent/received:  6/5
  Input queue high water mark 1, 0 drops
  SIA - Queries sent/received: 0/0
  SIA - Replies sent/received: 0/0


RouterA#debug eigrp Packets
EIGRP Packets debugging is on
    (UPDATE, REQUEST, QUERY, REPLY, HELLO, ACK )
EIGRP: Received HELLO on Serial1/0 nbr 192.168.30.2
  AS 100, Flags 0x0, Seq 27/0 idbQ 0/0
EIGRP: Sending HELLO on Serial1/0
  AS 100, Flags 0x0, Seq 20/0 idbQ 0/0 iidbQ un/rely 0/0
EIGRP: Sending HELLO on FastEthernet0/0
  AS 100, Flags 0x0, Seq 20/0 idbQ 0/0 iidbQ un/rely 0/0
EIGRP: Received HELLO on Serial1/0 nbr 192.168.30.2
  AS 100, Flags 0x0, Seq 27/0 idbQ 0/0
EIGRP: Sending HELLO on Serial1/0
  AS 100, Flags 0x0, Seq 20/0 idbQ 0/0 iidbQ un/rely 0/0
EIGRP: Sending HELLO on FastEthernet0/0
```

```
    AS 100, Flags 0x0, Seq 20/0 idbQ 0/0 iidbQ un/rely 0/0
EIGRP: Received HELLO on Serial1/0 nbr 192.168.30.2
    AS 100, Flags 0x0, Seq 27/0 idbQ 0/0
EIGRP: Sending HELLO on Serial1/0
    AS 100, Flags 0x0, Seq 20/0 idbQ 0/0 iidbQ un/rely 0/0
EIGRP: Sending HELLO on FastEthernet0/0
    AS 100, Flags 0x0, Seq 20/0 idbQ 0/0 iidbQ un/rely 0/0
EIGRP: Received HELLO on Serial1/0 nbr 192.168.30.2
    AS 100, Flags 0x0, Seq 27/0 idbQ 0/0
EIGRP: Sending HELLO on Serial1/0
    AS 100, Flags 0x0, Seq 20/0 idbQ 0/0 iidbQ un/rely 0/0
EIGRP: Sending HELLO on FastEthernet0/0
    AS 100, Flags 0x0, Seq 20/0 idbQ 0/0 iidbQ un/rely 0/0
```

8.3 活 学 活 用

网络拓扑图如图8-2所示，RouterA 的 S0/0 接口（192.168.30.1）通过串行电缆与 RouterB 的 S0/0 接口（192.168.30.2）相连，RouterB 的 S0/1 接口（192.168.70.1）通过串行电缆与 RouterC 的 S0/0 接口（192.168.70.2）相连，Lo0～Lo3 是在路由器 RouterA 上创建的 4 个环回口地址，利用这 4 个环回口地址来实现路由汇总的实验。PC1、PC2 分别连接到路由器 RouterA 和 RouterC 的 FastEthernet0/0。在路由器 RouterA 上的 S0/0 端口上配置手工路由汇总，比较配置手工路由汇总之前和之后路由器 RouterB、RouterC 的路由表有什么不同，下面给出配置的主要命令，请读者完成全部配置过程，并验证实验结果。

Lo0:172.16.0.1/24
Lo1:172.16.1.1/24
Lo2:172.16.2.1/24
Lo3;172.16.3.1/24

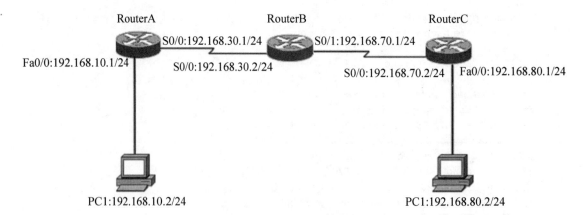

图8-2 手动路由汇总实验拓扑图

（1）手工路由汇总（Manual Route Summarization）：路由汇总的主要目的是减少路由表中的路由条目，这样可以缩小路由表的尺寸，减少与每一个路由跳有关的延迟，也可避免路由的抖动。EIGRP支持手工路由汇总。（2）在这个实验中，只给出与手工路由汇总相关的配置命令，如下所示，其他配置命令由读者自己完成。

（1）在路由器A上配置EIGRP。

```
RouterA(config)#router eigrp 100
RouterA(config-router)#network 172.16.0.0 0.0.3.255
```

（2）手工路由汇总。

```
RouterA(config)#int s0/0
RouterA(config-if)#ip summary-address eigrp 100 172.16.0.0 255.255.252.0
```

8.4　动动脑筋

1. EIGRP 路由协议的特征？

_____

_____

2. EIGRP 路由协议和 IGRP、RTP 路由协议的区别？

_____

_____

3. EIGRP 和 IGRP 路由协议如何实现兼容？

_____

_____

8.5　学习小结

通过本章的学习，读者能够理解 EIGRP 路由协议的原理、特性及相关概念，能够掌握 EIGRP 路由协议的配置方法和验证方法。现将本章所涉及到的主要命令总结如表 8-1 所示，供读者查阅。

表 8-1　命令汇总表

命　令	功　能
Router（config）#router eigrp｛as-number｝	启动 EIGRP 路由协议
Router（config）#network ip-address［wildcard-mask］	启用参与路由协议的接口，并通告全网
Router（config-router）#［no］auto-summary	关闭或激活 EIGRP 协议的路由汇总功能
Router（config-router）#no eigrp log-neighbor-changes	不记录相邻路由器有关 EIGRP 协议的变化信息

续表

命　　令	功　　能
Router#show ip eigrp topology〔as－number ｜〔〔ip－address〕mask〕〕〔active ｜ all－links ｜ pending ｜ summary ｜ zero－successors〕	查看 EIGRP 拓扑结构表
Router#show ip eigrp neighbors	查看 EIGRP 邻居表
Router# show ip eigrp interfaces〔interface－type interface－number〕〔as－number〕	查看运行 EIGRP 路由协议的接口信息
Router#show ip eigrp traffic〔as－number〕	显示所有获一个特殊的 IP EIGRP 进程发送和接收的报文数量
Router#debug eigrp packets	看在该路由器和它的邻居之间发送的数据包类型

第9章　聪明的路由协议——OSPF 协议

9.1　知 识 准 备

9.1.1　OSPF 简介

OSPF（Open Shortest Path First，即：开放最短路径优先）路由协议是一种典型的链路状态路由协议。IETF（Internet Engineering Task Force，即：Internet 工程任务组）的 OSPF 小组在 1987 年开始开发 OSPF 协议，1989 年 OSPFv1 规范在 RFC 1131 中发布，但 OSPFv1 是一种实验性的路由协议，未获得实施。1991 年 OSPFv2 由 John Moy 在 RFC 1247 中引入，1998 年 OSPFv2 规范在 RFC 2328 中得到更新，目前广泛使用的就是 OSPFv2。

9.1.2　OSPF 特性

OSPF 作为典型的 IGP（Interior Gateway Protocol，即：内部网关协议）路由协议，通常运行在某个自治系统内部，但它也可以将多个自治系统连接起来。这个连接这些 AS 到一起的路由器被称为自治系统边界路由器（ASBR）。

OSPF 的具体特性如下。

- 收敛速度快，适合于大型网络实施的可扩展性。
- 使用区域概念实现可扩展性。
- 完全支持 CIDR（Classless Inter Domain Routing，即：无类别域间路由选择）和 VLSM（Variable Length Subnet Mask，即：可变长子网掩码）。
- 支持多条路径等价负载均衡。
- 使用组播地址进行路由器之间的信息互通。
- 支持简单口令和 MD5 认证。
- OSPF 度量定义为一个独立的值，即开销（Cost），思科 IOS 使用带宽作为 OSPF 的开销度量。

9.1.3　OSPF 的术语

- 链路（Link）：链路是被指定给任一给定网络的一个网络或路由器。当一个接口被加入到该 OSPF 的处理中时，它就被 OSPF 认为是一个链路。
- 邻接（Adjacencies）：路由器为彼此交换路由信息而建立起来的一种关系。
- 开销（Cost）：也叫成本，是指数据包从源端的路由器接口到达目的端的路由器接口所需要花费的代价。思科使用带宽作为 OSPF 的开销度量，计算公式为：10^8/带宽（bit/s），利用这个规则，10Mb/s 快速以太网接口将有一个默认为 1 的 OSPF 开销。

● 链路状态（Link State）：用来描述路由器接口及其邻居路由器的关系。所有链路状态信息构成链路状态数据库。

● 链路状态数据库（Link State Database）：也叫拓扑状态数据库，包含网络中所有的路由器的链路状态信息，代表着网络的拓扑结构，在一个区域内的所有路由器都有完全相同的链路状态数据库。路由器使用拓扑状态数据库中的信息作为 Dijkstra 算法的输入。

● 区域（Area）：有相同的区域标志的路由器和相关网络的集合。OSPF 路由协议会把大规模的网络划分成多个小范围的区域，以避免大规模网络所带来的弊病，从而提高网络性能。OSPF 中区域的划分是非常重要的内容。

● SPF：最短路径优先算法，因为该算法是由 Dijkstra 发明的，所以也叫 Dijkstra 算法。通过 SPF 算法可以独立地计算出到达目的地的最佳路径。

● 路由表（Routing Table）：也叫转发数据库，网络中每台路由器依据链路状态数据库通过 SPF 算法独立计算出来的最佳路由信息的集合，每台路由器的路由表是不同的。

9.1.4　OSPF 网络类型和数据包类型

1. OSPF 网络类型

根据路由器所连接的物理网络的不同，OSPF 把网络划分为 4 种类型。

● 广播多路访问型（Broadcat Multi Access，即 BMA）：如 Ethernet、Token Ring、FDDI。涉及 ARP 寻址。

● 非广播多路访问型（None Broadcat Multi Access，即 NBMA）：网络中允许存在多台 Router，物理上链路共享，通过二层虚链路（VC）建立逻辑上的连接。

● 点到点型（Point-to-Point）：一个网络里仅有 2 个 Router，使用 HDLC 或 PPP 封装，不需寻址，地址字段固定为 FF，如 PPP、HDLC。

● 点到多点型（Point-to-MultiPoint）：这种类型的网络包含有路由器上某个单一的接口与多个目的路由器的一系列连接。这里所有路由器的所有接口都共享这个属于同一网络的点到多点的连接。与点对点一样，不需要指定路由器（Designated Router，即 DR）和备份路由器（Backup Designated Router，即 BDR）。

2. OSPF 数据包类型

● Hello：Hello 数据包用于与其他 OSPF 路由器建立和维持邻接关系。

● DBD（DataBase Description，即：数据库描述）：数据包包含发送方路由器的链路状态数据库的简略列表，接收方路由器使用本数据包与其本地链路状态数据库对比。

● LSR（Link State Request，即：链路状态请求）：LSR 数据包由接收方路由器发送，通过该类型数据包，接收方路由器可以请求 DBD 中任何条目的更详细信息。

● LSU（Link State Update，即：链路状态更新）：LSU 数据包用于回复 LSR 和通告新信息。

● LSAck（Link State Acknowledgment，即：链路状态确认）：路由器收到 LSU 后，会发送一个链路状态确认（LSAck）数据包来确认接收到了 LSU。

9.1.5 Hello 协议

Hello 协议是管理 OSPF 的 Hello 数据包的规则的集合。Hello 数据包的用途如下。

- 发现 OSPF 邻居并建立邻接关系。
- 通告两台路由器建立邻接关系所必需统一的参数。
- 在广播多路访问性网络中选择 DR 和 BDR。

表 9 - 1　OSPF 数据包报头和 Hello 数据包

版　本	类型 = 1	数据包长度	
路由器 ID			
区域 ID			
校验和		身份验证类型	
身份验证			
身份验证			
网络掩码			
Hello 间隔	选项	路由器优先级	
路由器 Dead 间隔			
指定路由器（Designated Router，DR）			
备份路由器（Backup Designated Router，BDR）			
邻居列表			

表 9 - 1 为 OSPF 数据包报头和 Hello 数据包，这里着重关注 Hello 数据包，表 9 - 1 中所示的字段如下。

- 版本（version）：采用 OSPF 路由协议的版本。
- 类型（type）：OSPF 数据包的类型，包括 Hello（类型 1）、BDB（类型 2）、LS 请求（类型 3）、LS 更新（类型 4）、LS 确认（类型 5）5 种类型。
- 路由器 ID：始发路由器的 32 位长的唯一标识符。
- 区域 ID（Area ID）：用于区分 OSPF 数据包属于的区域。
- 校验和（Checksum）：用于标记数据包在传递时是否有错误。
- 身份验证类型（Autype）：定义 OSPF 的认证类型。0 表示不进行认证（默认），1 表示采用简单口令认证，2 表示采用 MD5 认证。
- 身份认证（Authentication）：长度为 8 个字节，包括 OSPF 认证信息。
- 网络掩码：发送接口的网络掩码，它必须同接收接口的网络掩码相同，这样才能确保这两个接口位于同一个网络内。
- Hello 间隔（Hello Interval）：邻居路由器之间发送 Hello 包的时间间隔。
- 路由器优先级（Router Priority）：在选择 DR 和 BDR 的时候，优先级越高，被选为 DR 和 BDR 的可能性就越大。路由器的每个接口都有优先级，当接口的优先级为 0，该路由器不参加 DR 和 BDR 的选举。
- 路由器 Dead 间隔（Router Dead Interval）：即失效间隔，是路由器在宣告邻居进入不可用（down）状态之前等待该设备发送 Hello 数据包的时间，单位为秒。思科默认的

Dead 间隔为 Hello 间隔的 4 倍。广播多路访问型网络和点对点型网络的 Dead 间隔为 40 秒，非广播多路访问型网络和点对多点型网络的 Dead 间隔为 120 秒。

● 指定路由器（DR）和备份路由器（BDR）：在广播多路访问网络中，OSPF 协议会在区域里面选举一台路由器为 DR，其他所有的路由器都和这个 DR 建立完全邻接关系。DR 再负责把它搜集的网络的链路状态信息传送给其他路由器。这样做的好处是可以大大减少路由器之间为建立完全邻接关系而占用的网络带宽。OSPF 在选举 DR 的时候也同时选举 BDR，BDR 在 DR 失效的时候启动，接替 DR 的工作，起到了 DR 的备份冗余的作用。

● 邻居：列出相邻路由器的 OSPF 路由器 ID。

9.1.6 OSPF 的运行步骤

1. 建立邻接关系

路由器如果想与其邻居路由器建立邻接关系，首先需要发送带有自己 ID 的 Hello 包，与其相邻的路由器收到这个 Hello 包后，就会把 Hello 包中的 ID 添加到自己的 Hello 包里，同时使用这个 Hello 包应答先前收到的 Hello 包。路由器的接口收到应答的 Hello 包，并且在应答的 Hello 包中发现了自己的 ID，路由器的该接口就与其连接的邻居路由器之间建立了邻接关系。当该接口所连接的网络类型为广播多路访问网络的时候，就进入下步选举 DR 和 BDR 的步骤；如果该接口所连接的网络类型为点对点网络的时候，就跳过选举 DR 和 BDR 的步骤，直接进入第三步骤。

路由器之间在建立邻接关系的过程中，相关接口会逐步经历 7 种状态。其中（1）~（3）状态的演变属于第一步骤，（4）~（7）状态的演变属于第三步骤。

（1）Down 状态：接口在没有收到任何相邻路由器的 Hello 包的时候，或者在 Dead Interval 期间，接口就处于 Down 状态。

（2）Init 状态：接口首次收到邻居路由器的 Hello 包以后就进入 Init 状态。

（3）Two-Way 状态：路由器在收到的邻居路由器发送来的 Hello 包中发现自己的 ID 时，就与邻居路由器建立了邻接关系，接口也就进入了 Two-Way 状态。

（1）~（3）状态的演变过程如图 9-1 所示。

（4）Exstart 状态

接口之间通过 DBD 数据包建立路由器之间的主/从关系，主路由器发起链路状态信息的交换，从路由器会对主路由器进行响应。

（5）Exchange 状态

邻接关系的路由器使用 DBD 数据包来彼此发送各自的链路状态信息。这些信息包括链路状态类型、通告路由器的地址、链路的成本和一个序列号码。

（6）Loading 状态

路由器通过使用 LSAck 数据包来确认 DBD 数据包的接收，每台路由器会将收到的 DBD 中的信息与自身的链路状态信息进行比较，如果在 DBD 数据包中发现有新的或者更新的链路状态信息，路由器就会发送 LSR 数据包，进入 loading 状态，来请求更新完整的链路状态信息。相关路由器收到 LSR 后，会使用 LSU 数据包发送完整的链路状态信息。路由器收到 LSU 数据包后会更新自己链路状态数据库，并用 LSAck 数据包回应并确认收到 LSU。

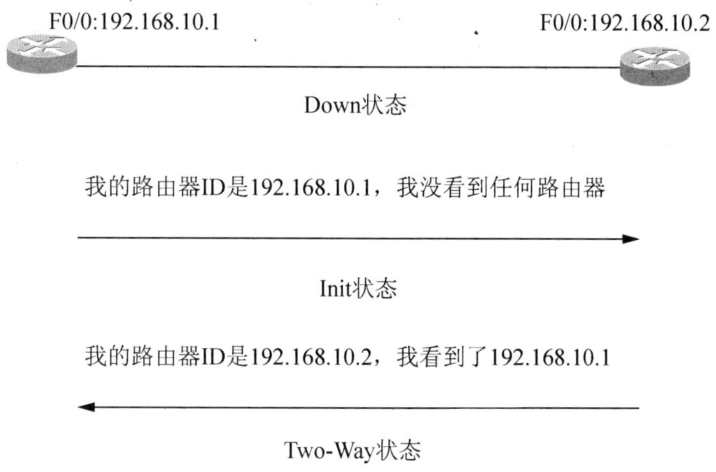

F0/0:192.168.10.1   F0/0:192.168.10.2

Down状态

我的路由器ID是192.168.10.1，我没看到任何路由器

→

Init状态

我的路由器ID是192.168.10.2，我看到了192.168.10.1

←

Two-Way状态

图9-1　建立邻接关系过程的3种状态

（7）Full Adjacency 状态

完成 LSA 的交换后，路由器就进入 Full Adjacency 状态，即完全邻接关系（完全毗邻关系）。

（4）~（7）状态的演变过程如图9-2所示。

2. 选举 DR 和 BDR

通过 Hello 包中的路由器 ID 和优先级字段值（0~255）来确定 DR 和 BDR 的选举。优先级最大的路由器被选举为 DR，优先级次高的路由器被选举为 BDR。当优先级相同的情况下，由路由器的 ID 来决定，ID 最高的当选 DR，次高的被选举为 BDR。优先级字段值和路由器 ID 都可以通过相关命令来设定。如果路由器 ID 没有通过相关命令来指定，就选择 IP 地址最大的 Loopback 接口的 IP 地址为路由器的 ID；如果只有一个 Loopback 接口，这个 Loopback 接口的 IP 地址就是路由器 ID；如果没有 Loopback 接口，就选择最大的活动的物理接口的 IP 地址做路由器 ID。推荐使用 Loopback 的 IP 做路由器的 ID。

3. 发现路由器

路由器彼此确认主/从关系后，主路由器会发起链路状态信息的交换，从路由器响应交换。路由器彼此交换链路状态信息后，会比较自己的链路状态信息，如果发现有新的或者更新的链路状态信息，就会要求对方发生完整的链路状态信息。完成链路状态信息的交换后，路由器之间就建立完全的邻接关系，每台路由器都有了独立、完整的链路状态数据库。

在广播多路访问网络中，所有路由器与网络中的 DR 和 BDR 建立完全邻接关系，DR 和 BDR 负责与网络中的所有路由器交换链路状态信息，DR 和 BDR 发送链路更新信息时，更新发送给组播地址 224.0.0.5（对应所有路由器），非 DR 和 BDR 路由器将它们的链路状态更新发送到组播地址 224.0.0.6。

4. 计算最佳路由

路由器获得完整的链路状态数据库后，会利用 SPF 算法，独立地计算出到达每一个目的地的最佳路径，并把这些路径存入路由表。

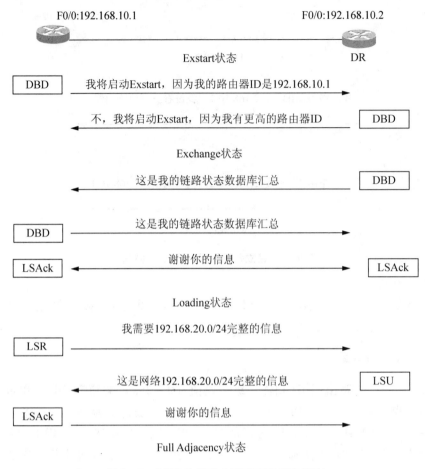

图 9－2　OSPF 协议路由器接口的状态演变

5. 维护路由信息

链路状态发生改变后，OSPF 协议通过泛洪（Flooding）将链路状态的更新信息传送到网络上的所有路由器。每台路由器收到更新信息后，会更新自己的链路状态数据库，然后利用 SPF 算法重新计算路由，并更新路由表。如果网络没有链路状态的改变，OSPF 协议也会对网络中的路由信息自动更新，默认的更新时间为 30 秒。

9.1.7　OSPF 协议的配置

在路由器上配置 OSPF 路由协议主要分两个步骤。

1. 启动 OSPF 协议

（1）命令语法。

```
Router(config)#router ospf process - id
```

（2）命令功能。

启动 OSPF 路由协议。

（3）命令参数。

pocess - id：路由进程 ID，用来区分路由器中的多个进程，其范围必须在 1 ～ 65535 内。

2. 在路由器上标示 IP 网络

（1）命令语法。

```
Router(config)#network address wildcard - maskarea area - id
```

（2）命令功能。

标示想要进行 OSPF 通信的接口，及路由器所在的地区。

（3）命令参数。

- address：是网络地址或子网地址。
- wildcard - mask：通配符掩码或反掩码。
- area - id：是在 0 ～ 4294967295 之间的十进制数，也可以是 IP 地址格式（0 或 0.0.0.0 表示为主干区域）。

9.1.8 其他相关命令

1. 修改 OSPF 路由器优先级

（1）命令格式。

```
Router(config - if)#ip ospf priority number
```

（2）命令功能。

修改接口优先级，number 的取值范围在 0～255。

2. 修改路由器 ID（在不指定的情况会由 loopback 接口数值最高的 IP 地址做为 ID）

（1）命令格式。

```
Router(config - router)#router - id x.x.x.x
```

（2）命令功能。

手工配置路由器 ID。

（3）命令参数。

x.x.x.x：IP 地址

3. 配置环回地址

（1）命令格式。

```
Router(config)#interface loopback <0 - 2147483647 >
Router(config - if)#ip address ip - address subnet - mask
```

（2）命令功能。

配置回环接口和接口地址。

9.1.9 OSPF 协议的验证命令

1. 查看 OSPF 邻居路由器

（1）命令格式。

```
Router#show ip ospf neighbors
```

（2）命令功能。

汇总有关 OSPF 信息中关于邻居和邻接状态的信息，这个命令特别有用，如果网络中有 DR 或 BDR 存在，这些信息也将被显示。

2. 查看 OSPF 接口配置信息

（1）命令格式。

```
Router#show ip ospf interface
```

（2）命令功能。

给出所有与接口相关的 OSPF 信息，被显示的数据是关于 OSPF 所有接口或指定接口的信息。

3. 查看 OSPF 数据库

（1）命令格式。

```
Router#show ip ospf database
```

（2）命令功能。

该命令显示的信息给出了链路号和相邻路由器的 ID，以及在前面提到过的拓扑数据库。

4. 查看 OSPF 进程

（1）命令格式。

```
Router#show ip osfp process - id
```

（2）命令功能。

为了显示关于 OSPF 路由选择进程的一般信息，这些信息包含有路由器 ID、地区信息、SPF 统计和 LSA 定时器的信息。

（3）命令参数。

process - id：进程 ID，如果包括这个参数，那么只包含该指定进程的信息。

9.2 动手做做

本节主要通过 OSPF 路由协议的配置实验使读者掌握单个区域 OSPF 路由协议的配置及验证命令。

9.2.1 实验目的

通过本实验，读者可以掌握以下技能。

- 能在单个区域的路由器上配置 OSPF。
- 查看 OSPF 路由信息。
- 查看 OSPF 协议配置信息。
- 看看 OSPF 邻居路由信息。

9.2.2 实验规划

1. 实验设备

- 路由器 3 台，其中一台要求具有两个串行接口，另外两台要求具有一个串行接口和一个以太网接口。
- PC 机 2 台。
- 双绞线若干。
- Console 电缆 3 根。
- 串行电缆 2 根。

2. 实验拓扑

如图 9-3 所示，RouterA 的 S0/1 接口（192.168.20.1）通过串形电缆与 RouterB 的 S0/1 接口（192.168.20.2）相连，RouterB 的 S0/0 接口（192.168.30.1）通过串形电缆与 RouterC 的 S0/0 接口（192.168.30.2）相连。PC1、PC2 分别连接到路由器 RouterA F0/0（192.168.10.1）和 RouterC 的 F0/1（192.168.40.1）。Lo：1.1.1.1 是 RouterA 的环回口地址，Lo：2.2.2.2 是 RouterB 的环回口地址，Lo：3.3.3.3 是 RouterC 的环回口地址。

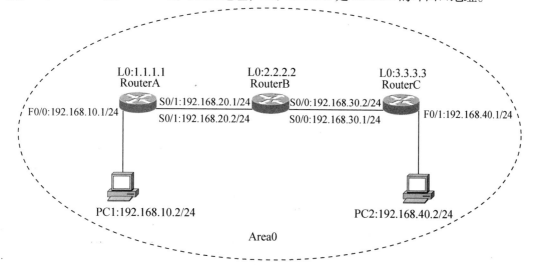

图 9-3 OSPF 配置实验拓扑图

9.2.3 实验步骤

首先对各路由器的相关接口进行配置。读者在前面的路由协议配置中已经熟悉了这一配置过程，此处不再详述该配置过程。然后启动 OSPF 路由协议，并声明网段。

1. 对路由器配置 OSPF 协议

（1）配置路由器 RouterA。

```
RouterA(config)#router ospf 1
RouterA(config-router)#router-id 1.1.1.1
RouterA(config-router)#network 192.168.10.0 0.0.0.255 area 0
RouterA(config-router)#network 192.168.20.0 0.0.0.255 area 0
```

（2）配置路由器 RouterB。

```
RouterB(config)#router ospf 1
RouterB(config-router)#router-id 2.2.2.2
RouterB(config-router)#network 192.168.20.0 0.0.0.255 area 0
RouterB(config-router)#network 192.168.30.0 0.0.0.255 area 0
```

（3）配置路由器 RouterC。

```
RouterC(config)#router ospf 1
RouterC(config-router)#router-id 3.3.3.3
RouterC(config-router)#network 192.168.30.0 0.0.0.255 area 0
RouterC(config-router)#network 192.168.40.0 0.0.0.255 area 0
```

2. 配置 PC1 和 PC2 的 IP 地址、子网掩码和网关

（略）。

3. 结果验证

利用 ping 进行测试 PC1 和 PC2 之间的连通性，在 PC1 的"命令提示符"下输入 ping 192.168.80.2，在 PC2 的"命令提示符"下输入 ping 192.168.10.2。运行结果如下，如果 PC1 能和 PC2 之间彼此 ping 通，说明路由器的 IGRP 配置是正确的。

（1）PC1 上输入 ping 命令的正确运行结果。

```
C:>ping 192.168.40.2
Pinging 192.168.80.2 with 32 bytes of data:

Reply from 192.168.40.2: bytes=32 time=60ms TTL=241
Reply from 192.168.40.2: bytes=32 time=60ms TTL=241
Reply from 192.168.40.2: bytes=32 time=60ms TTL=241
Reply from 192.168.40.2: bytes=32 time=60ms TTL=241
Reply from 192.168.40.2: bytes=32 time=60ms TTL=241
```

```
Ping statistics for 192.168.40.2:
Packets: Sent=5, Received=5, Lost=0 (0% loss),
Approximate round trip times in milli-seconds:
    Minimum=50ms, Maximum=  60ms, Average=  55ms
```

（2）PC2 上输入 ping 命令的正确运行结果。

```
C:>ping 192.168.10.2
Pinging 192.168.10.2 with 32 bytes of data:
Reply from 192.168.10.2: bytes=32 time=60ms TTL=241
Reply from 192.168.10.2: bytes=32 time=60ms TTL=241
Reply from 192.168.10.2: bytes=32 time=60ms TTL=241
Reply from 192.168.10.2: bytes=32 time=60ms TTL=241
Reply from 192.168.10.2: bytes=32 time=60ms TTL=241

Ping statistics for 192.168.10.2:
Packets: Sent=5, Received=5, Lost=0 (0% loss),
Approximate round trip times in milli-seconds:
    Minimum=50ms, Maximum=  60ms, Average=  55ms
```

4. 查看 OSPF 路由协议的配置信息

本实验只给出了查看 RouterB 上的配置信息的命令，RouterA、RouterC 的查看过程与 RouterB 相同，请读者自己动手完成。

（1）查看路由器 B 的路由配置信息。

```
RouterB#show ip route
Codes: C - connected, S - static, I - IGRP, R - RIP, M - mobile, B - BGP
       D - EIGRP, EX - EIGRP external, O - OSPF, IA - OSPF inter area
       N1 - OSPF NSSA external type 1, N2 - OSPF NSSA external type 2
       E1 - OSPF external type 1, E2 - OSPF external type 2, E - EGP
       i - IS-IS, L1 - IS-IS level-1, L2 - IS-IS level-2, ia - IS-IS inter area
       * - candidate default, U - per-user static route, o - ODR
       P - periodic downloaded static route

Gateway of last resort is not set

Gateway of last resort is not set
O    192.168.10.0/24 [110/2] via 192.168.20.1, 00:29:57, FastEthernet0/0
C    192.168.20.0/24 is directly connected, FastEthernet0/0
C    192.168.30.0/24 is directly connected, FastEthernet0/1
O    192.168.40.0/24 [110/2] via 192.168.30.2, 00:30:07, FastEthernet0/1
```

（2）查看路由器 B 的 IP 协议信息。

```
RouterB#show ip protocols
Routing Protocol is "ospf 1"             //路由器运行的协议是 OSPF，OSPF 进程号是 1
  Outgoing update filter list for all interfaces is not set
                                         //所有接口的出方向没有设置过滤列表
  Incoming update filter list for all interfaces is not set
                                         //所有接口的入方向没有设置过滤列表
```

```
Router ID 2.2.2.2                              //路由器 ID 为 2.2.2.2
Number of areas in this router is 1. 1 normal 0 stub 0 nssa
                                               //路由器参与的区域数量和类型
Maximum path: 4                                //支持等价负载均衡的路径数目，默认为 4 条
Routing for Networks:
  192.168.20.0 0.0.0.255 area 0
  192.168.30.0 0.0.0.255 area 0                //运行 OSPF 的网络及网络所在的区域
Routing Information Sources:
  Gateway        Distance       Last Update
  192.168.20.1      110         00:01:34
  192.168.30.2      110         00:01:35    //路由信息来源
Distance: (default is 110)                    //OSPF 路由协议默认的管理距离
```

（3）查看 OSPF 进程。

```
RouterB#show ip ospf
Routing Process "ospf 1" with ID 2.2.2.2
Supports only single TOS(TOS0) routes
Supports opaque LSA
SPF schedule delay 5 secs, Hold time between two SPFs 10 secs
Minimum LSA interval 5 secs. Minimum LSA arrival 1 secs
Number of external LSA 0. Checksum Sum 0x000000
Number of opaque AS LSA 0. Checksum Sum 0x000000
Number of DCbitless external and opaque AS LSA 0
Number of DoNotAge external and opaque AS LSA 0
Number of areas in this router is 1. 1 normal 0 stub 0 nssa
External flood list length 0
        Area BACKBONE(0)
        Number of interfaces in this area is 2
        Area has no authentication
        SPF algorithm executed 4 times               //SPF 算法执行 4 次
        Area ranges are
        Number of LSA 5. Checksum Sum 0x03728b
        Number of opaque link LSA 0. Checksum Sum 0x000000
        Number of DCbitless LSA 0
        Number of indication LSA 0
        Number of DoNotAge LSA 0
        Flood list length 0
```

（4）查看 OSPF 邻居路由器。

```
RouterB#show ip ospf neighbor
Neighbor ID  Pri  State        Dead Time   Address        Interface
1.1.1.1       1   FULL/BDR     00:00:39    192.168.20.1   FastEthernet0/0
3.3.3.3       1   FULL/DR      00:00:39    192.168.30.2   FastEthernet0/1
```

以上输出中各项含义如下。

- Pri：邻居路由器接口的优先级。
- State：当前邻居状态。
- Dead Time：邻居路由器将要 Dead 的时间。
- Address：邻居接口的地址。

● Interface：当前路由器哪些接口与邻居路由器相连。

（5）查看 OSPF 数据库。

```
RouterB#show ip ospf database
            OSPF Router with ID (2.2.2.2)(Process ID 1)


            Router Link States (Area 0)

Link ID        ADV Router      Age        Seq#       Checksum Link count
2.2.2.2        2.2.2.2         289        0x80000006 0x00ad72 2
3.3.3.3        3.3.3.3         294        0x80000005 0x00dba8 2
1.1.1.1        1.1.1.1         289        0x80000005 0x007d4a 2

            Net Link States (Area 0)
Link ID        ADV Router      Age        Seq#       Checksum
192.168.20.2   2.2.2.2         289        0x80000003 0x0047be
192.168.30.2   3.3.3.3         294        0x80000003 0x00efff
```

以上输出中各项含义如下。

● Link ID：路由器 ID 号。

● ADV Router：通告链路状态信息的路由器 ID。

● Age：老化时间。

● Seq#：序列号。

● Checksum：校验和。

● Link count：通告路由器在本区域的链路数目。

9.3　活　学　活　用

网络拓扑图如图 9-4 所示，各端口 IP 地址如图 9-4 所示，请读者结合上面的例子完成单个区域下点到点链路上的 OSPF 配置。

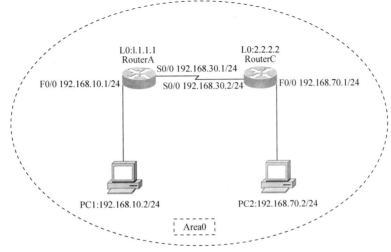

图 9-4　OSPF 配置拓扑图

9.4 动 动 脑 筋

1. OSPF 路由协议的特性？

2. 如何确定路由器的 ID？

3. 简述 OSPF 协议邻接关系建立过程中，接口状态变化的过程？

9.5 学 习 小 结

通过本章的学习，使读者能够掌握 OSPF 原理、特性、运行步骤，并能够掌握单区域 OSPF 路由协议的配置方法和验证方法。现将本章涉及的命令总结如表 9-1 所示，供读者查阅。

表 9-1 命令汇总

命　　令	功　　能
Router（config）#router ospf process－id	启动 OSPF 路由协议
Router（config）#network address wildcard－mask area area－id	标示想要进行 OSPF 通信的接口，及路由器所在的地区
Router（config－if）#ip ospf priority number	修改接口优先级，number 的取值范围在 0~255
Router（config－router）#router－id x.x.x.x	手工配置路由器 ID
Router（config）#interface loopback <0－2147483647> Router（config－if）#ip address ip－address subnet－mask	配置回环接口和接口地址
Router#show ip ospf neighbors	汇总有关 OSPF 信息中关于邻居和邻接状态的信息
Router#show ip ospf interface	查看 OSPF 接口配置信息
Router#show ip ospf database	该命令显示的信息给出了链路号和相邻路由器的 ID，以及在前面提到过的拓扑数据库
Router#show ip osfp［process－id］	显示关于 OSPF 路由选择进程的一般信息

第 10 章　网络共享连接器——交换机基本配置

10.1　知识准备

10.1.1　交换基础

交换是在一个网络内把信息从源端传递到目的端的行为。交换通常与集线器来比较，它们的主要区别在于交换发生在 OSI 参考模型的第二层（数据链路层），而集线器发生在第一层（物理层）。这一区别使二者在传递信息的流程中运用不同的信息，从而以不同的方式来完成任务。

用集线器组成的网络称为共享式网络。当同一局域网内的 A 主机给 B 主机传输数据时，数据包在以集线器为架构的网络上是以广播方式传输的，由每一台终端通过验证数据包头的地址信息来确定是否接收。所有用户共享带宽，每个用户的实际可用带宽随网络用户数的增加而递减。假使这里使用的是 100Mbps 的集线器，共 10 个端口。那么每个主机享有 10Mbps 的带宽。总流量也不会超出 100Mbps。当信息繁忙时，多个用户可能同时"争用"一个信道，而一个信道在某一时刻只允许一个用户占用，所以大量的用户经常处于监听等待状态，致使信号传输时产生抖动、停滞或失真，严重影响了网络的性能。

而交换机就不会出现这种情况。

在交换式以太网中，交换机提供给每个用户专用的信息通道，除非两个源端口企图同时将信息发往同一个目的端口，否则多个源端口与目的端口之间可同时进行通信而不会发生冲突。交换机为每个工作站提供更高的带宽，交换机在同一时刻可进行多个端口对之间的数据传输。每一端口都可视为独立的网段，连接在其上的网络设备独自享有全部的带宽，无须同其他设备竞争使用。当主机 A 向主机 B 发送数据时，主机 B 可同时向主机 C 发送数据，而且这两个传输都享有网络的全部带宽，都有着自己的虚拟连接。假如这里使用的是 100Mbps 的以太网交换机，共 10 个端口，每个主机享有 100Mbps 的带宽，该交换机这时的总流通量就等于 $2 \times 100\mathrm{Mbps} = 200\mathrm{Mbps}$。

交换机是如何做到的呢？

交换机工作在第二层，可以识别数据包中的 MAC 地址信息，根据 MAC 地址进行转发，并将这些 MAC 地址与对应的端口记录在自己内部的一个地址表中（MAC 表）。当交换机从某一主机收到一个以太网帧后，将立即在其内存中的地址表进行查找，以确认该目的 MAC 的网卡连接在哪一个主机上，然后直接将该帧转发至该主机。这样就避免了广播。

10.1.2　交换原理

交换机是一种基于 MAC 地址识别并能完成封装转发数据包功能的网络设备。交换机可以"学习"MAC 地址，并将其存放在内部地址表中，通过在数据帧的始发者和目标接收者之间建立临时的交换路径，使数据帧直接由源地址到达目的地址。

交换机具体的工作流程如下。

（1）当一个交换机从某个端口收到一个数据帧，学习端口连接的主机的 MAC 地址，并写入 MAC 地址和端口的映射表（简称地址表或 MAC 表）。

（2）检查目的 MAC 地址，并在地址表中查找相应的端口。如表中有与这目的 MAC 地址对应的端口，把数据包直接复制到端口上。

（3）如表中找不到相应的端口则把数据包广播到所有端口上，当目的主机对源主机响应时，交换机就可以记录这一目的 MAC 地址与哪个端口对应，在下次传送数据时就不再需要对所有端口进行广播了。不断地循环这个过程，对于整个网络的 MAC 地址信息都可以学习到，交换机就是这样建立和维护自己的地址表。

要使用 TCP/IP 来远程管理交换机，就需要为交换机分配 IP 地址，交换机的默认配置为通过 VLAN 1 控制对交换机的管理。但是，交换机配置的最佳做法是将管理 VLAN 更改为非 VLAN 1 的其他 VLAN。

10.1.3 交换机基本配置命令

（1）命令语法。

```
Switch #configure terminal
Switch (config)#interface vlan - interface vlan_id
Switch (config - if)# ip address ip - address mask
Switch (config)#ip default - gateway ip - address
Switch (config)# interface type number
Switch (config - if)#duplex auto
Switch (config)#erase startup - config
Switch (config)# line [aux | console | vty] line - number
Switch (config - line)# password password
Switch (config - line)#login
Switch #copy running - config startup - config
```

（2）命令功能。

交换机基本配置。

（3）参数说明。

- configure terminal ：从特权执行模式切换到全局配置模式。
- interface vlan – interface：进入指定的 VLAN 接口配置模式。
- vlan_id：VLAN 号。
- ip address：配置接口 VLAN IP 地址。
- ip – address：网络地址。
- mask：网络掩码。
- duplex auto：配置接口双工速度并启用 AUTO 速度配置。
- erase startup – config：清除配置。
- line：线路模式。

- aux：辅助接口。
- console：控制台接口。
- vty：远程登录。
- line – number：线路号。
- password：设置登录密码。
- login：设置为需要输入密码后才会允许访问。
- copy running – config startup – config：保存配置。

（4）命令示例。

```
Switch >enable                              // 从用户执行模式切换到特权执行模式
Switch #configure terminal                  // 从特权执行模式切换到全局配置模式
Switch (config)#interface vlan 99           // 进入 VLAN 99 接口的接口配置模式
Switch (config - if)#ip address 172.17.99.11 255.255.255.0    //配置接口 IP 地址
Switch (config)#ip default - gateway 172.17.99.1             //配置交换机的默认网关
Switch (config)#Interface fastethernet 0/1    //进入 fastethernet 0/1 接口配置模式
Switch (config - if)#duplex auto            //配置接口双工速度并启用 AUTO 速度配置
Switch (config - if)#exit
Switch (config)#erase startup - config      // 清除配置信息
Switch (config)#line con 0                  //从全局配置模式切换为控制台 0 的线路配置模式
Switch (config - line)#password cisco       //设置交换机控制台 0 线路的密码为"cisco"
Switch (config - line)#login                //将控制台线路设置为需要输入密码后才会允许访问
Switch (config - if)#exit
Switch (config)#line vty 0 4                //进入 Telnet 接口配置模式
Switch (config - line)#password cisco       //设置远程登录密码为"cisco"
Switch (config - line)#login                //将远程登录设置为需要输入密码后才会允许访问
Switch (config - line)#exit
Switch #copy running - config startup - config                //保存配置
```

10.1.4　虚拟网络（VLAN）

在讲解 VLAN 之前需要先来了解一下广播域。

广播域，指的是广播帧（目标 MAC 地址全部为 1）所能传递到的范围，即能够直接通信的范围。

如果 A 想和 B 通信，A 发送一个 ARP 请求，这个 ARP 请求原本是为了获得计算机 B 的 MAC 地址而发出的。也就是说：只要计算机 B 能收到就万事大吉了。可是事实上，数据帧却传遍整个网络，导致所有的计算机都收到了它。这样，一方面广播信息消耗了网络的带宽，另一方面，收到广播信息的所有计算机还要消耗一部分 CPU 时间来对它进行处理。造成了网络带宽和 CPU 运算能力的大量无谓消耗。因此，在设计 LAN 时，需要注意如何有效地分割广播域。

分割广播域时，一般都必须使用路由器。使用路由器后，可以以路由器上的网络接口为单位分割广播域。

但是，通常情况下路由器上不会有太多的网络接口，其数目多在 1 ~ 4 个左右。而且路由器价格较高，使得用户无法自由地根据实际需要分割广播域。

与路由器相比，二层交换机一般带有多个网络接口。因此如果能使用它分割广播域，那么无疑运用上的灵活性会大大提高。

用于在二层交换机上分割广播域的技术，就是 VLAN。通过利用 VLAN，可以自由设计广播域的构成，提高网络设计的自由度。

VLAN 只是一个逻辑上独立的 IP 子网。多个 IP 网络和子网可以通过 VLAN 存在于同一个物理交换网络上。如果在包含多台计算机的网络中，为了让同一个 VLAN 上的计算机能相互通信，每台计算机必须具有与该 VLAN 一致的 I 地址和子网掩码。其中的交换机必须配置 VLAN，并且必须将位于 VLAN 中的每个端口分配给 VLAN。配置了单个 VLAN 的交换机端口称为接入端口。注意，如果两台计算机只是在物理上连接到同一台交换机，并不表示它们能够通信。无论是否使用 VLAN，两个不同网络和子网上的设备必须通过路由或第 3 层才能通信。

基于端口的 VLAN 划分的交换机的端口有两种模式：access 和 trunk。

acess 是两台网络设备之间的点对点链路，负责传输单个 VLAN 的流量，每个配置了 access 的端口只可以连接一个 VLAN。

trunk 是两台网络设备之间的点对点链路，负责传输多个 VLAN 的流量。trunk 可让 VLAN 扩展到整个网络上。trunk 不属于具体某个 VLAN，而是作为 VLAN 在交换机或路由器之间的管道，以保证在跨越多个交换机上建立的同一个 VLAN 的成员能够相互通讯。其中交换机之间互联用的端口就称为 trunk 端口。如果在 2 个交换机上分别划分了多个 VLAN（VLAN 也是基于二层的），那么分别在两个交换机上的 VLAN10 和 VLAN20 的各自的成员如果要互通，就需要在 SwitchA 上设为 VLAN10 的端口中取一个和 SwitchB 上设为 VLAN10 的某个端口作级联连接。VLAN20 也是这样。那么如果交换机上划了 10 个 VLAN 就需要分别连 10 条线作级联，端口效率就太低了。如图 10‐1 所示。如果在交换机上设置 trunk 端口，事情就简单了，只需要 2 个交换机之间有一条级联线，并将对应的端口设置为 trunk，这条线路就可以承载交换机上所有 VLAN 的信息。如图 10‐2 所示。这样的话，就算交换机上设了上百个 VLAN 也只用 1 个端口就解决了。如果是不同台的交换机

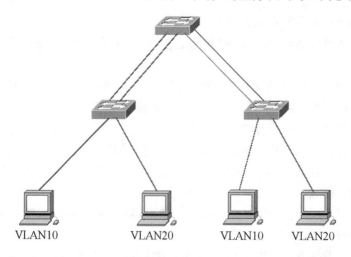

VLAN10   VLAN20   VLAN10   VLAN20

图 10‐1　未设置 trunk 的 VLAN

上相同 ID 的 VLAN 要相互通信，那么可以通过共享的 trunk 端口来实现，但如果是同一台上不同 ID 的 VLAN 或不同台不同 ID 的 VLAN 它们之间要相互通信，还是需要通过第三方的路由来实现的。

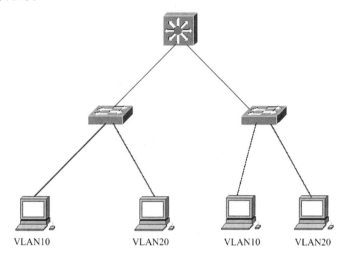

图 10-2　设置 trunk 的 VLAN

10.1.5　VLAN 配置命令

（1）命令语法。

```
Switch(config)# vlan vlan - id
Switch(config - vlan)#name vlan - name
Switch (config)#interface type number
Switch (config - if)# switchport mode access
Switch (config - if)# switchport mode trunk
Switch (config - if)#switchport access vlan vlan - id
```

（2）命令功能。

创建了一个 VLAN，并为其分配接口。

（3）参数说明。

- vlan - id：vlan - id 是要创建的 VLAN 号。
- vlan - name：（可选）指定唯一的 VLAN 名称来标识 VLAN。
- type：接口类型。
- number：接口编号。
- switchport mode：设置接口模式。
- access：接口模式为访问接口。
- trunk：接口模式为中继模式。
- vlan - id：将交换机端口划入的 VLAN 号。

（4）命令示例。

```
Switch(config)#vlan 2                        //创建 VLAN 2
Switch(config - vlan)#name Student            //命名为 Student
```

```
Switch(config)#interface fastEthernet 0/1        //进入接口 f0/1
Switch(config-if)#switchport mode access         //配置端口模式为 acess
Switch(config-if)#switchport access vlan 2       //将端口 fastEthernet 0/1 归属 VLAN 2
Switch(config-if)#switchport access trunk        //配置端口模式为 trunk
```

10.1.6　VTP

　　VTP 有 3 种工作模式：VTP Server（服务器）、VTP Client（客户机）和 VTP Transparent（透明）。一般情况下，一个 VTP 域内的整个网络只设一个 VTP Server，VTP Server 维护该 VTP 域中所有 VLAN 信息，VTP Server 可以建立、删除或修改 VLAN。VTP Client 虽然也维护所有 VLAN 信息，但其 VLAN 的配置信息是从 VTP Server 上学到的，VTP Client 不能建立、删除或修改 VLAN。VTP Transparent 相当于是一个独立的交换机，它不参与 VTP 工作，不从 VTP Server 学习 VLAN 的配置信息，只拥有自己维护的 VLAN 信息。VTP Transparent 可以建立、删除和修改自己的 VLAN 信息。

　　交换机可以配置为 VTP Server 或 VTP Client。VTP 允许网络管理员对作为 VTP 服务器的交换机进行更改，使之将 VLAN 配置传播到网络中的其他交换机。基本上，VTP 服务器会向整个交换网络中启用 VTP 的交换机分发和同步 VLAN 信息，从而最大限度减少由错误配置和配置不一致而导致的问题。在一台 VTP Server 上配置一个新的 VLAN 时，该 VLAN 的配置信息将自动传播到本域内的其他所有交换机。这些交换机会自动地接收这些配置信息，使其 VLAN 的配置与 VTP Server 保持一致，从而减少在多台设备上配置同一个 VLAN 信息的工作量，而且保持了 VLAN 配置的统一性。

> **小提示**
>
> 　　同一个 VTP 域的域名、版本、密码必须一致。

10.1.7　VTP 配置命令

　　（1）命令语法。

```
Switch(config)#vtp domain {domain-name}
Switch(config)# vtp password { password }
Switch(config)# vtp mode {server | client | transparent}
```

　　（2）命令功能。

　　设置 VTP。

　　（3）参数说明。

- vtp domain：设置 VTP 域名。
- vtp password：设置 VTP 密码。
- vtp mode：设置 VTP 模式。

　　（4）命令示例。

```
Switch(vlan)#vtp domain cisco              //设置 VTP 管理域名称 cisco
Switch(vlan)#vtp server                    //设置交换机为服务器模式
Switch(config)#vtp password 123456         //设置 VTP 密码为 123456
```

10.1.8 验证交换机配置

（1）使用 show run 命令可以查看设备当前的配置。

（2）使用 show ip interface brief 命令可以查看所有端口的简单状态信息。

（3）使用 show version 显示系统硬件和软件状态。

（4）使用 show ip ｛interface ｜ http ｜ arp｝显示 IP 信息。

- interface 选项显示 IP 接口状态和配置。
- http 选项显示有关正在交换机上运行的设备管理器的 HTTP 信息。
- arp 选项显示 IP ARP 表。

（5）使用 show mac – address – table 显示 MAC 转发表。

（6）使用 show vlan brief 可以查看所有 VLAN 的信息，示例如下：

```
Switch#show vlan brief
VLAN Name                      Status    Ports
1    default                   active    Fa0/3, Fa0/4, Fa0/5, Fa0/6,
                                         Fa0/7, Fa0/8, Fa0/9, Fa0/10,
                                         Fa0/11,Fa0/12,Fa0/13,Fa0/14,
                                         Fa0/15,Fa0/16,Fa0/17,Fa0/18,
                                         Fa0/19, Fa0/21, Fa0/22, Fa0/20,
                                         Fa0/23, Fa0/24, Gig1/1, Gig1/2
10   VLAN0010                  active    Fa0/1
20   VLAN0020                  active    Fa0/2
1002 fddi - default            active
1003 token - ring - default    active
1004 fddinet - default         active
1005 trnet - default           active
```

> **小提示**
>
> 1，1002，1003，1004，1005 是默认的 VLAN。

10.2 动 手 做 做

本节主要是通过交换机的基本配置、VLAN、VTP 和 TRUNK 的配置使学习者深入体会交换机的概念，并掌握 VLAN、VTP 设置和查看交换机配置所使用的命令。

10.2.1 实验目的

通过本实验，用户可以掌握以下技能。

- 交换机基本配置。
- 配置 VLAN。
- 配置 VTP。
- 查看交换机配置状态。

10.2.2　实验规划

1. 实验设备

- Cisco Catalyst 2950 系列交换机 2 台，Cisco Catalyst 3650 系列交换机 1 台。
- 实验用 PC 机 4 台，其中 1 台安装超级终端软件。
- 直连双绞线 4 根。
- 交叉双绞线 2 根。
- Console 电缆 1 条。

2. 实验拓扑

如图 10－3 所示，3 台交换机通过交叉线相连，4 台实验用机通过直通线和交换机相连。

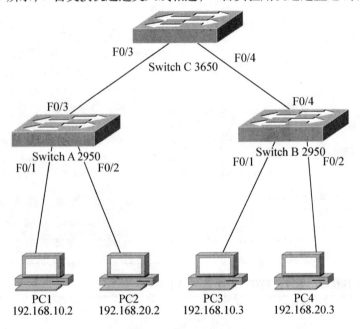

图 10－3　实验拓扑图

10.2.3　实验步骤

1. 配置交换机基本参数和 PC 机的 IP 地址

```
Switch > enable                              //打开特权模式
Switch #configure  terminal                  //进入全局配置模式，从终端进行手动配置
Switch(config)#hostname SwitchA
SwitchA (config)#enable password cisco
SwitchA (config)#interface FastEthernet 0/1  //进入端口设置状态
SwitchA (config - if)# speed 100             //设置端口速率为100Mb/s
SwitchA (config - if)# duplex full           //设置端口全双工
```

```
SwitchA (config - if)#exit                                        //返回全局配置模式
SwitchA (config)# int vlan 99                                     //选择接口
SwitchA (config - if)#ip address 192.168.99.2 255.255.255.0       //VLAN99 里面设置 IP 地址
SwitchA (config - if)# no shutdown                                //启用接口
SwitchA (config - if)# ip default - gateway 192.168.99.1          //设置默认网关
Switch(config)#exit
SwitchA #copy run start                                           //保存配置
```

> **小提示**
>
> 请参考上面配置，自己配置 SwitchB，SwitchC，SwitchB 和 SwitchC 的 Vlan IP 地址分别为 192.168.99.3 和 192.168.99.4。

2. VLAN 配置

```
SwitchA (config)# vlan 10
SwitchA (config)# vlan 20
SwitchA (config)# interface FastEthernet 0/1                      //进入端口设置状态
SwitchA (config - if)# switchport mode access
SwitchA (config - if)# switchport access vlan  10                 //将端口 f0/1 加入 VLAN 10
SwitchA (config)# interface FastEthernet 0/2
SwitchA (config)# switchport mode access
SwitchA (config - if)# switchport access vlan  20                 //将端口 f0/2 加入 VLAN 20
SwitchA (config)# interface FastEthernet 0/3
SwitchA (config - if)# switchport mode trunk                      //将端口 f0/4 设置为 trunk
SwitchA (config - if)# switchport trunk native vlan 99            //配置 native VLAN 号
SwitchA (config - if)# exit

SwitchB (config)# vlan 10
SwitchB (config)# vlan 20
SwitchB (config)# interface FastEthernet 0/1                      //进入端口设置状态
SwitchB (config - if)# switchport mode access
SwitchB (config - if)# switchport access vlan  10                 //将端口 f0/1 加入 VLAN 10
SwitchB (config)# interface FastEthernet 0/2
SwitchB (config)# switchport mode access
SwitchB (config - if)# switchport access vlan  20                 //将端口 f0/2 加入 VLAN 20
SwitchB (config - if)# interface FastEthernet 0/4
SwitchB (config - if)# switchport mode trunk                      //将端口 f0/4 设置为 trunk
SwitchB (config - if)# switchport trunk native vlan 99            //配置 native VLAN 号
SwitchB (config - if)# exit

SwitchC (config)# vlan 20
SwitchC (config)# vlan 30
SwitchC (config)# interface FastEthernet 0/3
SwitchC (config - if)# switchport mode trunk                      //将端口 f0/3 设置为 trunk
SwitchC (config - if)# switchport trunk native vlan 99            //配置 native VLAN 号
SwitchC (config)# interface FastEthernet 0/4
SwitchC (config - if)# switchport mode trunk                      //将端口 f0/3 设置为 trunk
SwitchC (config - if)# switchport trunk native vlan 99            //配置 native VLAN 号
```

在 PC1 上 ping PC2 不会 ping 通(虽然在一个交换机上,但不在同一 VLAN),在 PC1 上 ping PC3 会 ping 通(虽然不在一个交换机上,但在同一 VLAN);可以自己验证。

3. VTP 配置

```
SwitchC (config)# vtp domain cisco          //配置 VTP 域
SwitchC (config)# vtp mode server           //配置成 VTP server
SwitchC (config)# vtp password 123456       //为 VTP 设置密码

SwitchA (config)# vtp domain cisco          //配置 VTP 域
SwitchA (config)# vtp mode client           //配置成 VTPclient
SwitchA (config)# vtp password 123456       //为 VTP 设置密码

SwitchB (config)# vtp domain cisco          //配置 VTP 域
SwitchB (config)# vtp mode client           //配置成 VTPclient
SwitchB (config)# vtp password 123456       //为 VTP 设置密码
```

4. 结果验证

(1) 利用 ping 命令测试 PC1 和 PC2,PC3,PC4 之间的连通性,在 PC1 的"命令提示符"下分别输入 ping 192.168.20.2、ping 192.168.10.3、ping 192.168.20.3 命令,测试结果证明,PC1 与 PC2、PC4 不通,PC1 ping PC3 正常通讯。PC1 上输入 ping 192.168.10.3 的正确运行结果如下所示。

```
C:>ping 192.168.10.3
Pinging 192.168.100.2 with 32 bytes of data:

Reply from 192.168.10.3: bytes =32 time =60ms TTL =127
Reply from 192.168.10.3: bytes =32 time =60ms TTL =127
Reply from 192.168.10.3: bytes =32 time =60ms TTL =127
Reply from 192.168.10.3: bytes =32 time =60ms TTL =127
```

(2) 验证 SwitchC 的 VLAN 配置,正确运行结果如下所示。

```
SwitchC #show interface trunk
Port        Mode        Encapsulation    Status       Native vlan
Fa0/3       on          802.1q           trunking     99
Fa0/4       on          802.1q           trunking     99

Port        Vlans allowed on trunk
Fa0/3       1 -1005
Fa0/4       1 -1005

Port        Vlans allowed and active in management domain
Fa0/3       1,10,20
Fa0/4       1,10,20
```

```
Port        Vlans in spanning tree forwarding state and not pruned
Fa0/3       1,10,20
Fa0/4       1,10,20
```

（3）验证 SwitchA 的 VTP 配置，正确运行结果如下所示。

```
SwitchA#show vtp status
VTP Version                          : 2
Configuration Revision               : 0
Maximum VLANs supported locally      : 255
Number of existing VLANs             : 7
VTP Operating Mode                   : Client
VTP Domain Name                      : cisco
VTP Pruning Mode                     : Disabled
VTP V2 Mode                          : Disabled
VTP Traps Generation                 : Disabled
MD5 digest                           : 0x6D 0xB0 0xA2 0x24 0x0C 0x0D 0x92 0x2E
Configuration last modified by 0.0.0.0 at 3-1-93 00:03:47
```

（4）验证 SwitchC 的 VTP 配置，正确运行结果如下所示。

```
SwitchC#show vtp s
VTP Version                          : 2
Configuration Revision               : 18
Maximum VLANs supported locally      : 1005
Number of existing VLANs             : 7
VTP Operating Mode                   : Server
VTP Domain Name                      : cisco
VTP Pruning Mode                     : Disabled
VTP V2 Mode                          : Disabled
VTP Traps Generation                 : Disabled
MD5 digest                           : 0xE4 0x81 0x7F 0xA8 0x72 0x01 0x49 0xD9
Configuration last modified by 0.0.0.0 at 3-1-93 00:00:00
Local updater ID is 192.168.10.1 on interface Vl10 (lowest numbered VLAN interface found)
```

10.3 活学活用

网络拓扑图如图 10-4 所示，各设备的 IP 地址如表 10-1 所示，请完成基本的交换机配置，并配置交换机 VTP 和中继端口，创建和分发 VLAN 信息并将端口分配给 VLAN，最终实现 Host1 与 Host3 互通，Host2 与 Host4 互通。

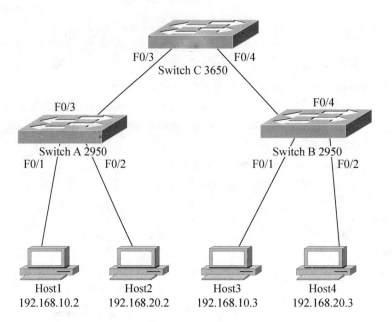

图 10-4 网络拓扑图

表 10-1 各设备 IP 地址

设　　备	接　　口	IP	子网掩码
SwitchA	Vlan 99	192. 168. 99. 11	255. 255. 255. 0
SwitchB	Vlan 99	192. 168. 99. 22	255. 255. 255. 0
SwitchC	Vlan 99	192. 168. 99. 33	255. 255. 255. 0
Host1	网卡	192. 168. 10. 2	255. 255. 255. 127
Host2	网卡	192. 168. 20. 2	255. 255. 255. 127
Host3	网卡	192. 168. 10. 3	255. 255. 255. 127
Host4	网卡	192. 168. 20. 3	255. 255. 255. 127

▸ 小提示

注意交换机的端口状态。

10.4　动动脑筋

1. 交换机怎样传递数据包？

_____

_____

2. 为了进行交换，交换机必须知道哪些内容？

_____

_____

3. 为什么两台交换机之间要 trunk？

_____

_____

4. 三层交换的优点是什么？

_____

_____

5. 使用 VTP 的好处？

_____

_____

10.5 学习小结

通过本章的学习，读者对交换机的基本配置、VLAN 和 VTP 等相关技术有了初步的认识。通过对本章的实验进行深入细致的练习，读者对交换过程有了更深入的理解，为进一步学习巩固基础。现将本章所涉及的主要命令总结如表 10-2 所示，供读者查阅。

表 10-2 命令汇总

命 令	功 能
configure terminal	进入全局配置模式
show ip interface brief	查看接口配置信息
hostname	交换机命名
enable password {password}	设置登录口令
interface vlan [number]	配置 VLAN 接口
show version	显示系统硬件和软件状态
ip address	配置接口的 IP 地址
show ip interfacebrief	查看接口配置信息
show cdp	查看设备的 cdp 全局配置信息
vlan vlan id	创建 VLAN, vlan id 是要创建的 VLAN 号
reload	重启
name vlan name	VLAN 名称来标识 VLAN
ip default-gateway ip-address	配置网关信息
switchport mode access	定义端口的 VLAN 成员资格模式
switchport access vlan vlan-id	将端口分配给 VLAN
no switchport access vlan	删除交换机端口接口上分配的 VLAN
switchport mode trunk	将连接交换机的链路强制作为中继链路
switchport trunk native vlan vlan-id	将另一个 VLAN 指定为本征 VLAN
vtp domaindomain-name	配置域名
vtp passwordpassword	配置密码
vtp mode erver	client	transporte	配置 VTP 模式

第 11 章　企业级的网络共享——三层交换

11.1　知　识　准　备

11.1.1　三层交换概述

三层交换技术是相对于传统交换技术而提出的。通过前面几章的学习，已经知道传统的交换技术是在 OSI 参考模型中的第二层——数据链路层工作的，而三层交换是在参考模型中的第三层（网络层）工作。简单地说，三层交换技术就是"二层交换技术 + 三层路由技术"。三层交换技术的出现，解决了局域网不同 VLAN 之间互相访问时必须依赖路由器进行转发，解决了传统路由器性能低、价格昂贵所造成的网络瓶颈问题。

三层交换机使用硬件技术，把二层交换机和路由器在功能上集成一台设备，它是两者的有机结合，而不是简单地把路由器设备的硬件及软件叠加在局域网交换机上。下面通过例子说明三层交换机是如何工作的。

PC1 和 PC2 通过三层交换机进行通信。PC1 和 PC2 位于不同子网中，所在网段都属于交换机上的直连网段，由于 PC1 和 PC2 不在同一子网内，发送端 PC1 首先要向其"默认网关"发出 ARP 请求报文，而"默认网关"的 IP 地址其实就是三层交换机上 PC1 所属 VLAN 的 IP 地址。当 PC1 对"默认网关"的 IP 地址广播出一个 ARP 请求时，交换机就向 PC1 回复个 ARP 回复报文，告诉 PC1 交换机的 MAC 地址，同时交换机把 PC1 的 IP 地址、MAC 地址、与交换机直接相连的端口号等信息写入交换机的三层硬件表（MAC 地址表）中。PC1 收到这个 ARP 回复报文之后，进行目的 MAC 地址替换，把要发给 PC2 的数据包首先发给交换机。交换机收到这个数据包以后，同样首先进行源 MAC 地址学习和目的 MAC 地址查找，由于此时目的 MAC 地址为交换机的 MAC 地址，在这种情况下将会把该报文送到交换芯片的三层引擎处理。一般来说，三层引擎会有两张表，一张是主机路由表，这个表是以 IP 地址为索引的，里面存放目的 IP 地址、下一跳 MAC 地址、端口号等信息。若找到一条匹配表项，就会对报文进行一些操作（例如目的 MAC 与源 MAC 替换、TTL 减 1 等），然后将报文从表中指定的端口转发出去。若主机路由表中没有找到匹配条目，则会继续查找另一张表——网段路由表。这个表存放网段地址、下一跳 MAC 地址、端口号等信息。一般来说这个表的条目要少得多，但覆盖的范围很大，只要设置得当，基本上可以保证大部分进入交换机的报文都能从硬件转发，这样不仅大大提高转发速度，同时也减轻了 CPU 的负荷。若查找网段路由表也没有找到匹配表项，则交换芯片会把包送给 CPU 处理，进行软路由。由于 PC2 属于交换机的直连网段之一，CPU 收到这个 IP 报文以后，会直接以 PC2 的 IP 为索引检查 ARP 缓存，若没有 PC2 的 MAC 地址，则根据路由信息向 PC2 所属子网广播一个 ARP 请求，

PC2 收到此 ARP 请求后向交换机回复其 MAC 地址，CPU 在收到这个 ARP 回复报文的同时，同样可以通过软件把 PC2 的 IP 地址、MAC 地址、进入交换机的端口号等信息设置到交换芯片的三层硬件表项中，然后把由 PC1 发来的 IP 报文转发给 PC2，这样就完成了 PC1 到 PC2 的第一次单向通信。由于芯片内部的三层引擎中已经保存了 PC1、PC2 的路由信息，以后它们之间进行通信或其他子网的 PC 想要与 PC1、PC2 进行通信，交换芯片则会直接把包从三层硬件表项中指定的端口转发出去，而不必再把包交给 CPU 处理。这种通过"一次路由，多次交换"的方式，大大提高了转发速度。需要说明的是，三层引擎中的路由表项大都是通过软件设置的，至于何时设置、怎么设置并不存在一个固定的标准，在此也不详细讨论。

通过以上分析，可以了解报文在交换机中的执行过程，同时也可以清楚地看出三层交换机是如何充分把传统交换机和路由器的优势有机地结合在一起。

11.1.2　三层交换机的路由功能

相对传统的路由器，三层交换机不仅路由速度快，而且配置简单。再最简单的情况，一旦交换机接入网络，只要设置完 VLAN，并为每个 VLAN 设置一个三层接口即可实现 VLAN 间路由。三层交换机就会自动把子网内部的二层数据流限定在子网之内，并通过三层直连路由实现子网之间的数据包路由。交换机上可以使用的路由协议有静态路由、RIP、OSPF、EIGRP、ISIS、BGP 等路由协议，一般是性能越强的三层交换机支持的路由协议越多，配置方法和路由器基本一致，主要区别在于路由器上配置 IP 地址一般在物理接口上，而交换机是在三层虚接口及 VLAN 上。

11.1.3　三层交换机多 VLAN 的互通配置方法

在二层交换机上划分不同 VLAN 后，如果要实现 VLAN 之间互通的话，就需要用到三层路由功能。传统网络中需要在交换机上面连接一台路由器来实现 VLAN 之间的相互访问，这种方式通过路由器来实现 VLAN 间路由功能，称为单臂路由。这种方式的缺点是路由器的处理性能比较低，再加上所有 VLAN 间通信全要依靠路由器来完成，网络很容易因为路由器处理性能问题导致路由器成为瓶颈，引发网络拥塞。

三层交换机的路由功能有专用芯片 ASIC（Application Specific Integrated Circuit）来完成，通过硬件技术实现高速 IP 转发，解决 VLAN 之间互通的瓶颈问题。三层交换机的配置一般有以下几个步骤。

（1）创建 VLAN 并划分接口

在第 10 章已经学习了如何创建 VLAN 和如何把接口划分到不同的 VLAN 中，以及 Trunk 等方面的知识，此处不再重复讲解。

（2）配置三层 VLAN 虚接口

要在三层交换机上实现 VLAN 之间互通需要使用 VLAN 虚接口功能。

VLAN 虚接口属于逻辑接口，在硬件中并不存在，VLAN 虚接口和 VLAN 是一一对应的，创建 VLAN 虚接口时，请首先创建该 VLAN 并被分配硬件端口，默认情况下创建的虚端口是关闭的，需要使用 no shutdown 命令激活。创建或进入 VLAN 虚接口的命令是：interface vlan vlan_id。例如要为 VLAN 5 创建 VLAN 虚接口，并配置 IP 地址，命令如下：

```
Switch(config)#interface vlan 5
Switch(config-if)#ip address 10.1.1.1 255.255.255.0
Switch(config-if)#no shutdown
```

（3）配置路由功能。

三层交换机的路由功能默认情况是打开的。可以使用［no］ip routing 关闭/打开路由功能。如果网络中存在多台三层交换机，每台三层交换机上又划分了多个 VLAN 并启用了三层功能，此时要想实现不同交换机上 VLAN 之间的通信，还需要额外设置静态路由或动态路由，配置方式和配置命令同路由器上配置基本一样。

下面通过一个具体实例来看看三层交换机上划分多个 VLAN 后各 VLAN 中的 PC 机是如何实现通信的。

图 11-1 中使用的交换机为 Catalyst 3550，各 PC 使用双绞线和交换机连接，PC1 属于 VLAN2，连接到 3550 交换机的 Fa0/1 接口，IP 地址使用 192.168.1.1，子网掩码使用 24 位掩码，默认网关 192.168.1.254；PC2 属于 VLAN3，连接到 3550 交换机的 Fa0/2 接口，IP 地址使用 192.168.2.1，子网掩码使用 24 位掩码，默认网关 192.168.2.254；PC3 属于 VLAN4，连接到 3550 交换机的 Fa0/3 接口，IP 地址使用 192.168.3.1，子网掩码使用 24 位掩码，默认网关 192.168.3.254；PC4 属于 VLAN5，连接到 3550 交换机的 Fa0/4 接口，IP 地址使用 192.168.4.1，子网掩码使用 24 位掩码，默认网关 192.168.4.254。VLAN 三层虚接口配置见表 11-1。

表 11-1　VLAN 三层虚接口配置参数

VLAN Id	IP 地址	子 网 掩 码
2	192.168.1.254	255.255.255.0
3	192.168.2.254	255.255.255.0
4	192.168.3.254	255.255.255.0
5	192.168.4.254	255.255.255.0

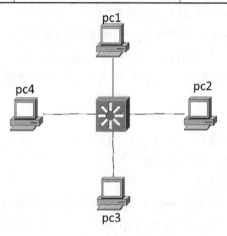

图 11-1　三层交换示例

交换机配置如下：

```
Switch > enable
Switch#vlan database
Switch(vlan)#vlan 2
VLAN 2 added:
    Name: VLAN0002
Switch(vlan)#vlan 3
VLAN 3 added:
    Name: VLAN0003
Switch(vlan)#vlan 4
VLAN 4 added:
    Name: VLAN0004
Switch(vlan)#vlan 5
VLAN 5 added:
    Name: VLAN0005
Switch(vlan)#exit
APPLY completed.
Exiting....
Switch#
//以上命令实现创建 VLAN2 ~ VLAN5
Switch#configure terminal
Enter configuration commands, one per line.  End with CNTL/Z.!
Switch(config)#int f0/1
Switch(config - if)#switchport mode access
Switch(config - if)#switchport access vlan 2
Switch(config - if)#int f0/2
Switch(config - if)#switchport mode access
Switch(config - if)#switchport access vlan 3
Switch(config - if)#int f0/3
Switch(config - if)#switchport mode access
Switch(config - if)#switchport access vlan 4
Switch(config - if)#int f0/4
Switch(config - if)#switchport mode access
Switch(config - if)#switchport access vlan 5
Switch(config - if)#exit
Switch(config)#
//以上命令设置接口 f0/1 ~ f0/4 为接入端口，并把 f0/1 ~ f0/4 分配给 VLAN2 ~ VLAN5
Switch(config)#interface vlan 2
Switch(config - if)#no shutdown
Switch(config - if)#ip address   192.168.1.254 255.255.255.0
Switch(config - if)#int vlan 3
Switch(config - if)#ip add 192.168.2.254 255.255.255.0
Switch(config - if)#no sh
Switch(config - if)#int vlan 4
Switch(config - if)#ip add 192.168.3.254 255.255.255.0
```

```
Switch(config-if)#no sh
Switch(config-if)#int vlan 5
Switch(config-if)#ip add 192.168.4.254 255.255.255.0
Switch(config-if)#no sh
Switch(config-if)#exit
Switch(config)#
//以上命令进入 VLAN 虚接口配置模式, 启用并为三层虚接口配置 IP 地址
```

配置完毕以后, 分别设置 4 台 PC 机的 IP 地址、子网掩码和默认网关, 然后可以从任意一台 PC 上 ping 其他 3 台 PC 机, 在 PC1 上的运行结果如下所示。

```
C:\>ping 192.168.2.1
Pinging 192.168.2.1 with 32 bytes of data:

Reply from 192.168.2.1: bytes=32 time<1ms TTL=127
Reply from 192.168.2.1: bytes=32 time<1ms TTL=127
Reply from 192.168.2.1: bytes=32 time<1ms TTL=127
Reply from 192.168.2.1: bytes=32 time<1ms TTL=127

Ping statistics for 192.168.2.1:
    Packets: Sent=4, Received=4, Lost=0 (0% loss),
Approximate round trip times in milli-seconds:
Minimum=0ms, Maximum=0ms, Average=0ms

C:\>ping 192.168.3.1
Pinging 192.168.3.1 with 32 bytes of data:

Reply from 192.168.3.1: bytes=32 time<1ms TTL=127
Reply from 192.168.3.1: bytes=32 time<1ms TTL=127
Reply from 192.168.3.1: bytes=32 time<1ms TTL=127
Reply from 192.168.3.1: bytes=32 time<1ms TTL=127

Ping statistics for 192.168.3.1:
    Packets: Sent=4, Received=4, Lost=0 (0% loss),
Approximate round trip times in milli-seconds:
Minimum=0ms, Maximum=0ms, Average=0ms

C:\>ping 192.168.4.1
Pinging 192.168.4.1 with 32 bytes of data:

Reply from 192.168.4.1: bytes=32 time<1ms TTL=127
Reply from 192.168.4.1: bytes=32 time<1ms TTL=127
Reply from 192.168.4.1: bytes=32 time<1ms TTL=127
Reply from 192.168.4.1: bytes=32 time<1ms TTL=127

Ping statistics for 192.168.4.1:
    Packets: Sent=4, Received=4, Lost=0 (0% loss),
```

```
Approximate round trip times in milli - seconds:
Minimum = 0ms, Maximum = 0ms, Average = 0ms
```

小提示

三层交换机的路由功能默认是打开的，所以4台PC之间是互通的。

11.1.4 三层交换配置命令

1. 创建三层虚接口

（1）命令语法。

```
Switch(config)#interface vlan [vlan_id]
```

（2）命令功能。

用来进入指定的 VLAN 接口模式。如果该 VLAN 接口不存在，则先创建该接口，再进入该 VLAN 接口模式。

（3）参数说明。

vlan_id：VLAN 接口的 ID，取值范围为 1～4094。

2. 启用路由功能

（1）命令语法。

```
Switch(config)#[no] ip routing
```

（2）命令功能。

启用三层交换机路由功能。

（3）参数说明。

no：删除三层交换机路由功能。

11.2 动手做做

本节需要结合前面学习的一些知识来做一个稍微复杂点的实验，实验中所用到的知识包括 VLAN 和 trunk，主要是通过 3 台交换机来实现，实现不同子网网段之间跨越多台交换机互通。

11.2.1 实验目的

实现三层交换，使 VLAN 之间主机能互相通信。

11.2.2 实验规划

1. 实验设备

● Cisco Catalyst 2950 系列交换机 2 台，Cisco Catalyst 3550 系列交换机 1 台。

- 实验用 PC 5 台，其中一台作为服务器。
- Console 电缆 1 根以上。
- 直连双绞线 5 根。
- 交叉双绞线 2 根。

2. 实验拓扑

如图 11-2 所示，分别用 Console 电缆连接 PC 的串行口和各交换机的 Console 口，用直通线连接 PC 的网卡到交换机的相应端口，用交叉双绞线连接各交换机，各交换机相连的端口配置成 trunk 模式，PC1，PC3 属于 VLAN5，PC2，PC4 属于 VLAN10，Server 属于 VLAN15。

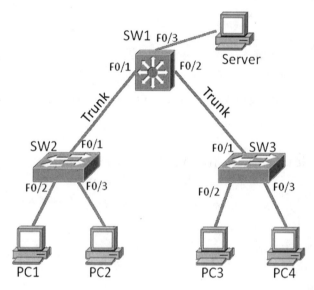

图 11-2　实验拓扑图

IP 地址分配信息见表 11-2，子网掩码均为 255.255.255.0。

表 11-2　IP 地址配置表

PC/Vlan 接口	IP 地址	默认网关
Vlan5	192.168.0.254	
Vlan10	192.168.1.254	
Vlan15	10.1.13.254	
PC1	192.168.0.1	192.168.0.254
PC2	192.168.1.1	192.168.1.254
PC3	192.168.0.2	192.168.0.254
PC4	192.168.1.2	192.168.1.254
Server	10.1.13.1	10.1.13.254

11.2.3 实验步骤

1. SW1 的配置

```
Switch>en
Switch#conf t
Enter configuration commands, one per line.  End with CNTL/Z.
Switch(config)#host SW1        //修改交换机名
SW1(config)#ip routing         //启用路由功能
SW1(config)#exit
SW1#vlan database
SW1(vlan)#vlan 5
VLAN 5 added:
    Name:VLAN0005
SW1(vlan)# vlan 10
VLAN 10 added:
    Name:VLAN0010
SW1(vlan)# vlan 15
VLAN 15 added:
    Name:VLAN0015
SW1(vlan)#exit
APPLY completed.
Exiting....
SW1#
//以上命令创建 VLAN5、VLAN10 和 VLAN15
SW1#conf t
Enter configuration commands, one per line.  End with CNTL/Z.
SW1(config)#int f0/1
SW1(config-if)#switchport mode trunk
SW1(config-if)#switchport trunk encapsulation dot1q
SW1(config-if)#int f0/2
SW1(config-if)#switchport mode trunk
SW1(config-if)#switchport trunk encapsulation dot1q
//以上命令配置接口 f0/1，f0/2 为 Trunk 模式，使用 dot1q 封装
SW1(config-if)#int f0/3
SW1(config-if)#switchport mode access
SW1(config-if)#switchport access vlan 15
//以上命令配置 f0/3 为接入端口，属于 VLAN15
SW1(config)#interface vlan 5
SW1(config-if)#ip address 192.168.0.254 255.255.255.0
SW1(config-if)#no shutdown
SW1(config-if)#int vlan 10
SW1(config-if)#ip add 192.168.1.254 255.255.255.0
SW1(config-if)#no shutdown
SW1(config-if)#int vlan 15
SW1(config-if)#ip address 10.1.13.254 255.255.255.0
SW1(config-if)#no shut
```

```
SW1(config-if)#exit
//以上命令创建 VLAN 虚接口，启用接口并配置 IP 地址
```

小提示

　　dot1q 封装是一种 VLAN 的封装类型，目前有 ISL（Interior Switching Link）和 802.1q 两种，在配置时 802.1q 写为 dot1q，是 IEEE 定义的用来支持不同厂家交换机上的 VLAN。

2. SW2 的配置

```
Switch>
Switch>enable
Switch#conf t
Enter configuration commands, one per line.  End with CNTL/Z.
Switch(config)#host SW2
SW2(config)#exit
SW2#vlan database
SW2(vlan)#vl 5
VLAN 5 added:
    Name:VLAN0005
SW2(vlan)#vl 10
VLAN 10 added:
    Name:VLAN0010
SW2(vlan)#vl 15
VLAN 15 added:
    Name:VLAN0015
SW2(vlan)#exit
APPLY completed.
Exiting....
//在 SW2 上创建 VLAN 5、VLAN 10 和 VLAN 15。
SW2#conf t
SW2(config)#int f0/1
SW2(config-if)#switchport mode trunk
SW2(config-if)#switchport trunk encapsulation dot1q
SW2(config-if)#int f0/2
SW2(config-if)#switchport mode access
SW2(config-if)#switchport access vlan 5
SW2(config-if)#int f0/3
SW2(config-if)#switchport mode access
SW2(config-if)#switchport access vlan 10
SW2(config-if)#exit
//以上命令将端口 f0/1 封装成 trunk 模式，封装类型为 802.1q，将端口 f0/2 分配给
//VLAN 5，将端口 f0/3 分配给 VLAN 10
```

3. SW3 的配置

```
Switch#conf t
Enter configuration commands, one per line.  End with CNTL/Z.
Switch(config)#host SW3
SW3(config)#exit
SW3#vlan database
SW3(vlan)#vl 5
VLAN 5 added:
    Name:VLAN0005
SW3(vlan)#vl 10
VLAN 10 added:
    Name:VLAN0010
SW3(vlan)#vl 15
VLAN 15 added:
    Name:VLAN0015
SW3(vlan)#exit
APPLY completed.
Exiting....
//以上命令在 SW3 上创建 VLAN 5、VLAN 10 和 VLAN 15
SW3#conf t
SW3(config)#int f0/1
SW3(config-if)#switchport mode trunk
SW3(config-if)#switchport trunk encapsulation dot1q
SW3(config-if)#int f0/2
SW3(config-if)#switchport mode access
SW3(config-if)#switchport access vlan 5
SW3(config-if)#int f0/3
SW3(config-if)#switchport mode access
SW3(config-if)#switchport access vlan 10
SW3(config-if)#exit
//以上命令将端口 f0/1 封装成 trunk 模式，封装类型为 802.1q，将端口 f0/2 分配给
//VLAN 5，将端口 f0/3 分配给 VLAN 10。
```

4. PC1、PC2、PC3、PC4 和 Server 的 IP 地址配置

（略）。

5. 验证配置（在 Server 上 ping 其他 PC 机）

```
C:>ping 192.168.0.1
Pinging 192.168.0.1 with 32 bytes of data:

Reply from 192.168.0.1: bytes=32 time=60ms TTL=241
Reply from 192.168.0.1: bytes=32 time=60ms TTL=241
Reply from 192.168.0.1: bytes=32 time=60ms TTL=241
Reply from 192.168.0.1: bytes=32 time=60ms TTL=241
Reply from 192.168.0.1: bytes=32 time=60ms TTL=241
```

```
    Ping statistics for 192.168.0.1:    Packets: Sent = 5, Received = 5, Lost = 0 (0%
loss),
    Approximate round trip times in milli - seconds:
        Minimum = 50ms, Maximum =  60ms, Average =  55ms


    C: > ping 192.168.0.2
    Pinging 192.168.0.2 with 32 bytes of data:

    Reply from 192.168.0.2: bytes = 32 time = 60ms TTL = 241
    Reply from 192.168.0.2: bytes = 32 time = 60ms TTL = 241
    Reply from 192.168.0.2: bytes = 32 time = 60ms TTL = 241
    Reply from 192.168.0.2: bytes = 32 time = 60ms TTL = 241
    Reply from 192.168.0.2: bytes = 32 time = 60ms TTL = 241

    Ping statistics for 192.168.0.2:    Packets: Sent = 5, Received = 5, Lost = 0 (0%
loss),
    Approximate round trip times in milli - seconds:
        Minimum = 50ms, Maximum =  60ms, Average =  55ms


    C: > ping 192.168.1.1
    Pinging 192.168.1.1 with 32 bytes of data:

    Reply from 192.168.1.1: bytes = 32 time = 60ms TTL = 241
    Reply from 192.168.1.1: bytes = 32 time = 60ms TTL = 241
    Reply from 192.168.1.1: bytes = 32 time = 60ms TTL = 241
    Reply from 192.168.1.1: bytes = 32 time = 60ms TTL = 241
    Reply from 192.168.1.1: bytes = 32 time = 60ms TTL = 241

    Ping statistics for 192.168.1.1:    Packets: Sent = 5, Received = 5, Lost = 0 (0%
loss),
    Approximate round trip times in milli - seconds:
        Minimum = 50ms, Maximum =  60ms, Average =  55ms


    C: > ping 192.168.1.2
    Pinging 192.168.1.2 with 32 bytes of data:

    Reply from 192.168.1.2: bytes = 32 time = 60ms TTL = 241
    Reply from 192.168.1.2: bytes = 32 time = 60ms TTL = 241
    Reply from 192.168.1.2: bytes = 32 time = 60ms TTL = 241
    Reply from 192.168.1.2: bytes = 32 time = 60ms TTL = 241
    Reply from 192.168.1.2: bytes = 32 time = 60ms TTL = 241

    Ping statistics for 192.168.1.2:    Packets: Sent = 5, Received = 5, Lost = 0 (0%
loss),
    Approximate round trip times in milli - seconds:
        Minimum = 50ms, Maximum =  60ms, Average =  55ms
```

6. 查看 SW1 上的三层接口 IP 信息

```
SW1#show ip interface brief
Interface            IP-Address      OK? Method Status                   Protocol
VLAN 1               unassigned      YES unset  administratively downdown
VLAN0005             192.168.0.254   YES unset
VLAN0010             192.168.1.254   YES unset
VLAN0015             10.1.13.254     YES unset
FastEthernet0/1      unassigned      YES unset  up                       up
FastEthernet0/2      unassigned      YES unset  up                       up
FastEthernet0/3      unassigned      YES unset  up                       up
FastEthernet0/4      unassigned      YES unset  up                       up
FastEthernet0/5      unassigned      YES unset  up                       up
FastEthernet0/6      unassigned      YES unset  up                       up
FastEthernet0/7      unassigned      YES unset  up                       up
FastEthernet0/8      unassigned      YES unset  up                       up
FastEthernet0/9      unassigned      YES unset  up                       up
FastEthernet0/10     unassigned      YES unset  up                       up
FastEthernet0/11     unassigned      YES unset  up                       up
FastEthernet0/12     unassigned      YES unset  up                       up
GigabitEthernet0/1   unassigned      YES unset  up                       up
GigabitEthernet0/2   unassigned      YES unset  up                       up
```

小提示

交换机的 VLAN 配置也可以使用 VTP 协议，结果是一样的。

11.3　活学活用

1. 如果在交换机 SW1 上没有配置 ip routing，将会出现什么问题？

_____

_____

2. 如果在 PC1 上通过 telnet 方式对交换机 SW1 进行远程管理（假设 SW1 的 VTY 已经配置），可以使用哪些 IP 地址？

_____

_____

3. 如果想要通过任意一台 PC 机远程管理 SW2 和 SW3，3 台交换机都需要做哪些配置（使用默认的 VLAN1 作为管理 VLAN）？

_____

_____

11.4　动动脑筋

1. 实现 VLAN 之间通信主要依靠什么？

_____

2. 配置三层虚接口，使用什么命令？

_____

3. 使用三层交换机相对于传统路由器＋二层交换机方式有何优点？

_____

_____

11.5　学习小结

通过本章的学习，读者对三层交换相关技术有了初步的认识，通过本章的实验相信读者对三层交换过程有了更深入的理解和认识。现将本章所涉及的主要命令总结如表 11 – 3 所示，供读者查阅。

表 11 – 3　命令汇总

命　　令	功　　能
vlan database	进入 VLAN 配置模式
vlan［vlan_id］	创建 VLAN
switchport　access vlan　［vlan_id］	将接口划分到指定 VLAN
switchport　mode trunk	将接口设置成 trunk 工作模式
Switchport　mode access	将接口设置成 access 工作模式
interface vlan［vlan_id］	创建或进入 VLAN 虚接口
ip routing	启用三层交换机路由功能
show ip interface brief	显示全部接口 IP 配置信息

第 12 章　抑制广播风暴——生成树协议

12.1　知识准备

12.1.1　生成树协议概述

生成树协议（Spanning Tree Protocol，即 STP）最早是由数字设备公司（Digital Equipment Corporation，即 DEC）开发的，这个公司后来被收购并改名为 Compaq 公司。IEEE 后来开发了它自己的 STP 版本，称为 802.1D。所有的 Cisco 交换机都运行 STP 的 IEEE 802.1D 版本。

生成树协议是用来维护一个无环路的交换网络，目的是保证网络中不存在环路。在由网桥/交换机构成的交换网络中通常设计有冗余链路和冗余设备。这种设计的目的是防止一条链路或一台交换机发生故障导致整个网络中断。虽然冗余设计可以消除单点故障问题，但也导致了二层交换网络中环路的产生，它会带来如下问题。

- 广播风暴。
- 单播帧的重复传送。
- 不稳定的 MAC 地址表。

如果二层交换网络中存在环路，交换机接收到广播数据后就会向除了接收该广播数据接口外的所有接口无穷无尽地泛洪广播。广播数据通过环路不停地传播，这样就产生了广播风暴，广播风暴将严重影响网络和主机性能，会导致网络瘫痪。因此，在交换网络中必须有一个机制来阻止回路，而生成树协议的出现彻底解决了这一问题。

> **小提示**
>
> 在 Cisco 的交换机中生成树默认是打开的。

12.1.2　生成树协议原理

在学习生成树协议原理之前，需要理解几个与生成树相关的基本概念和术语。

1. 根桥

根桥是生成树协议的核心概念，所有的生成树计算都是围绕根桥来完成的。可以把根桥当作是网络的参考点。一个网络中只能有一个根桥，根桥的所有接口都属于指定端口，处于转发状态。

2. 桥 ID

每台交换机都具有唯一的桥 ID，用来与其他交换机进行区别，桥 ID 由两部分组成，长 8 个字节，包括下面两个字段。

- 网桥优先级：默认为 32 768，取值范围是 0 ~ 65 535。
- MAC 地址：即交换机的 MAC 地址。

一个网络中桥 ID 最小的交换机就成为根桥。其他交换机成为非根桥。

3. 桥协议单元（BPDU：Bridge Protocol Data Unit）

所有的交换机相互之间都交换信息，并利用这些信息选出根交换机，也根据这些信息来进行网络的后续配置。每台交换机都对 BPDU 中的参数进行比较，它们将 BPDU 传送给某个邻居，并在其中放入它们从其他邻居那里收到的 BPDU。BPDU 报文有以下 2 种类型。

- 配置 BPDU：用于生成树计算，是由每个交换机发出的。
- TCN BPDU（Topology Change Notifications BPDU，即：拓扑变化通知 BPDU）：用于通告网络拓扑的变化，是由根网桥发出的，用于激活 block（阻塞）端口。

4. 三种端口角色

- 根端口：每个非根交换机选取一个根端口，这个端口是到根桥路径代价最低的端口。根端口被标记为转发端口。
- 指定端口：所在网段中到根交换机路径代价最低的网桥的接口，指定端口被标记为转发端口。
- 非指定端口：除了根端口和指定端口外，其余的端口都是非指定端口，非指定端口被标记为阻塞状态。

5. 五种端口状态

- 阻塞状态（Blocking）：交换机刚开机时，所有端口均处于阻塞状态，阻塞状态的端口不能接受和发送数据帧，不能进行 MAC 地址学习，只允许接收 BPDU，这样交换机才能够监听网络有没有发生变化。
- 监听状态（Listening）：处于监听状态的端口可以发送和接收 BPDU，不能接受和发送数据帧，不能学习 MAC 地址。和阻塞状态的唯一区别就是处在监听状态的端口可以发送 BPDU，监听状态下转发延时为 15 秒。
- 学习状态（Learning）：可以发送和接收 BPDU，可以进行 MAC 地址学习，但是不能接收和发送数据帧，学习状态下转发延时为 15 秒。
- 转发状态（Forwarding）：接收和发送 BPDU，可以接收和发送数据帧，可以学习 MAC 地址。
- 禁用状态（Disable）：端口被管理员关闭，或由于错误条件被系统关闭，此状态下的端口不参与生成树计算。

交换机之间通过传递 BPDU 来选取根交换机和确定端口状态，通过传递拓扑变化通告 BPDU 来报告网络的拓扑变化。配置 BPDU 主要包括根网桥的 ID（Root ID）、从指定网桥到根网桥的最小路径开销（Root Path Cost）、指定网桥 ID（Designated Bridge ID）、指定端口 ID（Designated Port ID）。网桥 ID 是由网桥优先级（默认 32 768）和网桥 MAC 地址组成，端口 ID 是由端口优先级（默认 128）和端口号组成。

在网络初始化时，每个网桥都认为自己是根网桥，在网络中接收并发送自己的 BPDU 配置消息，网桥收到 BPDU 配置消息后先比较根网桥 ID，首先比较优先级，如果优先级相同再比较 MAC 地址，MAC 地址小的成为根桥，如果网桥收到的 BPDU 配置消息中的根网桥 ID 小于自己保存的根网桥 ID，则网桥就替换原来的根网桥 ID。通过多次这种比较，最终会选择出网络中网桥 ID 最小的网桥做根桥。

网络中选出根桥后，其他网桥称为非根网桥，每个非根网桥都要选取一个到根桥路径开销最低的端口成为根端口，当网桥中的多个端口路径开销相同时，端口 ID 小的端口成为根端口。表 12-1 列出了不同带宽下生成树的路径开销。

表 12-1 STP 路径开销

带 宽	旧版本 STP 开销	新版本 STP 开销
4Mbit/s	250	250
10Mbit/s	100	100
16Mbit/s	63	62
45Mbit/s	22	39
100Mbit/s	10	19
155Mbit/s	6	14
622Mbit/s	2	6
1Gbit/s	1	4
10Gbit/s	0	2

▌ 小提示 ├────

　　生成树的路径开销是基于路径中所有路径的累积开销。

接下来每个网段选取一个指定端口，所在网段中到根桥的路径开销最低的网桥的端口成为指定端口。其他接口成为非指定端口，成为阻塞状态，只能接收 BPDU，这样一来网络中的环路就被阻断。

以上就是从网络选取根桥到阻塞非指定端口的过程，至此网络以逻辑方式阻断了环路。当网络拓扑发生变化时网桥会向根端口不断发送拓扑变更通告 BPDU（TCN BPDU），直到该网桥收到拓扑变化确认，然后网络重复上面的过程进行新一轮选举。

生成树使用时钟定时器来确定环路形成之前已经完成生成树计算，有以下几个时钟。

- Hello：根桥发送配置 BPDU 的时间间隔，默认 2 秒。
- Forward Delay：端口处于监听和学习状态的时间间隔。默认 15 秒。
- Max Age：BPDU 存储的时间长度，默认为 20 秒，如果从收到 BPDU 开始，20 秒内仍未收到 BPDU，网桥将宣布保存的 BPDU 无效，并开始寻找新的根端口。

▌ 小提示 ├────

　　生成树的时钟计时器最好不要随意改变，如果修改不合理的话，会造成临时环路或延长网络收敛时间，只有在根桥上才可以修改时钟计时器的值。

12.1.3 生成树协议配置命令

默认情况下,交换机的生成树功能是打开的,也就是说不需要对交换机进行任何配置,就已经可以防止环路产生。通过上面的学习已经知道一切生成树操作都是围绕着根桥来计算,根桥又是根据桥 ID 选举而来,如果不加以干涉,任由交换机选取的话,可能最后产生的拓扑和用户的预期相差很多,而且根桥的选择会直接影响到网络的拓扑结构,比如有可能最低端或性能不稳定的交换机成为根桥,形成网络瓶颈,造成网络拥塞甚至造成网络瘫痪。

1. 启用生成树

(1) 命令语法。

```
Switch(config)#[no]spanning-tree vlan <VlanId>
```

(2) 命令功能。

禁用/启用指定 VLAN 上的生成树功能。

(3) 参数说明。

Vlan_Id:要禁用/启用生成树的 VLAN 的 ID。

2. 修改网桥优先级

(1) 命令语法。

```
Switch(config)# spanning-tree vlan <Vlan_id>[root]priority <priority>
```

(2) 命令功能。

修改指定 VLAN 上的生成树优先级。

(3) 参数说明。

Vlan_id:要修改生成树优先级的 VLAN 的 ID。

priority:默认值为 32 768,取值范围 0~65 535,步长 4 096。

root priority:配置当前交换机成为根桥,如果现有根桥优先级大于 24 576,那么设置该网桥优先级为 24 576,如果现有根桥优先级小于 24 576,那么该交换机优先级为根桥优先级减去 4 096 之后的值。此命令实际上是一个宏命令,执行后还会修改 max-age,hello-time,forward-time 这 3 个时钟。例如:

```
Switch(config)#spanning-tree vlan 1 root primary
vlan 1 bridge priority set to 24576
vlan 1 bridge max aging time unchanged at 20
vlan 1 bridge hello time unchanged at 2
vlan 1 bridge forward delay unchanged at 15
Switch(config)#
```

3. 修改生成树时钟

(1) 命令语法。

```
Switch(config)#spanning-tree vlan <Vlan_id>hello-time <seconds>
Switch(config)#spanning-tree vlan <Vlan_id>forward-time <seconds>
Switch(config)#spanning-tree vlan <Vlan_id>max-age <seconds>
```

（2）命令功能。

修改指定 VLAN 上的生成树的 hello‐time，forward‐time，max‐age 时钟。

（3）参数说明。

- Vlan_id：要修改生成树优先级的 VLAN 的 ID。
- hello‐time < seconds >：修改发送配置 BPDU 的时间间隔，默认为2秒，取值0～10秒。
- forword‐time < seconds >：修改转发延迟时间，默认为15秒，取值0～30秒。
- max‐age < seconds >：修改最大存活时间，默认为20秒，取值6～40秒。

4. 修改端口路径开销

（1）命令语法。

```
Switch(config‐if)#spanning‐tree[Vlan vlan_id]cost < cost >
```

（2）命令功能。

修改端口的路径开销。

（3）参数说明。

- Vlan vlan_id：要修改的具体 VLAN 的 ID，如不指定则全部修改。
- cost：默认值为 32 768，取值范围 1～200 000 000。

5. 修改端口优先级

（1）命令语法。

```
Switch(config‐if)#spanning‐tree[Vlan vlan_id]port‐priority < priority >
```

（2）命令功能。

配置 Vlan 的交换机优先级。

（3）参数说明。

- Vlan vlan_id：要修改的具体 VLAN 的 ID，如不指定则全部修改。
- priority：默认值为 32 768，取值范围 0～61 440，数值越小，优先级越高。

12.1.4　验证交换机配置命令

1. 显示所有 VLAN 和端口生成树参数

```
Switch#show spanning‐tree

VLAN0001
  Spanning tree enabled protocol ieee
Root ID  Priority    32768
         Address   000b.5f50.d900
         This bridge is the root
         Hello Time  2 sec  Max Age 20 sec  Forward Delay 15 sec

Bridge ID  Priority    32769  (priority 32768 sys‐id‐ext 1)
           Address   000b.5f50.d900
           Hello Time  2 sec  Max Age 20 sec  Forward Delay 15 sec
           Aging Time 300
```

```
Interface          Port ID          Designated       Port ID
Name               Prio. Nbr        Cost Sts         Cost Bridge ID      Prio. Nbr
----------------------------------------------------------------------------------
Fa0/2              128.2            19 FWD           0  32769 000b.5f50.d900   128.2
Fa0/24             128.24           19 FWD           0  32769 000b.5f50.d900   128.24
```

小提示

本交换机为网络中的 STP 根。

命令输出行中各字段的含义如表 12 - 2 所示。

表 12 - 2 输出字段定义列表

字　　段	定　　义
Port ID Prio. Nbr	Port ID and priority number.
Cost	Port cost.
Sts	Displays status information.

2. 显示根桥 ID 和根端口

```
Switch#show spanning-tree vlan 1 root
                              Root  Hello  Max  Fwd
Vlan          Root ID         Cost  Time   Age  Dly   Root Port
-------------------------------------------------------------------
VLAN0001      32769 000b.5f50.d900   0     2     20   15
```

3. 显示生成树详细信息

```
Switch#show spanning-tree vlan 1 detail

VLAN0001 is executing the ieee compatible Spanning Tree protocol
  Bridge Identifier has priority 32768, sysid 1, address 000b.5f50.d900
  Configured hello time 2, max age 20, forward delay 15
  We are the root of the spanning tree
  Topology change flag not set, detected flag not set
  Number of topology changes 1 last change occurred 00:11:50 ago
          from FastEthernet0/2
  Times:   hold 1, topology change 35, notification 2
           hello 2, max age 20, forward delay 15
  Timers:hello 1, topology change 0, notification 0, aging 300

Port 2 (FastEthernet0/2)of VLAN0001 is forwarding
  Port path cost 19, Port priority 128, Port Identifier 128.2.
  Designated root has priority 32769, address 000b.5f50.d900
  Designated bridge has priority 32769, address 000b.5f50.d900
  Designated port id is 128.2, designated path cost 0
  Timers:message age 0, forward delay 0, hold 0
  Number of transitions to forwarding state:1
```

```
BPDU:sent 740, received 1

Port 24 (FastEthernet0/24) of VLAN0001 is forwarding
Port path cost 19, Port priority 128, Port Identifier 128.24.
Designated root has priority 32769, address 000b.5f50.d900
Designated bridge has priority 32769, address 000b.5f50.d900
Designated port id is 128.24, designated path cost 0
Timers:message age 0, forward delay 0, hold 0
Number of transitions to forwarding state:1
BPDU:sent 740, received 1
```

12.2　动手做做

通过 12.1 节的学习，已经知道生成树是如何工作的，根桥的选举方法以及如何禁用、开启生成树功能。下面通过一个实验来实现让交换机自动选取根网桥，生成生成树拓扑，以及这样会出现什么问题，出现问题后如何通过命令来解决出现的问题，修正拓扑。

12.2.1　实验目的

通过本实验，用户可以掌握以下技能。
- 查看生成树选举状态。
- 绘制生成树拓扑图。
- 修改生成树优先级。

12.2.2　实验规划

1. 实验设备

- Cisco Catalyst 2950 系列交换机 4 台。
- Console 电缆 1 根以上。
- 交叉双绞线 5 根。

2. 实验拓扑

如图 12-1 所示，为了防止单点故障，网络中安装了冗余线路但是也形成了环路，网络中使用了 4 台交换机，均未修改生成树的优先级。SW1 的 MAC 地址为 000c.3378.5283，分别使用端口 F0/1、F0/2、F0/3 连接到交换机 SW3 的 F0/1 端口、SW4 的 F0/2 端口、SW2 的 F0/1 端口，SW2 的 MAC 地址为 000c.1625.2062，使用端口 F0/2 连接到交换机 SW4 的 F0/3 端口，交换机 SW3 的 MAC 地址为 000c.1209.1375，使用端口 F0/2 连接到交换机 SW4 的 F0/1 接口，SW4 的 MAC 地址为 000c.1737.8539。网络设计思想是 SW1 为核心交换机，SW2、SW3、SW4 均为接入交换机，并要与核心交换机 SW1 直连。SW4 到 SW2 和 SW3 之间的直连线作为冗余。

3. 实验最终目的

- 查看默认参数下各台交换机生成树情况。
- 画出默认参数下网络的生成树拓扑。
- 修改参数让 SW1 交换机成为根桥。
- 画出修改完参数后的生成树拓扑。

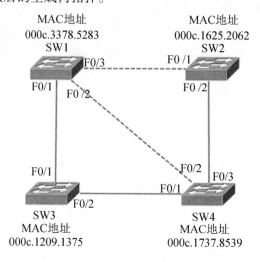

图 12-1　实验拓扑图

12.2.3　实验步骤

1. 默认参数下的网络生成树结构

（1）查看交换机 SW1 生成树信息。

```
SW1#show spanning-tree
VLAN001
  Spanning tree enabled protocol ieee
  Root ID   Priority      32768
            Address    000C. 1209. 1375
            Hello Time   2 sec  Max Age 20 sec  Forward Delay 15 sec

  Bridge ID  Priority     32768
            Address    000C. 3378. 5283
            Hello Time   2 sec  Max Age 20 sec  Forward Delay 15 sec
            Aging Time 300

Interface    Port ID                   Designated              Port ID
Name         Prio. Nbr    Cost Sts     Cost Bridge ID          Prio. Nbr
------------------------------------------------------------------------------
Fa0/1        32768.1      19 FWD       0  32768 000C. 1209. 1375   19. 1
Fa0/2        32768.2      38 BLK       0  32768 000C. 1209. 1375   38. 2
Fa0/3        32768.3      57 FWD       0  32768 000C. 1209. 1375   57. 3
```

（2）查看交换机 SW2 生成树信息。

```
SW2#show startup－config
%% Non－volatile configuration memory is not present
SW2#show spanning－tree
VLAN001
   Spanning tree enabled protocol ieee
   Root ID    Priority     32768
              Address      000C.1209.1375
              Hello Time   2 sec   Max Age 20 sec   Forward Delay 15 sec

   Bridge ID  Priority     32768
              Address      000C.1625.2062
              Hello Time   2 sec   Max Age 20 sec   Forward Delay 15 sec
              Aging Time   300

Interface      Port ID          Designated      Port ID
Name           Prio.Nbr         Cost Sts        Cost Bridge ID      Prio.Nbr
------------------------------------------------------------------------------
Fa0/1          32768.1      38 BLK     0    32768 000C.1209.1375    38.1
Fa0/2          32768.2      38 FWD     0    32768 000C.1209.1375    38.2
```

（3）查看交换机 SW3 生成树信息。

```
SW3#show spanning－tree
VLAN001
   Spanning tree enabled protocol ieee
   Root ID    Priority     32768
              Address      000C.1209.1375
              This bridge is the root
              Hello Time   2 sec   Max Age 20 sec   Forward Delay 15 sec

   Bridge ID  Priority     32768
              Address      000C.1209.1375
              Hello Time   2 sec   Max Age 20 sec   Forward Delay 15 sec
              Aging Time   300

Interface      Port ID          Designated      Port ID
Name           Prio.Nbr         Cost Sts        Cost Bridge ID      Prio.Nbr
------------------------------------------------------------------------------
Fa0/1          32768.1      0 FWD      0    32768 000C.1209.1375    0.1
Fa0/2          32768.2      0 FWD      0    32768 000C.1209.1375    0.2
```

（4）查看交换机 SW4 生成树信息。

```
SW4#show spanning－tree
VLAN001
   Spanning tree enabled protocol ieee
   Root ID    Priority     32768
```

```
                Address      000C. 1209. 1375
                Hello Time   2 sec  Max Age 20 sec  Forward Delay 15 sec

  Bridge ID  Priority        32768
             Address      000C. 1737. 8539
             Hello Time   2 sec  Max Age 20 sec  Forward Delay 15 sec
             Aging Time   300


Interface        Port ID           Designated        Port ID
Name             Prio. Nbr         Cost Sts          Cost Bridge ID        Prio. Nbr
--------------------------------------------------------------------------------
Fa0/1        32768. 1      19 FWD     0   32768 000C. 1209. 1375   19. 1
Fa0/2        32768. 2      38 FWD     0   32768 000C. 1209. 1375   38. 2
Fa0/3        32768. 3      57 FWD     0   32768 000C. 1209. 1375   57. 3
```

通过观察各交换机的 Root ID 会发现 SW3 是网络中的根交换机，默认参数下网络的生成树结构如图 12－2 所示。

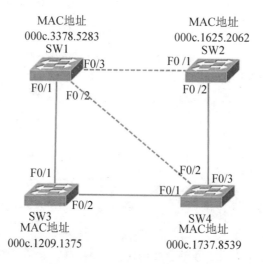

图 12－2　生成树结构图

2. 重新配置网络生成树

通过生成树结构图发现默认参数生成的生成树结构图和当初设计初衷有很大的出入，主干路成为备份线路，备份线路成为主干路，这样一来，网络会形成瓶颈。下面通过修改 SW1 成为根桥来实现设计初衷。

（1）修改 SW1 成为根交换机。

```
Sw1(config)#spanning－tree vlan 1 root primary
```

 小提示

VLAN 1 为当前默认的虚拟局域网。

（2）再次查看交换机生成树信息。

```
Sw1#show spanning－tree              //查看 SW1 生成树信息
VLAN001
  Spanning tree enabled protocol ieee
  Root ID    Priority     24567
             Address      000C.3378.5283
             This bridge is the root
             Hello Time   2 sec  Max Age 20 sec  Forward Delay 15 sec

  Bridge ID  Priority     24567
             Address      000C.3378.5283
             Hello Time   2 sec  Max Age 20 sec  Forward Delay 15 sec
             Aging Time   300


Interface       Port ID       Designated        Port ID
Name            Prio.Nbr      Cost Sts          Cost Bridge ID       Prio.Nbr
---------------------------------------------------------------------------------
Fa0/1     24567.1       38 FWD    0  24567 000C.3378.5283    38.1
Fa0/2     24567.2       38 FWD    0  24567 000C.3378.5283    38.2
Fa0/3     24567.3       38 FWD    0  24567 000C.3378.5283    38.3
SW2#show spanning－tree              //查看 SW2 生成树信息
VLAN001
  Spanning tree enabled protocol ieee
  Root ID    Priority     24567
             Address      000C.3378.5283
             Hello Time   2 sec  Max Age 20 sec  Forward Delay 15 sec

  Bridge ID  Priority       32768
             Address      000C.1625.2062
             Hello Time   2 sec  Max Age 20 sec  Forward Delay 15 sec
             Aging Time   300


Interface       Port ID       Designated        Port ID
Name            Prio.Nbr      Cost Sts          Cost Bridge ID       Prio.Nbr
---------------------------------------------------------------------------------
Fa0/1     24567.1       19 FWD    0  24567 000C.3378.5283   19.1
Fa0/2     24567.2       38 FWD    0  24567 000C.3378.5283   38.2
SW3#show spanning－tree              //查看 SW3 生成树信息
VLAN001
  Spanning tree enabled protocol ieee
  Root ID    Priority     24567
             Address      000C.3378.5283
             Hello Time   2 sec  Max Age 20 sec  Forward Delay 15 sec

  Bridge ID  Priority       32768
             Address      000C.1209.1375
             Hello Time   2 sec  Max Age 20 sec  Forward Delay 15 sec
             Aging Time   300
```

Interface	Port ID		Designated		Port ID		
Name	Prio. Nbr		Cost Sts		Cost Bridge ID		Prio. Nbr
Fa0/1	24567.1	19 FWD	0	24567	000C.3378.5283		19.1
Fa0/2	24567.2	38 FWD	0	24567	000C.3378.5283		38.2

```
SW4#show spanning-tree              ///查看 SW4 生成树信息
VLAN001
  Spanning tree enabled protocol ieee
  Root ID    Priority    24567
             Address     000C.3378.5283
             Hello Time  2 sec  Max Age 20 sec  Forward Delay 15 sec

  Bridge ID  Priority    32768
             Address     000C.1737.8539
             Hello Time  2 sec  Max Age 20 sec  Forward Delay 15 sec
             Aging Time 300
```

Interface	Port ID		Designated		Port ID		
Name	Prio. Nbr		Cost Sts		Cost Bridge ID		Prio. Nbr
Fa0/1	24567.1	38 BLK	0	24567	000C.3378.5283		38.1
Fa0/2	24567.2	19 FWD	0	24567	000C.3378.5283		19.2
Fa0/3	24567.3	38 BLK	0	24567	000C.3378.5283		38.3

修改完后新的生成树结构如图 12-3 所示，SW1 作为核心交换机，成为了网络的根桥，SW4 与 SW2、SW3 的直连线路作为冗余线路。符合设计原则。

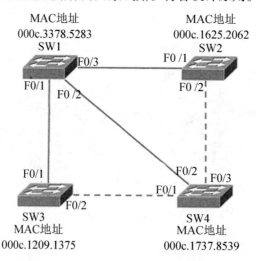

图 12-3　生成树结构图

12.3　活学活用

在上面实验中通过修改参数让核心交换机 SW1 成为 VLAN1 的根交换机，如果现在网络环境发生变化让 SW4 成为核心交换机并成为根桥，该如何操作？

12.4　动　动　脑　筋

1. 网桥 ID 由哪几项组成？

_____

_____

2. 生成树的端口状态有哪几种？

_____

_____

3. 使用哪条命令可以修改生成树优先级？

_____

_____

4. 一个端口从阻塞状态进入转发状态，需要多长时间？

_____

_____

5. 如果网络中存在环路并且没有启用生成树功能会引发哪些问题？

_____

_____

12.5　学　习　小　结

通过本章的学习，读者应已掌握了生成树协议的原理，以及一些生成树相关的配置命令。现将本章所涉及的主要命令总结如表 12-3 所示，供读者查阅。

表 12-3　命令汇总

命　　令	功　　能
spanning-tree vlan　<Vlan_Id>	启用生成树功能
spanning-tree vlan <Vlan_id> priority <priority>	修改生成树优先级
spanning-tree vlan <Vlan_id> hello-time　<seconds>	修改 BPDU 发送时间间隔
spanning-tree vlan <Vlan_id>　forward-time <seconds>	修改生成树转发延时
spanning-tree vlan <Vlan_id> max-age <seconds>	修改 BPDU 老化时间
spanning-tree［Vlan vlan_id］cost <cost>	修改端口路径开销
spanning-tree［Vlan vlan_id］port-priority <priority>	修改端口优先级
show spanning-tree	显示全部生成树信息
show spanning-tree vlan <Vlan_id> detail	显示 VLAN1 生成树详细信息

第 13 章　路由器和交换机的维护管理

13.1　知识准备

13.1.1　维护管理路由器和交换机概述

当交换机和路由器部署到网络中以后，后续的维护工作就陆续开始了，主要有以下几种情况。

- 通过远程 Telnet 或 SSH 登录到路由器或交换机修改配置。
- 对路由器或交换机的 IOS 进行备份，升级，恢复。
- 对路由器或交换机配置文件进行备份。
- 定期修改路由器或交换机的 Console 和 VTY 口令。
- 对路由器或交换机的密码恢复。

> **小提示**
>
> SSH 的英文全称是 Secure Shell。通过使用 SSH，可以把所有传输的数据进行加密，这样"中间人"这种攻击方式就不可能实现了，而且也能够防止 DNS 和 IP 欺骗。还有一个额外的好处就是传输的数据是经过压缩的，所以可以加快传输的速度。SSH 有很多功能，它既可以代替 telnet，又可以为 ftp、pop、甚至 ppp 提供一个安全的"通道"。

13.1.2　路由器和交换机密码恢复

当网络中设备数量很多时，有些交换机或路由器可能很长时间不需要修改配置，等需要修改配置时可能会出现忘记密码现象，此时就需要对路由器或交换机进行密码恢复。

1. 路由器的存储器

在介绍如何恢复密码、升级备份 IOS 之前，需要先讲解一下 Cisco 路由器的存储器方面的知识。表 13－1 描述了 Cisco 路由器的主要存储器名称和作用。

表 13－1　路由器的存储器

存　储　器	作　　用
ROM	只读存储器，用于启动和维护路由器。存储 POST 和 Bootstrap 程序，以及微型 IOS。
RAM	随机存储器，用于存储 ARP 缓存，路由表，Running－config 等，重启后数据丢失。
FLASH	主存，主要用于存储 Cisco IOS。
NVRAM	非易失性随机存储器，主要用于保存配置文件和配置寄存器值，重启后数据不丢失。

2. 路由器的启动顺序

当路由器或交换机启动时，会按下列顺序进行硬件检测并加载所需的 IOS 软件和配置文件。启动顺序如下。

第一步：路由器找到硬件并且执行硬件检测程序 POST（Power On Self Test，即上电自检）。

第二步：硬件工作正常后，执行系统启动程序 Bootstrap，查找装载 IOS 软件。

第三步：IOS 启动完毕后，在 NVRAM 中查找配置文件 startup‐config 文件。

第四步：如果 NVRAM 中有 startup‐config 文件，路由器将此文件复制到 RAM 中使用（文件名为 running‐config）；如果 NVRAM 中没有 startup‐config 文件，路由器将向所有进行载波检测的接口发送广播。查找 TFTP（Trivial File Transfer Protocal，即简单文件传输协议）主机以便寻找配置（一般不会找到），如果还是没有找到配置文件，路由器将启动 setup mode 配置向导。

3. 路由器密码恢复步骤

第一步：路由器加电后马上按 Ctrl + Break 进入 Rom 模式。

在 Rom 模式下路由器的命令行提示符为 rommon 1 ＞，并且随着行数的变化 rommon 后面的数字也会相应变化，当 flash 中的 IOS 文件无效或丢失时，路由器将会进入 Rom 模式。

第二步：修改配置寄存器值为 0x2142。

默认情况下路由器的配置寄存器的值为 0x2102，也就是路由器启动时会加载 NVRAM 中的配置文件 startup‐config。可以通过修改配置寄存器的值为 0x2142 使得路由器启动时忽略 NVRAM 中的配置文件，这样路由器启动后将不加载配置文件。

命令语法：

```
rommon 1 ＞confreg  0x2142
```

第三步：重新启动路由器。

修改完配置寄存器后直接使用 reset 命令重启路由器。

命令语法：

```
rommon 2 ＞reset
```

第四步：进入特权模式（Router ＞enable）。

第五步：将 startup‐config 文件复制到 running‐config。

使用命令 copy running‐config startup‐config，把 NVRAM 中保存的原配置文件拷贝到 RAM 中（即手工加载路由器配置文件），此时已经可以查看和修改路由器配置了。

命令语法：

```
copy running‐config startup‐config
```

第六步：修改口令。

现在可以使用 show run 命令查看路由器的密码。如果原密码是使用 enable password 命令设置的，可以直接看到密码原文；如果原密码是使用 enable secret 命令设置的，看到一串经过加密的密文。

命令语法：

```
Router(config)#enable secret <password>
```

参数 password：要设置的密码。

第七步：修改配置寄存器值为 0x2102。

现在要将配置寄存器设置回默认值 0x2102，要不然路由器下次重启时将会继续忽略 NVRAM 中的配置文件。

命令语法：

```
Router(config)#config-register 0x2102
```

第八步：保存路由器配置。

最后，使用 copy running-config startup-config 命令将修改过的配置文件进行保存。

13.1.3　交换机和路由器密码设置

通常对交换机或路由器的密码设置有 3 种，它们是控制台口令（Console）、远程登录口令（VTY）以及进入特权模式时的口令。

1. 控制台口令

控制台口令就是通过使用配置线缆连接到设备的 Console 口时使用的密码。

设置步骤如下。

（1）进入控制台设置模式。

命令语法：

```
line  console  0              //由于只有一个控制台端口,所以只能选择0
```

（2）设置密码。

命令语法：

```
password <pass>               //pass:具体要设置的口令
```

（3）启用登录。

命令语法：

```
login                         //启用口令验证
```

命令示例：

```
Router(config)#line console 0          //进入控制台配置模式
Router(config-line)#password cisco     //设置控制台口令
Router(config-line)#login              //启用口令验证
Router(config-line)#
```

2. 远程登录口令设置

远程登录口令是使用 Telnet 命令登录到路由器时使用的口令。一般情况下非企业版的 Cisco IOS 默认有 5 条 VTY 线路，从 0 到 4，企业版的 Cisco IOS 线路相对较多，一般有 16 条 VTY 线路（甚至更多），从 0 到 15。

设置步骤如下。

（1）进入 VTY 设置模式。

命令语法：

```
line vty 0 4
```

（2）设置密码。

命令语法：

```
password password          // password:具体要设置的口令
```

（3）启用登录。

命令语法：

```
login
```

启用口令验证，也可以使用 no login 命令，这样就允许直接建立 Telnet 连接，不需要口令验证。

命令示例：

```
Router(config)#line  vty  0  4            //进入 VTY 配置模式
Router(config-line)#password  cisco       //设置控制台口令
Router(config-line)#login                 //启用口令验证
Router(config-line)#
```

小提示

在配置控制台口令和远程登录口令时还有两个比较重要的命令需要了解。

首先是 exec-timeout 命令，用来设置 exec 会话超时时间，默认超时时间为 10 分钟，exec 会话超时后，需要重新进行口令验证。

● 命令语法：

```
exec-timeout minutes seconds
```

● 命令功能：

当设置 minutes 和 seconds 都为 0 时，exec 将永不超时。

● 命令示例：

```
Router(config-line)#exec-timeout 0 0
```

有时候在配置设备时会遇到在输入命令的时候被控制台日志信息中断的情况，这样一来输入的命令看上去很乱，很容易出错，这时候可以使用 logging synchronous 命令来解决这个问题。

● 命令语法：

```
logging synchronous
```

● 命令示例：

```
Router(config-line)#logging synchronous
```

13.1.4　使用 Telnet 和主机名解析

1. 使用 Telnet

Telnet 是虚拟终端协议，可以使用 Telnet 来远程管理网络设备。默认情况下，在 Cisco 路由器上可以不必输入 Telnet 命令，只需要输入目标设备的主机名或 IP 地址，就可以建立 Telnet 连接，从而实现远程对设备进行管理。

（1）查看 Telnet 会话。

命令 show sessions 可以查看从本地建立出去的 Telnet 会话，其输出显示已经建立 Telnet 连接的会话列表。如果建立了多条会话，带星号"＊"的会话是最近使用过的会话，如果按回车键，将返回这个会话。

例如在图 13－1 中，在 RA 上分别 Telnet 到 RB 和 RC 上，在 RA 上查看 Telnet 会话。

图 13－1　使用 Telnet 登录拓扑图

```
RA#show sessions
Conn Host              Address            Byte      Idle Conn Name
   1 192.168.1.2       192.168.1.2        0         0 192.168.1.2
*  2 192.168.2.2       192.168.2.2        0         0 192.168.2.2
RA#
```

当前会话为会话 2，如果在 RA 路由器上直接按回车键的话将返回会话 2，也就是 Telnet 到路由器 RC 上，也可以在 RA 上直接输入会话号码按两下回车，即可返回相应会话，例如在 RA 上输入 1，按两下回车将返回会话 1，也就是 Telnet 到路由器 RB 上。

可以使用命令 show users 显示本地设备上所有的活动的 Telnet 会话，其中包括建立出去的。例如在 RB 上查看当前活动会话。

```
RB#show users
    Line      User      Host(s)      Idle      Location
   0 con 0     idle      00:03:28
*  66 vty 0    idle      00:00:00          192.168.1.1
```

▶ 小提示

con 表示通过 Console 口建立的会话，VTY 表示通过远程 Telnet 建立的会话。

（2）挂起与恢复 Telnet 会话。

Telnet 到远程设备后，可以暂时挂起会话而非断开会话，从而返回本地设备进行操作，操作完毕以后还可以再恢复先前挂起的会话。Telnet 到远程设备后可以同时按住 Ctrl + Shift + 6，释放后紧接着按下字母 x，挂起当前会话。恢复被挂起的会话时有以下几种方式。

- 直接按回车键，恢复最近一次挂起的会话。
- 如果只有一个会话，可以使用 resume 命令恢复。
- 如果有多个会话，可以直接输入会话号恢复指定会话（可以使用 show sessions 命令查看会话号）。

（3）关闭 Telnet 会话。

对于已经建立的 Telnet 会话可以使用命令 exit、logout、disconnect 或 clear line 等命令来关闭。

- 从远端设备结束会话可以使用 exit 或 logout 命令。
- 从本地设备结束会话可以使用 disconnect < number > 命令。
- 结束远程 Telnet 到本地的会话可以使用 clear　line < Line number > 命令。

2. 主机名解析

现在已经知道通过 Telnet 可以非常方便地管理部署网络中的设备，但是随着网络规模越来越大，网络中的设备越来越多，要记住每一台路由器和交换机的管理地址将越来越困难，主机名解析的出现解决了这个问题。

可以使用命令 Ip host 来创建一个主机表，下列的命令为图 13 - 1 中的 RA 路由器建立 RB 和 RC 的主机表。

```
RA(config)#ip host RB 192.168.1.2
RA(config)#ip host RC 192.168.2.2          //在 RA 上创建 RB 和 RC 的主机表
RA#ping RB                    //验证主机表
Type escape sequence to abort.
Sending 5, 100 - byte ICMP Echos to 192.168.1.2, timeout is 2 seconds:
!!!!!
Success rate is 100 percent (5/5), round - trip min/avg/max = 196/226/244 ms
RA#
RA#ping RC
Type escape sequence to abort.
Sending 5, 100 - byte ICMP Echos to 192.168.2.2, timeout is 2 seconds:
!!!!!
Success rate is 100 percent (5/5), round - trip min/avg/max = 233/264/312 ms
```

（1）命令语法。

```
Ip host host_name tcp_port_number ip_address
```

（2）命令功能。

建立主机表。

（3）参数说明。

host_name：主机名。

tcp_port_number：端口号，默认使用 TCP 23 端口。

ip_address：指定的 IP 地址，一个主机名可以同时指定多个 IP 地址。

如果想从主机表中删除一个主机名时，可以使用 no ip host < host_name > 命令。

> 小提示
>
> 主机表只具有本地意义，也就是说，在路由器 RA 上配置的主机表只能在路由器 RA 上使用。

13.2 动 手 做 做

13.2.1 实验1：创建主机名解析和使用 Telnet

本节通过一个实例，让读者实际配置一下在路由器和交换机中创建主机名解析以及使用 Telnet 主机名的方式创建会话，挂起会话，恢复会话等操作。

1. 实验目的

通过本实验，读者可以掌握以下技能。

- 在路由器和交换机中创建主机名解析。
- 在路由器和交换机中创建 Telnet 会话。
- 挂起，恢复，关闭 Telnet 会话。
- 验证主机名解析配置。

2. 实验规划

（1）实验设备。

- Cisco Catalyst 2950 系列交换机 2 台。
- Cisco 2621 路由器 2 台。
- Console 电缆 1 根以上。
- 直通双绞线 2 根，串口线 1 根。

（2）实验规划。

如图 13－2 所示，路由器 RA 通过 E0 口与交换机 SW1 的 F0/1 接口相连（F0/1 接口属于 VLAN1），RA 的 E0 接口 IP 地址为 10.1.1.2，SW1 的 VVLAN1 IP 地址为 10.1.1.1，子网掩码 255.255.255.0，通过 S0/0 口与路由器 RB 的 S0/0 口相连，RA 的 S0/0 接口 IP 地址为 10.1.2.1，RB 的 S0/0 接口 IP 地址为 10.1.2.2，子网掩码 255.255.255.0，路由器 RB 的 E0 接口和交换机 SW2 的 F0/1 接口相连（F0/1 接口属于 VLAN1）。路由器 RB 的 E0 接口 IP 地址为 10.1.3.1，SW2 的 VLAN1 IP 地址为 10.1.3.2，子网掩码 255.255.255.0。使用静态路由使网络互通。

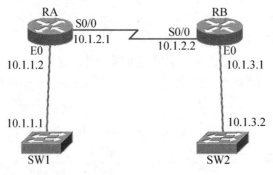

图 13－2 实验拓扑图

（3）实验要求。

在路由器 RA 上建立到 RB，SW1，SW2 的主机表。

在路由器 RA 上使用 Telnet 主机名的方式创建到 RB、SW1、SW2 的 Telnet 会话。

在路由器 RB 上使用 clear line 命令关闭 RA 建立的 Telnet 会话。

在交换机 SW1 上使用 Telnet IP_address 的方式建立到 SW2 的会话。

在交换机 SW2 上使用 show users 命令查看本地的活动会话。

3. 实验步骤

（1）RA 路由器的配置。

```
Router# > enable
Router#conf t
Enter configuration commands, one per line.  End with CNTL/Z.
Router(config)#int E0
Router(config-if)#no sh
Router(config-if)#ip add 10.1.1.2 255.255.255.0
Router(config-if)#int s0
Router(config-if)#no sh
Router(config-if)#clock rate 64000
Router(config-if)#ip add 10.1.2.1 255.255.255.0
Router(config-if)#exit
Router(config)#ip route 10.1.3.0 255.255.255.0 10.1.2.2
Router(config)#hostname RA
RA(config)# enable secret cisco
RA(config)#ip host SW1 10.1.1.1
RA(config)#ip host RB 10.1.2.2
RA(config)#ip host SW2 10.1.3.2
RA(config)#exit
RA#copy ru st
Destination filename[startup-config]?
Building configuration...
[OK]
```

（2）RB 路由器的配置。

```
Router >
Router > en
Router#conf t
Enter configuration commands, one per line.  End with CNTL/Z.
Router(config)#host RB
RB(config)#int s0
RB(config-if)#no sh
RB(config-if)#clock rate  64000
RB(config-if)#ip add 10.1.2.2 255.255.255.0
RB(config-if)#int E0
RB(config-if)#ip add 10.1.3.1 255.255.255.0
RB(config-if)#no sh
RB(config-if)#exit
RB(config)#ip route 10.1.1.0 255.255.255.0 10.1.2.1
```

```
RB(config)# enable secret cisco
RB(config)#line vty 0 4
RB(config-line)#login
RB(config-line)#password cisco
RB(config-line)#exit
RB(config)#exit
```

（3）SW1 交换机配置。

```
Switch > en
Switch#conf t
Switch(config)#interface vlan 1
Switch(config-if)#ip add 10.1.1.1 255.255.255.0
Switch(config-if)#exit
Switch(config)#ip default-gateway 10.1.1.2
Switch(config)#host SW1
SW1(config)# enable secret cisco
SW1(config)#line vty 0 4
SW1(config-line)#password cisco
SW1(config-line)#login
SW1(config-line)#exit
SW1(config)#
```

（4）SW2 交换机配置。

```
Switch >
Switch > en
Switch#conf t
Switch(config)#host SW2
SW2(config)#interface vlan 1
SW2(config-if)#ip add 10.1.3.2 255.255.255.0
SW2(config-if)#exit
SW2(config)#ip default-gateway 10.1.3.1
SW2(config)# enable secret cisco
SW2(config)#line vty 0 15
SW2(config-line)#pass cisco
SW2(config-line)#login
SW2(config-line)#exit
SW2(config)#
```

（5）验证配置。

在 RA 上查看主机表，并使用 ping 主机名的方式检查连通性。

```
RA#show hosts
Default domain is not set
Name/address lookup uses domain service
Name servers are 255.255.255.255


Host                    Flags           Age     Type    Address(es)
SW2                     (perm, OK)      0       IP      10.1.3.2
RB                      (perm, OK)      0       IP      10.1.2.2
SW1                     (perm, OK)      0       IP      10.1.1.1
RA#ping RB

Type escape sequence to abort.
```

```
Sending 5, 100 - byte ICMP Echos to 10.1.2.2, timeout is 2 seconds:
!!!!!
Success rate is 100 percent (5/5), round - trip min/avg/max = 28/34/48 ms
RA#ping SW1

Type escape sequence to abort.
Sending 5, 100 - byte ICMP Echos to 10.1.1.1, timeout is 2 seconds:
!!!!!
Success rate is 100 percent (5/5), round - trip min/avg/max = 24/42/64 ms
RA#ping SW2

Type escape sequence to abort.
Sending 5, 100 - byte ICMP Echos to 10.1.3.2, timeout is 2 seconds:
!!!!!
Success rate is 100 percent (5/5), round - trip min/avg/max = 28/45/76 ms
RA#
```

从路由器 RA 创建到 RB、SW1、SW2 的 Telnet 会话并挂起。

```
RA#telnet RB
Trying RB (10.1.2.2)... Open
User Access Verification
Password:
RB >（使用快捷键挂起会话：同时按下 ctrl + shift + 6 组合键，放开后再按 x 键）
RA#telnet SW1
Trying SW1 (10.1.1.1)... Open
User Access Verification
Password:
SW1 >（使用快捷键挂起会话：同时按下 ctrl + shift + 6 组合键，放开后再按 x 键）
RA#telnet SW2
Trying SW2 (10.1.3.2)... Open
User Access Verification
Password:
SW2 >（使用快捷键挂起会话：同时按下 ctrl + shift + 6 组合键，放开后再按 x 键）
RA#show sess
RA#show sessions
Conn Host           Address           Byte      Idle Conn Name
  1 RB              10.1.2.2          0         0 RB
  2 SW1             10.1.1.1          0         0 SW1
* 3 SW2             10.1.3.2          0         0 SW2
RA#
```

在路由器 RB 上使用 clear line 命令关闭 RA 建立的 Telnet 会话。

```
RB#show user      //查看 RB 上的当前会话
    Line      User      Host(s)             Idle          Location
*   0 con 0              idle                00:00:00
    66 vty 0             idle                00:00:04      10.1.2.1
RB#clear line vty 0      //关闭 RA 上 Telnet 进来的会话
[confirm]
[OK]
RB#show user      //再次查看 RB 上的会话
    Line      User      Host(s)             Idle          Location
*   0 con 0              idle                00:00:00
```

13.2.2 实验2：路由器和交换机密码恢复

1. 实验目的

通过本实验，读者可以掌握以下技能。
- 路由器交换机密码回复。
- 路由器交换机灾难回复。
- 升级备份交换机 IOS。

2. 实验规划

（1）实验设备。
- Cisco Catalyst 2950 系列交换机 1 台。
- Cisco 2621 路由器 1 台。
- 直通双绞线 1 根。
- 交叉双绞线 1 根。
- Console 电缆 1 根以上。

（2）实验规划。

如图 13－3 所示，将 PC 机的 COM1 口和路由器的 Console 口通过 Console 电缆进行连接，然后再打开 PC 机和路由器，进行密码恢复。

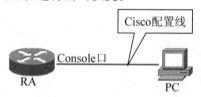

图 13－3　路由器密码恢复

3. 实验步骤

（1）路由器密码恢复。

下面给出 Cisco 2600/3600 系列路由器密码恢复的实现步骤。

① Cisco 2600/3600 系列的路由器的 Console 口与路由器相连。

② 运行控制台上带超级终端仿真软件（如超级终端）参数如下：
- 波特率：9600
- 数据位：8
- 奇偶校验：无
- 停止位：1
- 流量控制：无

③ 路由器加电，在开机的前 60 秒之内，按住 Ctrl＋Break 键。这时系统会进入灾难恢复模式，其提示符为"Rommon＞"，然后运行如下命令。

```
Rommon > confreg  0X2142      //修改寄存器的值为 0X2142
Rommon > reset       //重启路由器,重启后路由器不加载 NVRAM 中的配置文件
```

④ 系统会提示是否进入 SETUP 模式,请选择"NO"或按 Ctrl + C,然后输入如下命令。

```
Router >                           //用户模式提示符
Router > enable                    //进入特权模式
Router#copy startup - config running - config    //把 NARAM 中的配置文件装载到 RAM 中
Router#config terminal             //进入全局配置模式
Router(config)#enable secret < Password >    //修改密码
Router# Show version               //查看配置寄存器的值
Router(config)#config - register  0X2102    //还原寄存器的值为 0X2102
Router(config)#exit                //返回到特权模式
Router#copy running - config startup - config
//把修改过密码的配置文件备份到 NVRAM 里
```

下面给出 Cisco 2500 系列路由器密码恢复实现步骤。

① Cisco 2500 系列的路由器的 Console 口与交换机相连。

② 路由器加电,在开机的前 60 秒之内,按住 Ctrl + Break 键。这时系统会进入灾难恢复模式,其提示符为"Rommon >",然后输入如下命令。

```
Rommon > o/r  0X2142               //修改寄存器的值为 0X2142
Rommon > initalize                 //初始化路由器,进入系统配置模式
```

③ 不断输入 no 来响应系统配置对话提示,出现命令提示符后输入如下命令:

```
Router >                           //用户模式提示符
Router > enable                    //进入特权模式
Router#copy startup - config running - config
//把 NARAM 中的配置文件装载到 RAM 中,使得原来的配置还在
Router#config terminal             //进入全局配置模式
Router(config)#                    //全局配置模式提示符
Router(config)#enable secret < password >    //修改密码
Router(config)# show version       //查看配置寄存器的值
Router(config)#config - register  0X2102    //还原寄存器的值为 0X2102
Router(config)#exit                //返回到特权模式
Router#copy running - config startup - config
//把修改过密码的配置文件备份到 NVRAM 里
```

(2) 交换机密码恢复。

以 Catalyst 2950 交换机为例,此方法同样适用 Catalyst 3550、3750 等型号交换机。

交换机加电,马上按住交换机 Mode 按钮,等待交换机进入控制台模式。其提示符为"switch:",在提示符下输入如下命令。

```
switch:flash_init              //初始化 flash 文件系统
switch:dir flash:              //命令显示 flash 中所保存的配置文件的名称
switch:rename  flash:config. text  flash:config. old
//命令把原来的配置 config. text 文件改名为 config. old
switch:reboot                  //重新启动交换机
switch > # enable              //进入特权执行模式
switch# rename  flash:config. old  flash:config. text
//把配置文件名字修改回来
```

```
switch#copy flash:config. text running - config
//把配置文件从 FLASH 中装载到 RAM 中
Switch# config terminal                          //进入全局配置模式
Switch(config)# enable secret <password>         //修改密码
Switch(config)# end                              //直接返回到特权模式
Switch# copy running - config startup - config   //备份配置文件到 NVRAM
```

13.2.3 实验3：备份和升级 Cisco IOS

1. 实验目的

通过本实验，读者可以掌握以下技能。
- 升级备份交换机 IOS。
- 升级备份路由器 IOS。

2. 实验设备

- Cisco Catalyst 2950 系列交换机 1 台。
- Cisco 2621 路由器 1 台。
- 直通双绞线 1 根。
- 交叉双绞线 1 根。
- Console 电缆 1 根以上。

3. 实验规划

如图 13－4 所示，路由器 RA 的 E0 接口使用交叉线和 PC 网卡相连，Console 口和 PC 的 COM 口通过专用配置线缆相连，RA 的 E0 口 IP 地址是 192.168.1.1，PC 机 IP 地址是 192.168.1.2，子网掩码 255.255.255.0。

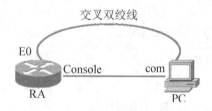

图 13－4 上传下载路由器 IOS

4. 实验要求

本实验通过在将 PC 机和路由器或交换机直连的方式，利用 TFTP 工具实现对 IOS 的备份和升级。

5. 实验步骤

（1）通过 TFTP 上传下载路由器 IOS。
① 连接好并配置好 IP 地址后，RA 和 PC 可以相互 Ping 通。

② 在 PC 机上安装并设置好 Cisco TFTP Server（主要设置好 TFTP 根目录即可）。

③ 使用 show flash 或 Dir 命令查看 RA 的 flash 中的文件。

```
RA#show flash
System flash directory:
File Length Name/status
9199788 c2600－is－mz.121－5.T10.bin
[9199852 bytes used, 7053076 available, 16252928 total]16384K bytes of processor
board System flash（Read/Write）
```

④ 使用 copy flash tftp 命令将 IOS 文件上传到 TFTP Server。

```
RA#copy flash tftp
Source filename[c2600－is－mz.121－5.T10.bin]?
Address or name of remote host[]? 192.168.1.2
Destination filename[c2600－is－mz.121－5.T10.bin]?
```

⑤ 使用 copy tftp flash 命令将 IOS 文件下载到 flash。

```
RA#copy tftp flash
Address or name of remote host[]? 192.168.1.2
Source filename[]? c2600－is－mz.121－5.T10.bin
Destination filename[c2600－is－mz.121－5.T10.bin]?
% Warning:There is a file already existing with this name
Do you want to over write? [confirm]
Accessing tftp://192.168.1.2/ c2600－is－mz.121－5.T10.bin...
Erase flash:before copying? [confirm]
Erasing the flash filesystem will remove all files! Continue? [confirm]
Erasing device... eeeeeeeeeeeeeeeeeeeeeeeeeeeeee... erased
Erase of flash:complete
Loading  c2600 － is － mz.121 － 5.T10.bin  from  192.168.1.2 （via Ethernet0/
0）:!!!!!!!!!!!!!!!!!!!!!!!!!!!!!!!!!!!!!!!!!!!!!!!!!!!!
  !!!!!!!!!!!!!!!!!!!!!!!!!!!!!!!!!!!!!!!!!!!!!!!!!!!!!
[OK－5849872/11699200 bytes]

Verifying checksum...  OK（0xD776）
5849872 bytes copied in 52.915 secs （112497 bytes/sec）
```

（2）通过 TFTP 下载上传交换机 IOS。

如图 13－5 所示，Switch 的 F0/1 接口使用双绞线和 PC 网卡相连，Console 口和 PC 的 COM 口通过专用配置线缆相连，Switch 的 VLAN1 接口 IP 地址是 192.168.1.1，PC 机 IP 地址是 192.168.1.2，子网掩码 255.255.255.0。

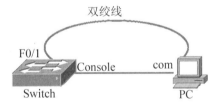

图 13－5　上传下载交换机 IOS

① 连接好并配置好 IP 地址后 Switch 和 PC 可以相互 Ping 通。

② 在 PC 机上安装并设置好 Cisco TFTP Server（主要设置好 TFTP 根目录即可）。

③ 使用 show flash 命令查看 Switch 的 flash 中的文件。

```
Switch#show flash
Directory of flash:/
2   -rwx   2664051   Mar 01 1993 00:03:20   2950-i6q412-mz.121-11.EA1.bin
3   -rwx   273       Jan 01 1970 00:02:06   env_vars
4   -rwx   584       Mar 01 1993 00:19:03   vlan.dat
7   drwx   704       Mar 01 1993 00:03:56   html
19  -rwx   109       Mar 01 1993 00:03:57   info
20  -rwx   109       Mar 01 1993 00:03:57   info.ver
21  -rwx   5         Mar 01 1993 00:41:41   private-config.text

7741440 bytes total (3780096 bytes free)
```

④ 使用 copy flash tftp 命令将 IOS 文件上传到 TFTP Serve。

```
Switch#copy flash tftp
Source filename[c2950-i6q412-mz.121-11.EA1.bin]?
Address or name of remote host[]? 192.168.1.2
Destination filename[c2950-i6q412-mz.121-11.EA1.bin]?!!!!!!!!!!!!!!!!!!!!
!!!!!!!!!!!!!!!!!!!!!!!!!!!!!!!!!!!!!!!!!!!!!!!!!!!!!!!!!!!!!!!!!!!!!!!!!!!
!!!!!!!!!!!!!!!!!!!!!!!!!!!!!!!!!!!!!!!!!!!!!!!!!!!!!!!!!!!!!!!!!!!!!!!!!!!
!!!!!!!!!!!!!!!!!!!!!!!!!!!!!!!!!!!!!!!!!!!!!!!!!!!!!!!!!!!!!!!!!!!!!!!!!!!
!!!!!!!!!!!!!!!!!!!!!!!!!!!!!!!!!!!!!!!!!!!!!!!!!!!!!!!!!!!!!!!!!!!!!!!!!!!
!!!!!!!!!!!!!!!!!!!!!!!!!!!!!!!!!!!!!!!!!!!!!!!!!!!!!!!!!!!!!!!!!!!!!!!!!!!
!!!!!!!!!!!!!!!!!!!!!!!!!!!!!!!!!!!!!!!!!!!!!!!!!!!!!!
2664051 bytes copied in 23.600 secs (115828 bytes/sec)
```

⑤ 使用 copy tftp flash 命令将 IOS 文件下载到交换机。

```
Switch#copy tftp flash
Address or name of remote host[]? 192.168.1.2
Source filename[]? c2950-i6q412-mz.121-11.EA1.bin
Destination filename[c2950-i6q412-mz.121-11.EA1.bin]?
Loading c2950-i6q412-mz.121-11.EA1.bin from 192.168.1.2(via Vlan1):!!!!!
!!!!!!!!!!!!!!!!!!!!!!!!!!!!!!!!!!!!!!!!!!!!!!!!!!!!!!!!!!!!!!!!!!!!!!!!!!!
!!!!!!!!!!!!!!!!!!!!!!!!!!!!!!!!!!!!!!!!!!!!!!!!!!!!!!!!!!!!!!!!!!!!!!!!!!!
!!!!!!!!!!!!!!!!!!!!!!!!!!!!!!!!!!!!!!!!!!!!!!!!!!!!!!!!!!!!!!!!!!!!!!!!!!!
!!!!!!!!!!!!!!!!!!!!!!!!!!!!!!!!!!!!!!!!!!!!!!!!!!!!!!!!!!!!!!!!!!!!!!!!!!!
!!!!!!!!!!!!!!!!!!!!!!!!!!!!!!!!!!!!!!!!!!!!!!!!!!!!!!!!!!!!!!!!!!!!!!!!!!!
!!!!!!!!!!!!!!!!!!!!!!!!!!!!!!!!!!!!!!!!!!!!!!!!!!!!!!!!!!!!!!!!!!!!!!!!!!!
!!!!!!!!!!!!!!!!!!!!!!!!!!!!!!!!!!!!!!!!!!!!!!!!!!!!!!!!!
[OK-2664051/5327872 bytes]
2664051 bytes copied in 71.384 secs (37521 bytes/sec)
```

13.3　活学活用

利用 13.2.1 节中的实验，请大家在路由器 RB、交换机 SW1 和交换机 SW2 中创建各自到其他 3 台设备的主机名解析表。

> **小提示**
>
> 在 Cisco 的路由器中可以直接在命令行中输入主机名或 IP 地址来创建 Telnet 会话，不必输入 Telnet 命令，但在 Cisco 交换机中必须输入 Telnet 和主机名或 IP 地址才能创建 Telnet 会话。

13.4　动动脑筋

1. 如何使用 TFTP 备份交换机或路由器的配置文件？

_____

2. 如果路由器 VTY 没有设置密码，可以 Telnet 到这台路由器吗？

_____

3. 如果成功 Telnet 到一台路由器后，使用 enable 命令进入特权模式时提示"No password set"，这会是什么原因造成的？

_____

_____

4. 如何挂起 Telnet 会话？

_____

5. 如何恢复 Telnet 被挂起的会话？

_____

13.5　总结反思

本章学习了如何对交换机和路由器的 IOS 备份和恢复，对交换机和路由器的口令恢复，以及学习了一些 Telnet 会话，主机名解析方面的小技巧，这些知识在日常网络维护中都很重要，尤其是对设备 IOS 备份，配置文件备份。现将本章所涉及的主要命令总结如表 13-2 所示，供读者查阅。

表 13 - 2　命令汇总

命　　令	功　　能
config - register	修改寄存器的值
copy flash tftp	复制 flash 中的文件到 TFTP 服务器
copy tftp flash	复制 TFTP 中的文件到 flash
telnet	创建 Telnet 会话
Disconnect	关闭本地创建的 Telnet 会话
Exit 和 Logout	关闭当前使用的 Telnet 会话
Clear line vty < Line_number >	关闭远程创建到本地的 Telnet 会话
Ip host < host_name > < tcp_port_number > < ip_address >	创建主机表
No ip host < host_name >	删除主机表
Show sessions	查看创建的 Telnet 会话
Show users	查看本地活动的 Telnet 会话

第 14 章　网络安全控制技术——访问控制列表

14.1　知 识 准 备

14.1.1　ACL 概述

ACL（Acess Control List，即：访问控制列表）实际上就是一种包过滤技术，通过把 ACL 应用到路由器接口的进（In）或出（Out）方向来控制进出路由器该接口的数据包。ACL 就是一系列允许（Permit）和拒绝（Deny）条件的集合，通过访问控制列表可以过滤掉流入或流出路由器的非法数据包，实现对网络的安全访问。访问控制列表不仅仅只是应用在网络安全方面，它还可以实现流量分类辅助其他技术进行工作，例如网络地址转换（NAT）、服务质量（QoS）、策略路由、按需拨号路由等方面。

14.1.2　ACL 的工作过程

当路由器的接口接收到一个数据包时，首先会检查这个接口上应用的访问控制列表，从 ACL 自上而向下匹配 ACL 中定义的各条语句，一次用一条语句来进行匹配，在满足第一个匹配条件后，就会根据该语句允许或拒绝处理这个数据包，如果一个数据包和访问控制列表中的某一条语句相匹配，那么后面的语句将会被跳过，不再进行匹配检查。当数据包跟当前语句不匹配时会进行下一语句匹配，如果所有的 ACL 语句检测完毕，没有相匹配的语句，则该数据包将被一个隐含的拒绝语句拒绝掉，正因为如此，要求 ACL 中至少有一条定义为允许的语句，否则应用这样的 ACL 将阻止所有数据包通过。

定义好一个 ACL 后，可以重复应用到多个接口，但同一个接口一个方向只能应用一个 ACL。

14.1.3　ACL 分类

在 CISCO 的路由器中，ACL 根据过滤参数主要可以分为两大类：标准访问控制列表和扩展访问控制列表，还有一种是基于命名的访问控制列表，它是创建标准访问控制列表和扩展访问控制列表的另一种方式。标准访问控制列表只检查数据包的源 IP 地址，只根据源网络（子网或 IP）地址来决定数据包是允许还是拒绝通过。扩展 ACL 根据数据包的源和目标 IP 地址进行检查，也可以检查特定的协议类型、端口号和其他参数，因此使用起来更灵活，功能更强大。在路由器配置时标准访问控制列表和扩展访问控制列表的区别在于 ACL 编号。标准访问控制列表编号是 1~99 或 1 300~1 999，扩展访问控制列表编号是 100~199 和 2 000~2 699。

14.1.4 标准 ACL 的基本配置

1. 创建标准访问控制列表

（1）命令语法。

```
Router(config)#access - list access - list - number {permit |deny}  [host/any]
source - address[wildcardmask]
```

（2）命令功能。

定义一条标准访问控制列表规则。

（3）参数说明。

- access - list - number：访问控制列表编号。
- permit | deny：对匹配上的数据包是允许还是拒绝。
- host/any：host 和 any 分别用于指定单个主机和所有主机。host 表示一种精确的匹配，其屏蔽码为 0.0.0.0，any 是源地证/目标地址 0.0.0.0/255.255.255.255 的简写。
- source - address：源 IP 地址（可以是子网地址，也可以是主机地址）。
- wildcardmask：通配符掩码。

> **小提示**
>
> 可以使用具有同一个 ACL 编号的多个 access - list 语句，将这些语句组成一个逻辑序列或规则列表来实现一些复杂的访问控制。需要说明的是，不能对已经配置好的 ACL 列表插入规则和删除 ACL 列表中的某一条规则，如果要插入或删除一个规则，必须先删除掉该 ACL，然后重新配置。

2. 应用标准访问控制列表

（1）命令语法。

```
Router(config - if)#ip access - group access - list - number {in |out}
```

（2）命令功能。

将创建好的 ACL 应用到某一接口上。

（3）参数说明。

{in | out}：控制接口中流进或流出的数据包。

14.1.5 扩展 ACL 的基本配置

1. 创建扩展访问控制列表

（1）命令语法。

```
Router(config)#access - list access - list - number {permit |deny} protocol source -
address source - wildcard[operator port]destination - address destination - wildcard
[operator port][established][log]
```

（2）命令功能。

定义一条扩展访问控制列表规则。

（3）参数说明。

- access – list – number：访问控制列表编号。
- permit｜deny：对匹配上的数据包是允许还是拒绝。
- protocol：协议名称或协议号，可以是 IP、TCP、UDP、ICMP、EIGRP 等。
- source – address 和 destination – address：源地址和目标地址。
- source – wildcard 和 destination – wildcard：源地址和目标地址通配符掩码。
- operator port：前者可以是 lt（小于）、gt（大于）、eq（等于）、neq（不等于），后者指端口号。
- established：没有 established 的访问列表对权限的控制是双向的，有 established 的访问列表允许有 ACK 的包通过，没有 ACK 的不能通过。
- log：将日志信息发往控制台。

> **小提示**
>
> 在配置扩展 ACL 的时候，同样可以使用具有同一个 ACL 编号的多个 access – list 语句，将这些语句组成一个逻辑序列或规则列表来实现一些复杂的访问控制。需要说明的是，不能对已经配置好的 ACL 列表插入规则和删除 ACL 列表中的某一条规则，如果要插入或删除一个规则，必须先删除掉该 ACL，然后重新配置。

2. 应用扩展访问控制列表

应用扩展访问控制列表命令与应用标准访问控制列表命令相同。

14.1.6 基于命名的 ACL 的基本配置

1. 创建基于命名的访问控制列表

（1）命令语法。

```
Router(config)# ip access – list {extended |standard} {access – list – number |name}
```

（2）命令功能。

定义一条基于命名的访问控制列表，并进入 ACL 配置模式。

（3）参数说明。

extended：定义扩展访问控制列表。

standard：定义标准访问控制列表。

access – list – number：ACL 编号。

name：ACL 名称。

2. 应用基于命名的访问控制列表

（1）命令语法。

```
Router(config – if)#ip access – group access – list – name {in |out}
```

（2）命令功能。

在接口配置模式下，将创建好的 ACL 应用到某一接口上。

（3）参数说明。

{in｜out}：控制接口中流进或流出的数据包。

14.1.7　通配符掩码

ACL 需要对 IP 地址进行匹配，那么，对于一组、一定范围或单个的 IP 地址来说就需要有一种方法来确定对 IP 地址的哪些位进行匹配检查。ACL 采用通配符掩码（也称反掩码）来确定哪些位需要匹配检查，哪些位可以忽略。

通配符掩码也是 32 位长，用数字 0 和 1 来说明如何对待相应的 IP 地址位。

- 0 意味着需要匹配相应地址位的值。
- 1 意味着忽略相应地址位的值。

下面举例说明怎样使用通配符掩码。

（1）192.168.15.33　0.0.0.0 表示要精确匹配该 32 位 IP 地址。

> **小提示**
> 配置时也可以使用关键字 host 的简写方式。

（2）10.1.15.0　0.0.0.255 表示用通配符掩码指定一个地址范围，告诉路由器要精确匹配前三个 8 位位组，但第四个位组可以是任意值。

（3）0.0.0.0　255.255.255.255 表示用通配符掩码匹配任何一个 IP 地址。

> **小提示**
> 用全 1 的通配符掩码表示忽略所有位，也可以使用关键字 Any 的简写方式。

14.1.8　验证 ACL 配置

（1）使用 show ip interface 命令检查接口是否应用了 ACL。

（2）使用 show access－lists 显示路由器上的所有访问控制列表，不管列表是否应用到接口，如果指定 ACL 编号则只显示特定 ACL 内容。

（3）使用 show ip access－list［n］用于显示所有已定义的 IP 访问控制列表内容及命中情况，参数 n 表示 ACL 编号。

14.2　动手做做

本节通过一个简单的 ACL 实例帮助读者理解 ACL 应用及配置。

14.2.1　实验目的

通过本实验，读者可以掌握以下技能。

- 标准访问控制列表配置。
- 扩展访问控制列表配置。

- 接口上应用访问控制列表。
- 验证访问控制列表。

14.2.2 实验规划

1. 实验设备

- Cisco 2600 系列路由器 1 台。
- PC 机 2 台。
- 服务器 1 台，安装有 Ftp server 软件。
- 交叉双绞线 3 根。
- Console 配置线缆 1 根。

2. 实验拓扑

如图 14-1 所示，Server 与路由器 RA 的 E1/0 口直连，Server 的 IP 地址为 10.1.12.2，RA 的 E1/0 口 IP 地址为 10.1.12.1，子网掩码为 255.255.255.0；PC1 与 RA 的 E1/1 口直连，PC1 的 IP 地址为 192.168.1.2/24，RA 的 E1/1 口 IP 地址为 192.168.1.1，子网掩码为 255.255.255.0；PC2 与 RA 的 E1/2 口相连，PC2 的 IP 地址为 192.168.2.2/24，RA 的 E1/2 口 IP 地址为 192.168.2.1，子网掩码为 255.255.255.0。

3. 实验任务

- 不允许 PC2 所在子网访问 Server 子网上的 FTP 资源。
- 拒绝 PC1 访问 PC2。

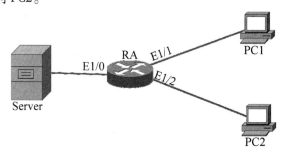

图 14-1 ACL 实验拓扑图

14.2.3 实验步骤

1. RA 路由器配置

```
Router > enable
Router#configure terminal
Router(config)#host  RA                    //修改主机名
RA(config)#interface Ethernet1/0
RA(config-if)#no shutdown
RA(config-if)#ip address 10.1.12.1 255.255.255.0   //为 E1/0 接口配置 IP 地址并启用接口
```

```
RA(config-if)# interface Ethernet1/1
RA(config-if)#no shutdown
RA(config-if)#ip address 192.168.1.1 255.255.255.0
RA(config-if)# interface Ethernet 1/2
RA(config-if)#no shutdown
RA(config-if)#ip address 192.168.2.1 255.255.255.0
RA(config-if)#exit
RA(config)#access-list 1 deny host 192.168.1.2
RA(config)#access-list 1 permit any
//创建标准访问控制列表1，规则1拒绝主机192.168.1.2，规则2允许其他的所有网段访问
RA(config)# access-list 101 deny tcp 192.168.2.0 0.0.0.255 10.1.12.0 0.0.0.255 eq 20
RA(config)# access-list 101 deny tcp 192.168.2.0 0.0.0.255 10.1.12.0 0.0.0.255 eq 21
RA(config)#access-list 101 permit ip any any
//创建扩展访问控制列表101，规则拒绝从子网192.168.2.0/24访问10.1.12.0/24
//的端口20(ftp-data)和端口21(ftp)，其他数据包都允许到达
RA(config)# interface ethernet 1/0
RA(config-if)#ip access-group 101 out
//在E1/0接口上应用扩展访问控制列表101，流出方向
RA(config-if)#interface ethernet 1/2
RA(config-if)#ip access-group 1 out
//在E1/2接口上应用标准访问控制列表1，流出方向
RA(config-if)#exit
RA(config)#exit
RA#copy  running-config startup-config              //保存配置
```

小提示

tcp20 端口也可以写成 ftp-data，Tcp21 端口也可以写成 ftp，permit ip any any 非常重要，不然会阻止所有数据通过。

2. 验证配置

（1）使用 show ip interface 命令检查接口是否应用了 ACL。

```
RA#show ip interface e1/0
Ethernet1/0 is up, line protocol is up
Internet address is 10.1.12.1/24
Broadcast address is 255.255.255.255
Address determined by setup command
MTU is 1500 bytes
Helper address is not set
Directed broadcast forwarding is disabled
Outgoing access list is 101
Inbound access list is not set
Proxy ARP is enabled
Security level is default
Split horizon is enabled
ICMP redirects are always sent
ICMP unreachables are always sent
```

```
ICMP mask replies are never sent
IP fast switching is enabled
IP fast switching on the same interface is disabled
IP Flow switching is disabled
IP Feature Fast switching turbo vector
IP multicast fast switching is enabled
IP multicast distributed fast switching is disabled
IP route - cache flags are Fast
Router Discovery is disabled
 - -More—
RA#show ip interface e1/2
Ethernet1/2 is up, line protocol is up
Internet address is 192.168.2.1/24
Broadcast address is 255.255.255.255
Address determined by setup command
MTU is 1500 bytes
Helper address is not set
Directed broadcast forwarding is disabled
Outgoing access list is 1
Inbound access list is not set
Proxy ARP is enabled
Security level is default
Split horizon is enabled
ICMP redirects are always sent
ICMP unreachables are always sent
ICMP mask replies are never sent
IP fast switching is enabled
IP fast switching on the same interface is disabled
IP Flow switching is disabled
IP Feature Fast switching turbo vector
IP multicast fast switching is enabled
IP multicast distributed fast switching is disabled
IP route - cache flags are Fast
Router Discovery is disabled
 - -More—
```

（2）使用 show access - lists 显示 ACL 的内容。

```
RA#show access - lists
Standard IP access list 1     deny   192.168.1.2      permit any
Extended IP access list 101
deny tcp 192.168.2.0 0.0.0.255 10.1.12.0 0.0.0.255 eq ftp - data
deny tcp 192.168.2.0 0.0.0.255 10.1.12.0 0.0.0.255 eq ftp
permit ip any any
```

（3）在 PC1 上使用 ping 命令，测试是否可以 ping 通 Server 和 PC2。

```
C:\>ping 192.168.2.2
Pinging 192.168.2.2 with 32 bytes of data:
Request timed out.
Request timed out.
Request timed out.
Request timed out.
```

```
//访问控制列表规则生效，PC1 不能访问 PC2
C:\>ping 10.1.12.2
Pinging 10.1.12.2 with 32 bytes of data:
Reply from 10.1.12.2:bytes=32 time<1ms TTL=128
Reply from 10.1.12.2:bytes=32 time<1ms TTL=128
Reply from 10.1.12.2:bytes=32 time<1ms TTL=128
Reply from 10.1.12.2:bytes=32 time<1ms TTL=128
//PC1 可以正常 Ping 通 Server
```

（4）在 PC1 和 PC2 上分别使用 FTP 命令，测试能否访问 Server 上的 FTP 资源。

- 在 PC1 上输入 ftp 命令如下所示。

```
C:\>ftp 10.1.12.2
Connected to 10.1.12.2.
220 Serv-U FTP Server v6.1 for WinSock ready...
User (10.1.12.2:(none)):user1
331 User name okay, need password.
Password:
230 User logged in, proceed.
ftp>
ftp>bye
221 Goodbye!
```

- 在 PC2 上输入 ftp 命令如下所示。

```
C:\>ftp 10.1.12.2
>ftp:connect :未知错误号
ftp>bye
```

由上述测试可以验证：在 PC1 上可以成功访问 Server 上的 FTP 资源。而 PC2 则不能。

14.3　活　学　活　用

1. 实验设备

- Cisco 2600 系列路由器 1 台。
- 普通交换机一台。
- PC 机 2 台。
- 服务器 1 台，安装有 Ftp server 软件。
- 交叉双绞线 1 根。
- 直通双绞线 3 根。
- Console 配置线缆 1 根。

2. 实验拓扑

如图 14-2 所示，Server 连接到 Router 的 E1/0 接口上，Server 的 IP 地址为 10.1.1.15/24，Router 的 E1/0 接口 IP 地址为 10.1.1.1，子网掩码 255.255.255.0，PC1 和 PC2 属于

同一子网，通过交换机 SW 和 Router 的 E1/1 口相连，PC1 的 IP 地址为 192.168.10.11/24，PC2 的 IP 地址为 192.168.10.12/24，Router 的 E1/1 口的 IP 地址为 192.168.10.1，子网掩码 255.255.255.0。请完成 Router 的 ACL 配置，具体要求如下。

- 不允许 PC2 使用 Telnet 登录到 Server。
- 不允许 PC1 使用 FTP 访问 Server 上的资源。

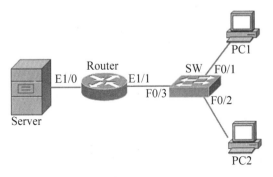

图 14-2　ACL 实验拓扑

> **小提示**
>
> Telnet 使用 TCP 协议，23 端口。

14.4　动动脑筋

1. ACL 分为哪几种，分别是什么？

_____

_____

2. 在路由器的同一个接口上可以同时应用几个 access-list？

_____

_____

3. 扩展 ACL 的编号范围是多少？

_____

_____

4. 通配符掩码中关键字 host 代表什么？

_____

_____

14.5　学习小结

本章介绍了基本访问控制列表和扩展访问控制列表相关技术。通过对本章的实验练习，读者对 ACL 技术的原理、配置方法有了深刻印象。ACL 是网络中常用的一种技术，应用的场合并不仅仅是访问控制，ACL 技术常常用于对数据进行分类然后再结合其他技术进行处理。现将本章所涉及的主要命令总结如表 14-1 所示，供读者查阅。

表 14 − 1 命令汇总

命　令	功　能
access − list access − list − number {permit ∣ deny} source − address [wildcardmask]	创建标准 ACL
access − list access − list − number {permit ∣ deny} protocol source − address source − wildcard [operator port] destination − address destination − wildcard [operator port] [established] [log]	创建扩展 ACL
ip access − list {extended ∣ standard} {access − list − number ∣ name}	创建基于名称的 ACL
no access − list access − list − number	删除 ACL
ip access − group access − list − number	在接口上应用 ACL
show access − lists	查看 ACL 配置内容
show ip access − list [n]	显示所有已定义的 IP 访问控制列表内容及命中情况
show ip interface	查看接口配置信息

第 15 章 电话网络数字化——ISDN、PPP 和 DDR

15.1 知 识 准 备

15.1.1 PPP 协议简介

PPP 协议（Point‑to‑Point Protocol）是一种数据链路层协议，它是为在同等单元之间传输数据包这样的简单链路而设计的。这种链路提供全双工操作，并按照顺序传递数据包。PPP 为基于各种主机、网桥和路由器的简单连接提供一种共同的解决方案。

1. PPP 协议包括以下 3 个部分

● PPP 数据帧封装方法。

● 链路控制协议 LCP（Link Control Protocol）：它用于对封装格式选项的自动协商，建立和终止连接，探测链路错误和配置错误。

● 针对不同网络层协议的一种网络控制协议 NCP（Network Control Protocol）：PPP 协议规定了针对每一种网络层协议都有相应的网络控制协议，并用它们来管理各个协议不同的需求。

2. PPP 数据帧封装

PPP 协议为串行链路上传输的数据报定义了一种封装方法，它基于高层数据链路控制（HDLC）标准。PPP 数据帧的格式如图 15‑1 所示。

标志 7E	地址 FF	控制 03	协议	数据 （＜1500 字节）	CRC	标志 7E
1	1	1	2		2	1

图 15‑1 PPP 数据帧的格式

PPP 帧以标志字符 0111 1110 开始和结束，地址字段长度为 1 字节，内容为标准广播地址 1111 1111，控制字段为 0000 0011。协议字段长度为 2 个字节，其值代表其后的数据字段所属的网络层协议，如：0x0021 代表 IP 协议，0xC021 代表 LCP 数据，0x8021 代表 NCP 数据等。数据字段包含协议字段中指定的协议的数据报，长度为 0～1 500 字节。CRC 字段为整个帧的循环冗余校验码，用来检测传输中可能出现的数据错误。

即使使用所有的帧头字段，PPP 协议帧也只需要 8 个字节就可以形成封装。如果在低速链路上或者带宽需要付费的情况下，PPP 协议允许只使用最基本的字段，将帧头的开销压缩到 2 或 4 个字节的长度，这就是所谓的 PPP 帧头压缩。

3. PPP 会话的四个阶段

一次完整的 PPP 会话过程包括 4 个阶段：链路建立阶段、确定链路质量阶段、网络层控制协议阶段和链路终止阶段，如图 15‑2 所示。

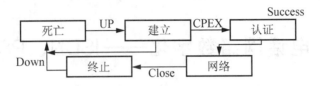

图 15-2　PPP 会话过程

（1）链路建立阶段。PPP 通信双方用链路控制协议交换配置信息，一旦配置信息交换成功，链路即宣告建立。配置信息通常都使用默认值，只有不依赖于网络控制协议的配置选项才在此时由链路控制协议配置。值得注意的是，在链路建立的过程中，任何非链路控制协议的包都会被没有任何通告地丢弃。

（2）确定链路质量阶段。这个阶段在某些文献中也称为链路认证阶段。链路控制协议负责测试链路的质量是否能承载网络层的协议。在这个阶段中，链路质量测试是 PPP 协议提供的一个可选项，也可以不执行。同时，如果用户选择了验证协议，验证的过程将在这个阶段完成。PPP 支持两种验证协议：密码验证协议（PAP）和握手鉴权协议（CHAP）。

（3）网络层控制协议阶段。PPP 会话双方完成上述两个阶段的操作后，开始使用相应的网络层控制协议配置网络层的协议，如 IP、IPX 等。

（4）链路终止阶段。链路控制协议用交换链路终止包的方法终止链路。引起链路终止的原因很多，例如，载波丢失、认证失败、链路质量失败、空闲周期定时器期满或管理员关闭链路等。

4. PPP 协议中的验证机制

验证过程在 PPP 协议中为可选项。在连接建立后进行连接者身份验证的目的是为了防止有人在未经授权的情况下成功连接，从而导致泄密。PPP 协议支持两种验证协议。

（1）口令认证协议（Password Authentication Protocol，即 PAP）。PAP 的原理是由发起连接的一端反复向认证端发送用户名/口令对，直到认证端响应以验证确认信息或者拒绝信息。

（2）挑战握手认证协议（Challenge Authentication Protocol，即 CHAP）。CHAP 用三次握手的方法周期性地检验对端的节点。其原理是：认证端向对端发送"挑战"信息，对端接到"挑战"信息后用指定的算法计算出应答信息然后发送给认证端，认证端比较应答信息是否正确从而判断验证的过程是否成功。如果使用 CHAP 协议，认证端在连接的过程中每隔一段时间就会发出一个新的"挑战"信息，以确认对端连接是否经过授权。

这两种验证机制共同的特点就是简单，比较适合于在低速率链路中应用。但简单的协议通常都有其他方面的不足，最突出的便是安全性较差。一方面，口令验证协议的用户名/口令以明文传送，很容易被窃取；另一方面，如果一次验证没有通过，PAP 并不能阻止对端不断地发送验证信息，因此容易遭到强制攻击。

CHAP 协议的优点在于密钥不在网络中传送，不会被窃听。由于使用三次握手的方法，发起连接的一方如果没有收到"挑战信息"就不能进行验证，因此在某种程度上挑战握手协议不容易被强制攻击。但是，CHAP 中的密钥必须以明文形式存在，不允许被加密，安全性无法得到保障。密钥的保管和分发也是 CHAP 的一个难点，在大型网络中通常需要专门的服务器来管理密钥。

15.1.2　ISDN 简介

综合数字业务网（ISDN）由数字电话和数据传输服务两部分组成，一般由电话局提供这种服务。ISDN 的基本速率接口（Base Rate Interface，即 BRI）服务提供 2 个 B 信道和 1 个 D 信道（2B + D）。BRI 的 B 信道速率为 64Kbps，用于传输用户数据，D 信道的速率为 16Kbps，主要传输控制信号。在北美和日本，ISDN 的主速率接口（Primary Rate Interface，即 PRI）提供 23 个 B 信道和 1 个 D 信道，总速率可达 1.544Mbps，其中 D 信道速率为 64Kbps。而在欧洲、澳大利亚等国家，ISDN 的 PRI 提供 30 个 B 信道和 1 个 64Kbps D 信道，总速率可达 2.048Mbps。我国电话局所提供 ISDN PRI 为 30B + D。

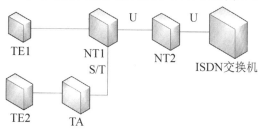

图 15 - 3　ISDN 的相关接口

15.1.3　ISDN 相关设备和接口

图 15 - 3 显示了连接客户站点到电话运营商中央办公室的 ISDN 服务的各种功能设备，以及将它们连接到网络服务的 ITU - TSS 定义的接口。符合 ITU - TSS 定义接口的设备保证与 ISDN 和从客户场所连到 ISDN 的各种功能设备间的兼容性。

- 终端设备（TE）——由利用 ISDN 传输信息的设备组成，如计算机、电话传真机或电视会议机等。有两类终端设备：带内部 ISDN 接口的设备，称为 TE1；无内部 ISDN 接口的设备，称为 TE2。
- 终端适配器（TA）——将非 ISDN TE2 设备信号转变为 ISDN 兼容的格式。TA 通常是独立物理设备。
- NT1——是实际连接客户站点到电话公司本地回路的设备。对于 PRI 访问，NT1 是一个 CSU/DSU（信息服务单元/数据服务单元）设备；对 BRI 访问，设备就用参考名 NT1 直呼。它提供与客户站点的至少四线连接和与网络的双线连接。
- NT2——是连接网络运营商到客户的设备，负责信号转换。在欧洲，NT2 由远程通信运营商拥有，是网络的一部分；在美洲，NT1 位于客户场点中。
- S/T 接口 ——S/T 接口定义家庭或办公室内部的物理网络。这个接口包括联线、接头和电源。S/T 使用八线接口（RJ - 45），四线用于信号，四线用于电源。在点对点应用中，S/T 接口可以连接最远半英里的设备。使用配置成最多连接 8 个终端的被动总线时，可以跨越最多 1 600 英尺距离（称为长被动），短被动连接最长 700 英尺。
- U 接头（NT1）—— NT1 是 ISDN 的线路终结器，其作用是作为电话公司联线与用户端联线之间的桥。如果设备支持 S/T 接口，则要用 NT1 进行 U 接口与 S/T 接口之间的转换。NT1 有一个到墙上的 U 接口插口和一个或几个连接到 PC 机、其他 ISDN 设备、模拟设备或外部电源的 S/T 接口插口。

15.1.4 DDR 技术简介

DDR（Dial on Demand Routing）即按需拨号路由，是利用拨号链路实现网间互联的一种常用技术。

DDR 主要实现 4 个功能。

- 将数据包从被拨号的接口进行路由。
- 决定何种数据包可以触发拨号，即确定"感兴趣"包。
- 触发拨号。
- 决定什么时候终止连接。

15.2 动手做做

本节通过一个 ISDN 的实验，使学习者深入体会 ISDN 的概念，并掌握 ISDN 的相关设置命令。

15.2.1 实验目的

通过本实验，用户可以掌握以下技能。

- 配置 PPP 线路。
- 配置 ISDN。
- 配置 DDR。
- 相关查看命令。

15.2.2 实验设备

- 路由器 3 台。
- Console 电缆两根。
- 串行电缆 3 根。
- 1 台路由器模拟远程的 ISP。

15.2.3 配置 PPP

PPP 协议在很多领域中都有广泛的应用，典型的是远程 Internet 的连接，其中使用较多的是路由器与路由器互联，如图 15 - 4 所示。

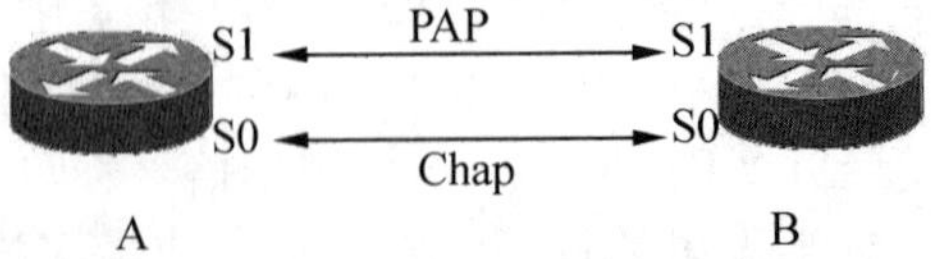

图 15 - 4 拓扑结构图

两个路由器之间有两条链路，分别运行 PPP 协议，其中一条链路使用 CHAP 认证，另一条采用 PAP 认证。

（1）路由器 PPP 封装配置。

在端口模式下：

```
A(config－if)# encapsulation ppp
//在路由器 A 的 S0、S1 端口分别启动 PPP 协议
B(config－if)# encapsulation ppp
//在路由器 B 的 S0、S1 端口分别启动 PPP 协议
```

（2）配置 PPP 认证使用的用户名和密码。

```
A(config)#username B password cisco
//为路由器 B 设置一个用户名和口令
B(config)#username A password cisco
//为路由器 A 设置一个用户名和口令
```

小提示

用户名是远程路由器的用户名，路由器 A 和路由器 B 的密码必须相同。

（3）配置 PAP 认证。

在路由器 A、B 的 S1 端口分别配置：

```
A(config－if)#ppp authentication pap
B(config－if)#ppp authentication pap
```

小提示

在 Cisco IOS 11.1 或更高的版本中，如果路由器发送（或响应）PAP 消息（或请求），则必须在指定接口上使用 PAP 协议。

- 单向认证：比如 A 向 B 发出认证请求，那么只在 A 上配置即可，B 不用额外配置。

```
A(config－if)#ppp pap sent－username B password cisco
```

- 双向认证：A 和 B 双方要互相认证，那么 A、B 都要配置。

```
A(config－if)#ppp pap sent－username B password cisco
B(config－if)#ppp pap sent－username A password cisco
```

（4）配置 CHAP 认证。

在路由器 A、B 的 S0 端口分别配置：

```
A(config－if)#ppp authentication chap
B(config－if)#ppp authentication chap
```

15.2.4　配置 ISDN

下面例子介绍 ISDN 访问 3652 网实例，拓扑结构如图 15－5 所示。

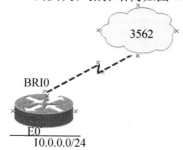

图 15－5　实验拓扑图

本地局域网地址为 10.0.0.0/24，属于保留地址，通过 NAT 地址翻译功能，局域网用户可以通过 ISDN 上 3562 网访问 Internet。3562 的 ISDN 电话号码为 3562，用户为 abc，口令为 abc，所涉及的命令如表 15 - 1 所示。

表 15 - 1　配置 ISDN 涉及的命令

任　　务	命　　令
指定接口通过 PPP/IPCP 地址协商获得 IP 地址	ip address negotiated
指定内部和外部端口	ip nat {inside ｜ outside}
使用 PPP/PAP 作认证	ppp authentication pap callin
指定接口属于拨号组 1	dialer - group 1
定义拨号组 1 允许所有 IP 协议	dialer - list 1 protocol ip permit
设定拨号，号码为 3562	dialer string 3562
设定登录 3562 的用户名和口令	ppp pap sent - username abc password abc
设定默认路由	ip route 0.0.0.0 0.0.0.0 bri 0
设定符合访问列表 2 的所有源地址被翻译为 bri 0 所拥有的地址	ip nat inside source list 2 interface bri 0 overload
设定访问列表 2，允许所有协议	access - list 2 permit any

具体配置如下：

```
Router > enable
Router #configure  terminal
Router(config)#hostname Cisco2503
Cisco2503 (config)#Isdn switch basic - net3
//配置交换类型，basic - net3 为欧洲、中国使用
Cisco2503 (config)#int e0
Cisco2503 (config - if)#ip address 10.0.0.1 255.255.255.0
Cisco2503 (config - if)#ip nat inside              //指定接口为 nat 内部接口
Cisco2503 (config - if)#no shutdown
Cisco2503 (config - if)#int bri0
Cisco2503 (config - if)# ip address negotiated     //配置自动获取 IP 地址
Cisco2503 (config - if)# ip nat outside            //指定接口为 NAT 外部接口
Cisco2503 (config - if)# encapsulation ppp         //封装 PPP 协议
Cisco2503 (config - if)# ppp authentication pap    //配置 PAP 认证
Cisco2503 (config - if)# ppp multilink             //配置多链路
Cisco2503 (config - if)# dialer - group 1          //配置 DDR
Cisco2503 (config - if)# dialer hold - queue 10    //配置保持包的数量
Cisco2503 (config - if)# dialer string 3562        //配置拨的号码
Cisco2503 (config - if)# dialer idle - timeout 120 //配置空闲挂断时间
Cisco2503 (config - if)# ppp pap sent - username  abc  password  abc
//配置 PAP 认证的用户名和密码
Cisco2503 (config - if)# no shutdown               //打开该接口
Cisco2503 (config - if)# exit
Cisco2503 (config)#ip route 0.0.0.0 0.0.0.0 bri0   //配置默认路由
Cisco2503 (config)# dialer - list 1 protocol ip permit //配置按需拨号列表
Cisco2503 (config)# access - list 2 permit any     //配置访问控制列表
Cisco2503 (config)# ip nat inside source list 2 interface bri0 overload
//配置 NAT 的影射关系
Cisco2503#exit
Cisco2503#write
```

15.2.5 配置 DDR

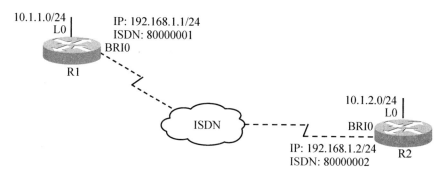

图 15-6 连接示意图

1. 实验规划

本实验的拓扑结构如图 15-6 所示，R1 和 R2 路由器分别连接 1 条 ISDN BRI 线路。为达到配置 DDR 的目的，在 R1 和 R2 上分别创建 1 个回环接口（L0）。

各路由器 BRI 接口、L0 接口的 IP 地址和所连接线路的 ISDN 号码见图 15-6 中的标注。

实验要求配置 R1 和 R2，实现从 10.1.1.0/24 网段到 10.1.2.0/24 网段的连通，同时提供拨号连接的安全性，并使用相应命令实现 R1 和 R2 之间的 128 的连接带宽。

2. 实验配置

实验中综合使用了 DDR、PPP 认证和 PPP Multilink 技术，下面来看是如何配置的。
（1）路由器 R1 的配置。

```
Router>en
Router#config t
Router(config)#hostname R1
R1(config)# no ip domain-lookup
R1(config)# isdn switch-type basic-net3        //配置 ISDN 交换机类型
R1(config)# interface Loopback0
R1(config-if)#ip address 10.1.1.1 255.255.255.0
R1(config-if)#interface BRI0
R1(config-if)# ip address 192.168.1.1 255.255.255.0
R1(config-if)#encapsulation ppp               //封装 PPP
R1(config-if)#dialer idle-timeout 300         //配置连接超时为 300
R1(config-if)#dialer map ip 192.168.1.2 name R2 broadcast 80000002
//配置拨号映射
R1(config-if)#dialer load-threshold 128       //配置负载均衡
R1(config-if)#dialer-group 1                  //配置按需拨号
R1(config-if)#no cdp enable                   //关闭 CDP 协议
R1(config-if)#ppp multilink                   //在 PPP 上启用多链路
R1(config-if)#exit
R1(config)#ip route 10.1.2.0 255.255.255.0 192.168.1.2
//配置默认路由
R1(config)#dialer-list 1 protocol ip permit
```

（2）路由器 R2 的配置。

```
Router > en
Router#config t
Router(config)#hostname R2
R2(config)# no ip domain - lookup              //封装 PPP
R2(config)# isdn switch - type basic - net3    //配置 ISDN 交换机类型
R2(config)# interface Loopback0
R2(config - if)#ip address 10.1.2.1 255.255.255.0
R2(config - if)#interface BRI0
R2(config - if)# ip address 192.168.1.1 255.255.255.0
R2(config - if)#encapsulation ppp
R2(config - if)#dialer idle - timeout 300      //配置连接超时为 300
R2(config - if)#dialer map ip 192.168.1.1 name R1 broadcast 80000001
//配置拨号映射
R2(config - if)#dialer load - threshold 128    //配置负载均衡
R2(config - if)#dialer - group 1               //配置按需拨号
R2(config - if)#no cdp enable                  //关闭 CDP 协议
R2(config - if)#ppp multilink                  //在 PPP 上启用多链路
R2(config - if)#exit
R2(config)#ip route 10.1.1.0 255.255.255.0 192.168.1.1
R2(config)#dialer - list 1 protocol ip permit
```

（3）监测配置结果。

```
R1#debug ppp authentication
PPP authentication debugging is on
R1#ping 10.1.2.1
Type escape sequence to abort.
Sending 5,100 - byte IGMP Echos to 10.1.2.1, timeout is 2 seconds:
03:17:15:% LINK - 3 - UPDOWN:Interface BRI0:1, changed state to up
03:17:15:BR0:1 PPP:Treating connection as a callout
03:17:15:% ISDN - 6 - CONNECT:Interface BRI0:1 is now connected to 80000002
03:17:17:CHAP:O CHALLENGE id 5 len 23 from "R1"
03:17:17:CHAP:I CHALLENGE id 2 len 23 from "R2"
03:17:17:CHAP:O RESPONSE id 2 len 23 from "R1"
03:17:17:CHAP:I SUCCESS id 2 len 4
03:17:17:CHAP:I RESPONSE id 2 len 23 from "R2"
03:17:17:CHAP:O SUCCESS id 2 len 4. !!!
Success rate is 60 percent(3/5), round - trip min/avg/max = 36/37/40 ms
03:17:18:% LINK - 5 - UPDOWN:Line protocol on Interface BRI0:1, changed state to up
R1#ping 10.1.2.1
Type escape sequence to abort.
Sending 5,100 - byte IGMP Echos to 192.168.1.2, timeout is 2 seconds:
!!!!!
Success rate is 100 percent(5/5), round - trip min/avg/max = 36/36/40 ms
R1#sh dialer map
Static dialer map ip 192.168.1.2 name R2（80000002）on BR0
R1#debug isdn q921
```

```
ISDN Q921 packets debugging is on
03:22:38:ISDN BR0:RX <- RRp sapi = 0    tei = 66 nr = 0
03:22:38:ISDN BR0:RX <- RRp sapi = 0    tei = 66 nr = 0
03:22:38:ISDN BR0:RX <- RRp sapi = 0    tei = 70 nr = 0
03:22:38:ISDN BR0:RX <- RRp sapi = 0    tei = 70 nr = 0
03:22:48:ISDN BR0:RX <- RRp sapi = 0    tei = 66 nr = 0
03:22:48:ISDN BR0:RX <- RRp sapi = 0    tei = 66 nr = 0
03:22:48:ISDN BR0:RX <- RRp sapi = 0    tei = 66 nr = 0
03:22:48:ISDN BR0:RX <- RRp sapi = 0    tei = 66 nr = 0
03:22:48:ISDN BR0:RX <- RRp sapi = 0    tei = 70 nr = 0
03:22:48:ISDN BR0:RX <- RRp sapi = 0    tei = 70 nr = 0
R1#debug isdn q931
ISDN Q931 packets debugging is on
R1#ping 10.1.2.1
Type escape sequence to abort.
Sending 5,100 - byte ICMP Echos to 10.1.2.1, timeout is 2 seconds:

03:24:33:ISDN BR0:TX -> SETUP pd = 8 callref = 0x04
03:24:33:        Bearer Capability i = 0x8890
03:24:33:        Channel ID i = 0x89
03:24:33:ISDN BR0:TX -> SETUP_ACK pd = 8 callref = 0x84
03:24:33:        Channel ID i = 0x89
03:24:33:ISDN BR0:RX <- CALL_PROC pd = 8 callref = 0x84
03:24:33:ISDN BR0:RX <- SETUP pd = 8 callref = 0x01
03:24:33:% LINK - 3 - UPDOWN:Interface BRI0:1, changed state to up
03:24:33:% ISDN - 6 - CONNECT:Interface BRI0:2 is now connected to 80000002
03:24:34:ISDN BR0:RX <- RELEASE pd = 8 callref = 0x01
03:24:34:        Cause i = 0x829A - Non - selcted user clearing
03:24:34:ISDN BR0:TX -> RELEASE_COMP pd = 8 callref = 0x81
03:24:34:% ISDN - 6 - CONNECT:Interface BRI0:1 is now connected to 80000002
03:24:34:ISDN BR0:RX <- RELEASE_COMP pd = 8 callref = 0x01. !!!
Success rate is 60 percent(3/5), round - trip min/avg/max = 36/38/40 ms
R1#ping 10.1.2.1
03:24:37:% LINK - 5 - UPDOWN:Line protocol on Interface BRI0:1, changed state to up
03:24:38:ISDN BR0:TX -> SETUP pd = 8 callref = 0x05
03:24:38:        Bearer Capability i = 0x8890
03:24:38:        Channel ID i = 0x83
R2#ping 10.1.1.1
Type escape sequence to abort.
Sending 5,100 - byte ICMP Echos to 10.1.1.1, timeout is 2 seconds:
!!!!!
Success rate is 100 percent(5/5), round - trip min/avg/max = 40/14/412 ms
```

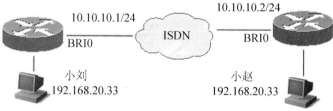

图 15-7　应用 PPP 与 DDR 的网络拓扑图

15.3 活 学 活 用

网络拓扑图如图 15-7 所示，请完成 Router A 和 Router B 的路由配置，实现小刘和小赵互通。

要求路由器 Router1、Router2 利用点对点协议 PPP 和按需拨号路由 DDR 技术在 ISDN 网中完成 BRI 业务传输，同时提供了拨号连接的安全性。

15.4 动 动 脑 筋

1. ISDN 网络有什么特点？

_____

_____

2. 为了进行按需拨号，首先必须保证什么条件？

_____

_____

3. 两条 ISDN 数据通道，如何实现数据的负载均衡？

_____

_____

4. PPP 协议的 CHAP 认证为什么比 PAP 认证安全？

_____

_____

5. 什么情况下使用按需拨号？

_____

_____

15.5 学 习 小 结

通过本章的学习，读者对 PPP、ISDN 和 DDR 等相关技术有了深入认识。通过对本章的实验进行深入细致的练习，读者对拨号网络有了初步的认识，并能够实现常用的拨号网络的配置。现将本章所涉及的主要命令总结如表 15-2 所示，供读者查阅。

表 15-2 命令汇总

命　　令	功　　能
isdn switch-type switch-type	配置 ISDN 交换机的类型
show isdn status	查看 ISDN 状态信息
encapsn lation PPP	封闭 PPP 协议
dialer string string	定义拨号字符串

命　　令	功　　能
dialer－group n	设定拨号组号
dialer－list n protocol ip permit	定义拨号列表 n，允许所有的 IP 包
debug dialer	检测拨号器
show interface brio	查看 brio 接口的信道信息
show dialer	查看拨号器信息
username username password password	配置 PPP 认证使用的用户名和密码
dialer idle－timeout n	设定拨号器空闲时间，单位为秒
dialer map ip ip_address name username brpoadcast dialer－string	定义拨号映射
PPP authentication {pap|chap}	设定 PPP 的认证方式为 pap 或 chap
PPP multilink	设定多重链路 PPP
debug PPP authentication	检测 PPP 认证
show dialer map	显示拨号映射
dialer pool－member n	设定 BRI 接口所在的拨号池号
dialer pool n	设定拨号器接口使用的拨号池
dialer load－threshold n	定义拨号器负载限度值，n = 1 ~ 255

第 16 章　受欢迎的广域网协议——帧中继

16.1　知识准备

16.1.1　概述

帧中继（Frame Relay）是一种局域网互联的 WAN 协议，它工作在 OSI 参考模型的物理层和数据链路层。它为跨越多个交换机和路由器的用户设备间信息传输提供了快速有效的方法。帧中继是一种数据包交换技术，与 X.25 类似，它可以使终端动态共享网络介质和可用带宽。帧中继采用以下两种数据包技术：（1）可变长数据包；（2）统计多元技术。它不能确保数据完整性，所以当出现网络拥塞现象时就会丢弃数据包。但在实际应用中，它仍然具有可靠的数据传输性能。

帧中继通过"虚电路"将数据传输到其目的地，帧中继的虚电路是源点到目的点的逻辑链路，它提供终端设备之间的双向通信路径，并由数据链路连接标识符（Data Link Connection Identifiers，即 DLCI）唯一标识。帧中继采用复用技术，将多条虚电路复用为单一物理电路以实现跨网络传输，这种技术可以降低连接终端的设备和网络的复杂性。虚电路能够通过任意数量的位于帧中继数据包转换网络上的中间交换机。

帧中继网络提供的业务有两种：永久虚电路（Permanent Virtual Circuits，即 PVC）和交换虚电路（Switch Virtual Circuits，即 SVC）。永久虚电路由网络管理器建立，用来提供专用点对点连接；交换虚电路建立在呼叫到呼叫（call – by – call）的基础上，它采用与建立 ISDN 相同的信令。

16.1.2　相关术语

（1）虚电路——两个 DTE 设备（如路由器）之间的逻辑链路称为虚电路（Virtual Circuits，即 VC），帧中继用虚电路来提供端点之间的连接。由服务提供商预先设置的虚电路称为永久虚电路（PVC），另一种是交换虚电路（SVC），它是动态设置的虚电路。

（2）帧中继封装类型——在 Cisco 路由器上，第二层封装默认为 Cisco 专有的 HDLC（High – Level Data – Link Control Protocol，即：高级数据链路控制协议）。要配置帧中继，则必须改为帧中继封装。帧中继有两种封装类型：CISCO 和 IETF（Internet Engineering Task Force，即：因特网工程任务组），CISCO 为默认的封装类型。

（3）DLCI——帧中继使用 DLCI（Data Link Control Identifier）来标识一条 VC，相当于一个二层地址。DLCI 的取值为 0 ~ 1023（某些值具有特殊意义），一般是由服务提供商提供（一般为 16 ~ 1007）。DLCI 一般只具有本地意义，即它只在必须直连的两台设备之间那条链路上唯一，不同物理链路上的 DLCI 值可以相同，而连接两台远端路由器的一条 PVC 两端的 DLCI 可以不同。某些特殊情况下，如使用了 LMI（Local Management Interface，即：本地管理接口）的某些特性时，DLCI 可以被赋予全局意义用于全局寻址。

（4）LMI——是用户设备和帧中继交换机之间的信令标准，它负责管理设备之间的连接、维护设备之间的连接状态。

它传输下列有关信息。

- Keepalives（保持激活）：用以验证数据正在流动。
- Status of virtual circuits（虚电路状态）：定期报告 PVC 的存在和加入/删除情况。
- Multicasting（组播）：允许发送者发送一个单帧，但能够通过网络传递给多个接收者。
- Global addressing（全局寻址）：赋予 DLCI 全局意义。

路由器从服务提供商的帧中继交换机的帧封装接口上接受 LMI 信息，并将虚电路状态更新为下列 3 种状态之一。

- Active state（活动状态）：连接活跃，路由器可以交换数据。
- Inactive state（非活动状态）：本地路由器到 FR 交换机是可工作的，但远程路由器到 FR 交换机的连接不能工作。
- Deleted state（删除状态）：没有从帧中继交换机收到 LMI。

（5）帧中继映射——作为第二层的协议，帧中继协议必须有一个与第三层协议之间建立关联的手段，才能用它来实现网络层的通信，帧中继映射即实现这样的功能，它在网络层地址和 DLCI 之间进行映射。映射表通过静态或逆向 ARP 生成。

（6）逆向 ARP（Inverse‐ARP，即 IARP）——逆向 ARP 用于完成第三层协议地址向 DLCI 的映射，类似 Ethernet 的 RARP，根据 DLCI 请求对应的远端路由器 IP。

逆向 ARP 用于自动生成帧中继映射表。路由器在每条 VC 上发送 IARP 查询，交换机根据已有的交换表传送到所有对端路由器，目的路由器响应查询包，返回其 IP。

需要注意的是，使用子接口时，IARP 会失效。解决方法有两个：用 frame‐relay map 命令手动配置映射表；在子接口中显式地指定 DLCI（指定后能用 IARP 自动生成 map）。

（7）帧中继的子接口——由于帧中继是一个 NBMA（Non‐Broadcast Multiple Access，即：非广播多路访问网络），一条物理链路上存在多条 VC 时，如果启用了水平分割，则会导致不同 VC 之间的路由信息无法相互传递；而如果关闭水平分割，则可能导致路由环路问题。采用子接口是很好的解决方案。

子接口为逻辑创建的模拟物理接口的实体，它的功能与物理接口没有什么区别，因此可以在一个物理端口上建立多个逻辑接口。这样每一个接口在功能上等价于一个物理接口，因此可以打破水平分割的原理限制。

子接口有两种模式：点对点（Point‐to‐Point）和多点（Multipoint）模式。没有默认值，在配置时必须指明其中模式。

- 点对点模式：一个单独子接口建立一条 PVC，这条 PVC 连接到远端路由器的一个子接口或物理端口，每个子接口可以有自己独立的 DLCI。
- 多点模式：一个单独子接口可建立多条 PVC，不过加入的接口都应该处在同一子网。这种情况下，每个子接口与不划分子接口直接采用物理接口的情况相似，但其好处在于可以提高物理链路的利用率，还可以简化 NBMA 拓扑下的 OSPF 配置。

16.1.3 相关命令

帧中继的常用配置命令如表16-1所示。

表16-1 帧中继的常用配置命令

任　务	命　令
设置 Frame Relay 封装	encapsulation frame－relay［ietf］
设置 Frame Relay LMI 类型	frame－relay lmi－type｛ansi｜ cisco｜ q933a｝
设置子接口	interface interface－type interface－number. subinterface－number ［multipoint｜ point－to－point］
映射协议地址与 DLCI	frame－relay map protocol protocol－address dlci［broadcast］
设置 FR DLCI 编号	frame－relay interface－dlci dlci［broadcast］

▌小提示｜

（1）若使 Cisco 路由器与其他厂家路由设备相连，则使用 Internet 工程任务组（IETF）规定的帧中继封装格式；（2）从 Cisco IOS 版本 11.2 开始，软件支持本地管理接口（LMI）"自动协商"，"自动协商"使接口能确定交换机支持的 LMI 类型，用户可以不明确配置 LMI 接口类型；（3）broadcast 选项允许在帧中继网络上传输路由广播信息。

16.2 动手做做

本节主要通过一个帧中继的实验使学习者深入体会帧中继的概念并掌握帧中继的类型和相关设置命令。

16.2.1 实验目的

通过本实验，用户可以掌握以下技能。

- 配置点对点帧中继子接口。
- 配置点对多点帧中继子接口。
- 配置帧中继交换机。
- 相关查看命令。

16.2.2 实验规划

1. 实验设备

- 路由器3台。
- Console 电缆两根。
- 串行电缆3根。
- 1台路由器模拟帧中继交换机。

2. 实验拓扑

如图 16-1 所示，3 台路由器 R1、R2 和 R3 通过一台路由器模拟的帧中继交换机连接。R1 上配置一个 loopback 接口用来表示本地网络，R1 通过 PVC102 连接到 R2 路由器，用来连接 R2 的子接口的 IP 为 192.168.40.1/30。R1 通过 PVC103 和 R3 路由器建立连接，用来连接 R3 的子接口的 IP 为 192.168.40.5/30。R2 上配置一个 loopback 接口用来表示本地网络，R2 通过 PVC201 连接到 R1，用来连接 R1 的接口的 IP 为 192.168.40.2/30。R3 上配置一个 loopback 接口用来表示本地网络，R3 通过 PVC301 连接到 R1，用来连接 R1 的接口的 IP 为 192.168.40.6/30。

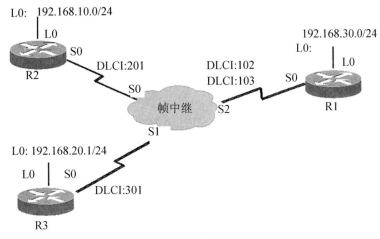

图 16-1 实验拓扑图

16.2.3 实验步骤

1. 配置帧中继点对点型的子接口

（1）R1 路由器的配置。

```
Router > enable
Router #configure   terminal
Router(config)#hostname R1
R1(config)#interface s0
R1(config-if)# encapsulation frame-relay          //配置帧中继封装
R1(config-if)#no frame-relay inverse-arp          //关闭自动 PVC 解析
R1(config-if)#exit
R1(config)#int s0.102 point to point              //指定子接口类型为点对点
R1(config-subif)#ip address 192.168.40.1 255.255.255.252
//配置 IP 地址
R1(config-subif)# frame-relay interface-dlci 102  //配置虚电路号
R1(config-subif)# interface serial0.103 point-to-point //指定子接口类型
```

```
R1(config-subif)# ip address 192.168.40.5 255.255.255.252
//配置 IP 地址
R1(config-subif)# frame-relay interface-dlci 103    //配置虚电路号
R1(config-subif)# int lo0                           //配置 loopback 接口代表本地
网络
R1(config-if)#ip address 192.168.30.1 255.255.255.0    //配置 IP 地址
R1(config-if)#no shutdown
```

（2）R2 路由器的配置。

```
Router>enable
Router#configure  terminal
Router(config)#hostname R2
R2(config)#interface s0
R2(config-if)#encapsulation frame-relay           //配置接口封装帧中继
R2(config-if)#no frame-relay inverse-arp          //关闭帧中继逆向 ARP
R2(config-if)# ip address 192.168.40.2 255.255.255.252
//配置 IP 地址
R2(config-if)# frame-relay map ip 192.168.40.1 201 broadcast
//配置手动映射
R2(config-if)#frame-relay interface-dlci 201      //配置本地的虚电路号
R2(config-if)#int lo0
R2(config-if)#ip add 192.168.10.1 255.255.255.0
R2(config-if)#no shutdown
```

（3）R3 路由器的配置。

```
Router>enable
Router#configure  terminal
Router(config)#hostname R2
R3(config)#interface s0
R3(config-if)# encapsulation frame-relay           //封装帧中继
R3(config-if)#no no frame-relay inverse-arp        //关闭自动解析
R3(config-if)# ip address 192.168.40.6 255.255.255.252
//配置 IP 地址
R3(config-if)# frame-relay map ip 192.168.40.5 301 broadcast
//手动配置映射关系
R3(config-if)#frame-relay interface-dlci 301      //配置本地的虚电路号
R3(config-if)#int lo0
R3(config-if)#ip add 192.168.30.0 255.255.255.0
R3(config-if)#no shutdown
```

2. 配置帧中继点对多点型的子接口

首先将 R1、R2 和 R3 的 S0 接口放置到同一个网段，这里使用 192.168.40.0/24，其中 R1 的 S0 接口使用 192.168.40.1/24，R2 的 S0 接口使用 192.168.40.2/24 R3 的 S0 接口使用 192.168.40.3/24。

（1）R1 路由器的配置。

```
Router > enable
Router #configure  terminal
Router(config)#hostname R1
R1(config)#interface s0
R1(config-if)#no ip address
R1(config-if)# encapsulation frame-relay        //封装帧中继
R1(config-if)#no frame-relay inverse-arp        //关闭自动解析
R1(config-if)#int s0.2 multipoint               //配置点对多点
R1(config-subif)#ip address 192.168.40.1 255.255.255.0
//配置 IP 地址
R1(config-subif)#bandwidth 64                   //配置本地接口带宽
R1(config-subif)# frame-relay map ip 192.168.40.2 102 broadcast
//配置到 R2 的映射
R1(config-subif)# frame-relay map ip 192.168.40.3 103 broadcast
//配置到 R3 的映射
R1(config-subif)# int lo0
R1(config-if)#ip address 192.168.30.0 255.255.255.0
R1(config-if)#no shutdown
```

小提示

对 R1 路由器进行帧中继多点子接口进行配置，需要注意以下几点：（1）在物理接口下只配置帧中继封装，不配置 IP 地址和宽带属性；（2）可以任意定义子接口号，如实验中的 S0.2；（3）在定义子接口号时指定所用的方式，即多点方式；（4）在子接口中定义 IP 地址、带宽，并配置帧中继 MAP 语句；在多点子接口配置方式下，该子接口可以连接多台路由器。

（2）R2 路由器的配置。

```
Router > enable
Router #configure terminal
Router(config)#hostname R2
R2(config)#interface s0
R2(config-if)# encapsulation frame-relay         //封装帧中继
R2(config-if)#no frame-relay inverse-arp         //关闭自动解析
R2(config-if)# ip address 192.168.40.2 255.255.255.0   //配置 IP 地址
R2(config-if)# frame-relay map ip 192.168.40.1 201 broadcast  //配置到 R1 的映射
R2(config-if)#frame-relay interface-dlci 201     //配置本地的虚电路号
R2(config-if)#int lo0
R2(config-if)#ip add 192.168.10.0 255.255.255.0
R2(config-if)#no shutdown
```

（3）R3 路由器的配置。

```
Router > enable
Router #configure terminal
Router(config)#hostname R2
```

```
R3(config)#interface s0
R3(config-if)# encapsulation frame-relay          //封装帧中继
R3(config-if)#no frame-relay inverse-arp          //关闭自动解析
R3(config-if)# ip address 192.168.40.3 255.255.255.0   //配置 IP 地址
R3(config-if)# frame-relay map ip 192.168.40.1 301 broadcast
//配置到 R1 的映射
R3(config-if)#frame-relay interface-dlci 301      //配置本地的虚电路号
R3(config-if)#int lo0
R3(config-if)#ip add 192.168.30.0 255.255.255.0
R3(config-if)#no shutdown
```

3. 配置帧中继交换机

```
Router > en
Router#config t
Router(config)#hostname FRSwitch
FR-Switch(config)#frame-relay switching    //设置本路由器为帧中继交换机模式
FR-Switch(config)#int s2
FR-Switch(config-if)#no ip address
FR-Switch(config-if)# encapsulation frame-relay          //封装帧中继
FR-Switch(config-if)# clockrate 64000                    //配置时钟频率
FR-Switch(config-if)# frame-relay lmi-type cisco         //配置 LMI 类型
FR-Switch(config-if)# frame-relay intf-type dce          //指定 DCE
FR-Switch(config-if)# frame-relay route 102 interface Serial0 201
//配置交换条目
FR-Switch(config-if)# frame-relay route 103 interface Serial1 301
//配置交换条目
FR-Switch(config-if)#int s0
FR-Switch(config-if)#no ip address
FR-Switch(config-if)# encapsulation frame-relay          //封装帧中继
FR-Switch(config-if)# clockrate 64000                    //配置时钟频率
FR-Switch(config-if)# frame-relay lmi-type cisco         //配置 LMI 类型
FR-Switch(config-if)# frame-relay intf-type dce          //指定 DCE
FR-Switch(config-if)# frame-relay route 201 interface Serial2 102
//配置交换条目
FR-Switch(config-if)#int s1
FR-Switch(config-if)#no ip address
FR-Switch(config-if)# encapsulation frame-relay          //封装帧中继
FR-Switch(config-if)# clockrate 64000                    //配置时钟频率
FR-Switch(config-if)# frame-relay lmi-type cisco         //配置 LMI 类型
FR-Switch(config-if)# frame-relay intf-type dce          //指定 DCE
FR-Switch(config-if)# frame-relay route 301 interface Serial2 103
//配置交换条目
FR-Switch(config-if)# exit
```

4. 结果验证

可以使用下面命令对帧中继配置进行验证：

- show frame‐relay lmi //显示本地的 LMI 配置
- show frame‐relay map //显示当前的帧中继映射表
- show frame‐relay pvc //显示本地的 PVC 状态
- show frame‐relay route //显示帧中继路由表
- show interfaces serial //显示串口的状态

16.3 活 学 活 用

网络拓扑图如图 16 - 2 所示，3 台路由器 R1、R2 和 R3 通过一台路由器模拟的帧中继交换机连接。R1 通过 PVC102 连接到 R2 路由器，用来连接 R2 的子接口的 IP 为 192.168.40.1/30；R1 通过 PVC103 和 R3 路由器建立连接，用来连接 R3 的子接口的 IP 为 192.168.40.5/30。R2 上配置一个 loopback 接口用来表示本地网络，R2 通过 PVC201 连接到 R1，用来连接 R1 的接口的 IP 为 192.168.40.2/30；R2 通过 PVC203 连接到 R3，用来连接 R1 的接口的 IP 为 192.168.40.3/30。R3 上配置一个 loopback 接口用来表示本地网络，R3 通过 PVC301 连接到 R1，用来连接 R1 的接口的 IP 为 192.168.40.6/30，R3 通过 PVC302 连接到 R2，用来连接 R1 的接口的 IP 为 192.168.40.4/30。请完成 R1、R2 和 R3 的配置，实行路由器间两两互通。

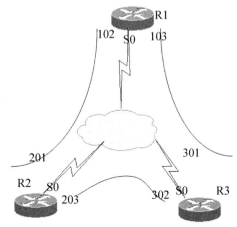

图 16 - 2　实验拓扑图

16.4 动 动 脑 筋

1. 帧中继位于 OSI 七层模型中的哪一层？

_____

_____

2. 已经有了专线连接，为什么还要使用帧中继？

_____

_____

3. 帧中继的 LMI 如何实现虚电路号的自动解析？

_____

4. 帧中继网络的使用场景有哪些？

_____

5. 点对点子接口配置帧中继和点对多点配置帧中继各有什么优缺点？

_____

_____

16.5　学 习 小 结

通过本章的学习，读者对帧中继概念、相关术语、工作原理和帧中继的配置等相关技术有了一定认识。通过对本章的实验进行深入细致的练习，相信读者能够举一反三，掌握配置帧中继的技术和处理帧中继的各种常见问题。本章常用命令如表 16 - 2 所示，供读者查阅。

表 16 - 2　命令汇总

命　　令	功　　能
frame - relay switching	启动路由器的帧中继交换机功能
encapsulation frame - relay ［itef｜cisco］	定义接口帧封装格式为帧中继
frame - relay lmi - type ［ansi｜q933a｜cisco］	定义 LMI 类型
frame - relay intf - type dce	定义帧中继接口类型为 dce
frame - relay route *dlci*_1 interface *int_name* dlci_2	设定交换表
show frame - relay route	查看帧中继路由
show frame - relay lmi	查看帧中继 LMI 类型
show frame - felay pvc	查看帧中继 PVC
no frame - relay inverse - arp	关闭帧中继逆向 ARP
frame - relay map ip *ip_add dlci* ［broadcast］［itef｜cisco］	定义静态帧中继映射
show frame - relay map	显示帧中继映射
show frame - relay traffic	查看帧中继流量统计
debug frame - relay packet	监视帧中继包的收发情况
interface serial *n. m* point - to - point	创建帧中继点到点子接口
frame - relay interface - dlci dlci	指定接口的 DLCI 值
interface serial *n. m* multipoint	创建帧中继多点子接口
no ip split - horizon eigrp *as_number*	关闭接口上的 EIGRP 水平分割

第 17 章　互联网地址管家——NAT 和 DHCP

17.1　知识准备

17.1.1　NAT 基础

网络地址转换（Network Address Translation，即 NAT）属接入广域网（WAN）技术，是一种将私有（保留）地址转化为合法 IP 地址的转换技术，它被广泛应用于各种类型的 Internet 接入方式和各种类型的网络中。

借助于 NAT，私有（保留）地址的"内部"网络通过路由器发送数据包时，私有地址被转换成合法的 IP 地址，一个局域网只需使用少量 IP 地址（甚至是 1 个）即可实现私有地址网络内所有计算机与 Internet 的通信需求。

使用 NAT 有很多优点，但同时也有缺点。

（1）优点

- 节约合法的注册地址。
- 减少重复地址出现。
- 增加连接互联网的灵活性。
- 增加了内网的安全性。

（2）缺点

- 性能降低。
- 某些应用无法在应用 NAT 的网络中运行。
- 无法进行端到端的 IP 跟踪。
- 隧道更加复杂。

17.1.2　NAT 命名

NAT 命名的相关术语见表 17-1。

表 17-1　NAT 术语

名　字	意　义
内部全局地址（Inside Global Address）	转换之后的内部主机的名字
内部本地地址（Inside Local Address）	转换之前内部地址的名字
外部全局地址（Outside Global Address）	转化之后外部目标主机的名字
外部本地地址（Outside Local Address）	转换之前外部主机的名字

17.1.3　NAT 类型

- 动态 NAT（Dynamic NAT）：使用公有地址池，并以先到先得的原则分配这些地址。

当具有私有 IP 地址的主机请求访问 Internet 时，动态 NAT 从地址池中选择一个未被其他主机占用的 IP 地址。这就是到目前为止所介绍的映射。

 • 静态 NAT（Static NAT）：使用本地地址与全局地址的一对一映射，这些映射保持不变。静态 NAT 对于必须具有一致的地址、可从 Internet 访问的 Web 服务器或主机特别有用。这些内部主机可能是企业服务器或网络设备。

 • 端口多路复用（Port Address Translation，即 PAT），又称 NAT 过载，这是最流行的 NAT 配置类型。复用实际上是动态 NAT 的一种形式，它映射多个未注册的 IP 地址到单独的一个注册的 IP 地址，即多对一，它通过端口地址映射（PAT）可以实现多个用户仅通过一个真实的全球 IP 地址连接到 Internet。

17.1.4　NAT 工作过程

现在开始研究 NAT 的整个工作过程。

如图 17-1 所示描述的是 NAT 的最基本的转换过程，在图中主机 192.168.1.1 发送了一个数据包到了配置了 NAT 的路由器，路由器识别出这是一个内部本地地址，而目标 IP 是外部网络，所以内部本地地址将被转换为内部全局 IP 地址，并把结果记录到 NAT 表中。

然后这个数据包就是用转换后的新的源地址发送到外部接口，当外部主机返回到目标主机后，NAT 路由器就用 NAT 表将内部全局地址转换成内部本地地址。

在图 17-2 中展现了端口多路复用的简单过程，从图中可以看出在表中除了 IP 地址还有端口号，不同主机不同进程所对应的端口号不同，而这些端口号就是路由器用来区分返回的流量送回哪台主机的哪个进程。

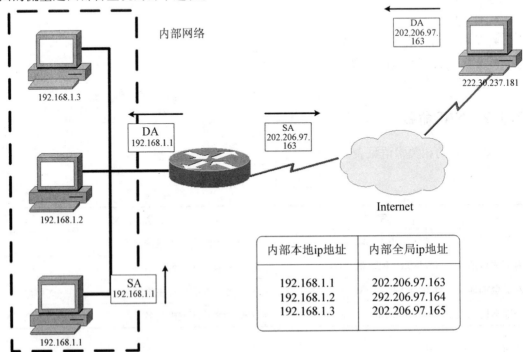

图 17-1　基本的 NAT 转换

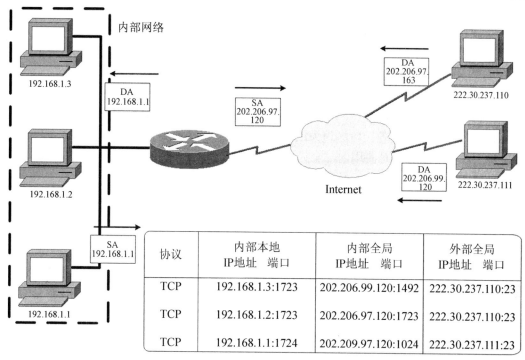

图 17-2   NAT 过载

17.1.5   NAT 的基本配置

1. 静态 NAT 的配置

配置静态 NAT，首先需要定义要转换的地址，然后在适当的接口上配置 NAT。从指定 IP 地址到达内部接口的数据包需经过转换，外部接口收到的以指定 IP 地址为目的地的数据包也需经过转换。

（1）建立内部本地地址与内部全局地址间的静态转换。

```
Router(config)#ip nat inside source static local-ip global-ip
```

（2）进入端口设置状态。

```
Router(config)#interface type slot/number
```

（3）指定接口为 NAT 内部接口。

```
Router(config-if)#ip nat inside
```

（4）退出接口配置模式。

```
Router(config-if)# exit
```

（5）指定外部接口。

```
Router(config)#interface type number
```

（6）指定接口为 NAT 外部接口。

```
Router(config-if)#ip nat outside
```

2. 动态 NAT 的配置

动态 NAT 的配置与静态 NAT 虽然不同，但也有一些相似点。与静态 NAT 相似，在配置动态 NAT 时也需要将各接口标识为内部或外部接口。不过，动态 NAT 不是创建到单一 IP 地址的静态映射，而是使用内部全局地址池。

（1）根据需要定义待分配的全局地址池。

```
Router(config)#ip nat pool name start－ip end－ip {netmask netmask |prefix－length prefix－length}
```

（2）定义一个标准访问列表，以允许待转换的地址通过。

```
Router(config)#access－list access－list－number permit source[source－wildcard]
```

（3）建立动态源地址转换，指定步骤（2）中定义的访问列表。

```
Router(config)#ip nat inside source list access－list－number pool name
```

（4）进入端口设置状态。

```
Router(config)#interface type slot/number
```

（5）指定接口为 NAT 内部接口。

```
Router(config-if)#ip nat inside
```

（6）指定接口为 NAT 外部接口。

```
Router(config-if)#ip nat outside
```

3. NAT 过载的配置

NAT 过载配置与动态 NAT 相似，不同之处在于没有使用地址池，而是使用 interface 关键字来标识外部 IP 地址。因此没有定义 NAT 地址池。利用 overload 命令，可以将端口号添加到转换中（即允许覆盖）。

（1）定义一个标准访问列表，以允许待转换的地址通过。

```
Router(config)#access－list acl－number permit source[source－wildcard]
```

（2）建立动态源地址转换，指定步骤（1）中定义的访问列表。

```
Router(config)#ip nat inside source list acl－number interface interface  overload
```

（3）指定内部接口。

```
Router(config)#interface type number
Router(config-if)#ip nat inside
```

（4）指定外部接口。

```
Router(config-if)#interface type number
Router(config-if)#ip nat outside
```

如果有两个以上的 IP 地址时，NAT 过载将使用地址池。这种配置与动态、一对一

NAT 配置的主要区别是前者使用了 overload 命令。overload 命令允许进行端口地址转换。

17.1.6 NAT 的简单验证

1. NAT 验证命令语法

（1）Router#show ip nat translation。

该命令可用于查看 IP 地址的转换信息。

（2）Router#debug ip nat。

该命令用于验证 NAT 配置。其显示结果将显示发送端地址、转换和目的地址。

（3）Roter#Clear ip nat translation。

该命令用于删除 NAT 表中的条目。

2. 命令示例

```
Router#debug ip nat
IP NAT debugging is on
Router#
* Sep  6 15:23:30.647:NAT* :s =192.168.20.56－>202.206.99.176, d=202.206.100.36[36]
* Sep  6 15:23:30.647:NAT* :s =202.206.100.36, d=202.206.99.176－>192.168.20.56[36]
<Output omitted>
```

解读调试输出时，注意下列符号和值的含义。

- *——NAT 旁边的星号表示转换发生在快速交换路径。会话中的第一个数据包始终是过程交换，因而较慢。如果缓存条目存在，则其余数据包经过快速交换路径。
- s =——指源 IP 地址。
- d =——指目的 IP 地址。
- a.b.c.d－>w.x.y.z——表示源地址 a.b.c.d 被转换为 w.x.y.z。
- ［xxxx］——中括号中的值表示 IP 标识号。此信息可能对调试有用，因为它与协议分析器的其他数据包跟踪相关联。

17.1.7 DHCP 基础

动态主机设置协议（Dynamic Host Configuration Protocol，即 DHCP）是联网的计算机从中央服务器获取其 TCP/IP 配置的一种方法。使用 DHCP 后，当 PC 移动或网络变化时，网络管理员不再需要配置 PC 或更改网络配置，从而节省大量的时间和费用。

DHCP 是 BOOTP（Bootstrap Protocol）的扩展，是基于 C/S 模式的，它提供了一种动态指定 IP 地址和配置参数的机制。主要用于大型网络环境和配置比较困难的地方。DHCP 服务器自动为客户机指定 IP 地址，指定的配置参数有些和 IP 协议并不相关，但这没有关系，它的配置参数使得网络上的计算机通信变得方便而容易实现。DHCP 使 IP 地址可以租用，对于许多拥有许多台计算机的大型网络来说，每台计算机拥有一个 IP 地址有时候是不必要的。网络地址的租期从 1 分钟到 100 年不定，当租期到了的时候，服务器可以把这个 IP 地址分配给别的机器使用。客户也可以请求使用自己喜欢的网络地址及相应的配置参数。

17.1.8　DHCP 的工作过程

（1）发现（DISCOVER）：客户端启动后广播 DHCPDISCOVER 消息。DHCPDISCOVER 消息找到网络上的 DHCP 服务器。但是此时的主机在启动时不具备有效的 IP 信息，因此它使用第 2 层和第 3 层广播地址与服务器通信。

（2）提供（OFFER）：当 DHCP 服务器收到 DHCPDISCOVER 消息时，它会找到一个可供租用的 IP 地址，创建一个包含请求方主机 MAC 地址和所出租的 IP 地址的 ARP 条目，并使用 DHCPOFFER 消息提供报文。

（3）请求（REQUEST）：客户端收到来自服务器的 DHCPOFFER 时，它回送一条 DHCPREQUEST 消息，此消息提供错误检查，确保地址分配仍然有效。

（4）确认（ACK）：收到 DHCPREQUEST 消息后，服务器检验租用信息，为客户端租用创建新的 ARP 条目，并用单播 DHCPACK 消息予以回复，客户端收到 DHCPACK 消息后，记录下配置信息，并为所分配的地址执行 APR 查找。

17.1.9　DHCP 的基本配置

（1）首先定义 DHCP 分配地址要排出的范围，这些地址通常是路由器的保留接口、服务器、打印机等的 IP 地址。

```
Router(config)#ip dhcp exclude-address[low-address]{high-address}
```

（2）创建 DHCP 地址池。

```
Router(config)#ip dhcp pool[pool-name]
```

（3）DHCP 任务的配置。

```
network[network-number]{mask|/prefix-length}      //定义地址池
default-router[address]                           //定义默认网关
dns-server[address]                               //定义 DNS 服务器
```

（4）制定 DHCP 服务器的地址。

```
ip helper-address[address]
```

17.2　动 手 做 做

本节主要是通过配置动态 NAT、PAT 和 DHCP 的实验使读者熟悉 NAT、DHCP 的配置过程并掌握这些命令。

17.2.1　实验目的

通过本实验，用户可以掌握以下技能。
- 动态 NAT 的配置。
- PAT 的配置。
- DHCP 的配置。
- NAT 表的查看、删除。

17.2.2 实验规划

1. 实验设备

- 路由器 3 台。
- 交换机 2 台。
- PC 机 2 台。
- Server 1 台。
- Console 电缆两根。
- 直连双绞线 4 根。
- 交叉双绞线 1 根。
- 串行电缆 2 根。

2. 实验拓扑

如图 17-3 所示。

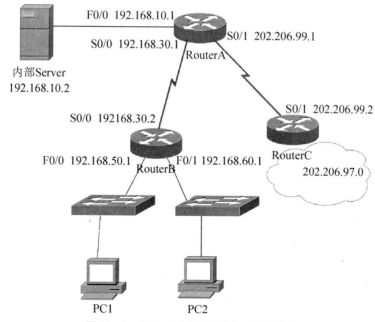

图 17-3 配置 NAT 和 DHCP 实验拓扑图

17.2.3 实验步骤

1. 配置路由器 A 的端口 IP、DCE 以及默认路由

```
Router > en
Router#config t
Router(config)#hostname RouterA
RouterA(config)#interface FastEthernet0/0
RouterA(config-if)#ip add 192.168.10.1 255.255.255.0
RouterA(config-if)#no shut
```

```
RouterA(config-if)#int s0/0
RouterA(config-if)#ip add 192.168.30.1 255.255.255.0
RouterA(config-if)#no shut
RouterA(config-if)#int s0/1
RouterA(config-if)# ip add 202.206.99.1 255.255.255.0
RouterA(config-if)#clock rate 64000
RouterA(config-if)#no shut
RouterA(config-if)#exit
RouterA(config)#ip route 0.0.0.0 0.0.0.0 202.206.99.2
RouterA(config)#router ospf 1
RouterA(config-router)network 192.168.30.0 0.0.0.255 area 0
RouterA(config-router)network 192.168.10.0 0.0.0.255 area 0
RouterA(config-router)#default-information originate
RouterA(config-router)#exit
```

2. 配置路由器 B 的端口 IP、DCE 以及动态路由（OSPF）

```
Router>en
Router#config t
Router(config)#hostname RouterB
RouterB(config)#int f0/0
RouterB(config-if)#ip add 192.168.50.1 255.255.255.0
RouterB(config-if)#no shut
RouterB(config-if)#int f0/1
RouterB(config-if)#ip add 192.168.60.1 255.255.255.0
RouterB(config-if)#no shut
RouterB(config-if)#int s0/0
RouterB(config-if)#ip add 192.168.30.2 255.255.255.0
RouterB(config-if)#clock rate 64000
RouterB(config-if)#no shut
RouterB(config-if)#exit
RouterB(config)#router ospf 1
RouterB(config-router)#net 192.168.50.0 0.0.0.255 area 0
RouterB(config-router)#net 192.168.60.0 0.0.0.255 area 0
RouterB(config-router)#net 192.168.30.0 0.0.0.255 area 0
RouterB(config-router)#exit
```

3. 配置路由器 C 的端口 IP 以及动态路由

```
Router>en
Router#config t
Router(config)#hostname RouterC
RouterC(config)#int s0/1
RouterC(config-if)# #ip add 202.206.99.2 255.255.255.0
RouterC(config-if)#no shut
RouterC(config-if)#exit
RouterC(config)#ip route 202.206.97.0 255.255.255.0 serial 0/1
```

4. 配置服务器的 IP 地址

（简略）。

5. RouterB 的 DHCP 的配置

```
RouterB(config)#ip dhcp pool new1
RouterB(dhcp-config)#network 192.168.50.0 255.255.255.0
RouterB(dhcp-config)#default-router 192.168.50.1
RouterB(dhcp-config)#ip dhcp pool new2
RouterB(dhcp-config)#network 192.168.60.0 255.255.255.0
RouterB(dhcp-config)#default-router 192.168.60.1
```

6. RouterA 静态、动态 NAT 的配置

```
RouterA(config)#ip nat inside source static 192.168.10.2 202.206.97.2
RouterA(config-if)#int f0/0
RouterA(config-if)#ip nat inside
RouterA(config)#ip nat pool newpool 202.206.97.120 202.206.97.124 netmask 255.
255.255.0
//创建地址池
RouterA(config)#ip access-list extended nat      //建立扩展命名 ACL
RouterA(config-ext-nacl)#permit ip 192.168.50.0 0.0.0.255 any
RouterA(config-ext-nacl)#permit ip 192.168.60.0 0.0.0.255 any
RouterA(config)#ip nat inside source list nat pool newpool overload
//建立地址池与 ACL 映射关系
RouterA(config)#int s0/0
RouterA(config-if)#ip nat inside
RouterA(config-if)#int s0/1
RouterA(config-if)#ip nat outside
RouterA(config-if)#exit
```

7. 结果验证

（1）将 PC 的 IP 地址设为 DHCP，检查 PC 机是否能自动获得 IP 地址，若不能获得请检查，也可在路由上使用 show ip dhcp binding 命令检测。

① 在 PC 上检测：

```
PC>ipconfig

IP Address.....................:192.168.60.2
Subnet Mask....................:255.255.255.0
Default Gateway................:192.168.60.1
```

② 在路由上检测：

```
RouterB#sho ip dhcp binding
IP address        Client-ID/              Lease expiration        Type
                  Hardware address
192.168.50.2      0001.C92D.0014          ——                      Automatic
192.168.60.2      00D0.FF76.B5BC          ——                      Automatic
```

（2）检测 NAT 的配置，并查看 NAT 表。

① 在 PC 上 ping RouterC 的 s0/0。

```
PC>ping 202.206.99.2
Pinging 202.206.99.2 with 32 bytes of data:

Reply from 202.206.99.2:bytes=32 time=29ms TTL=253
Reply from 202.206.99.2:bytes=32 time=19ms TTL=253
Reply from 202.206.99.2:bytes=32 time=14ms TTL=253
Reply from 202.206.99.2:bytes=32 time=16ms TTL=253

Ping statistics for 202.206.99.2:
Packets:Sent=4, Received=4, Lost=0 (0% loss),
Approximate round trip times in milli-seconds:
Minimum=14ms, Maximum=29ms, Average=19ms
```

② 查看 RouterA 的 NAT 表。

```
RouterA#sho ip nat translations
Pro  Inside global       Inside local       Outside local       Outside global
icmp 202.206.97.120:1    192.168.50.2:1     202.206.99.2:1      202.206.99.2:1
icmp 202.206.97.120:2    192.168.50.2:2     202.206.99.2:2      202.206.99.2:2
icmp 202.206.97.120:3    192.168.50.2:3     202.206.99.2:3      202.206.99.2:3
icmp 202.206.97.120:4    192.168.50.2:4     202.206.99.2:4      202.206.99.2:4
icmp 202.206.97.120:5    192.168.60.2:5     202.206.99.2:5      202.206.99.2:5
icmp 202.206.97.120:6    192.168.60.2:6     202.206.99.2:6      202.206.99.2:6
icmp 202.206.97.120:7    192.168.60.2:7     202.206.99.2:7      202.206.99.2:7
icmp 202.206.97.120:8    192.168.60.2:8     202.206.99.2:8      202.206.99.2:8
---- 202.206.97.2        192.168.10.2       ----                ----
```

17.3 活 学 活 用

倘若在 17.2 节的实验中只有一个的公网 IP，那该怎么办？答案是做 NAT 过载。请将 17.2 节的 NAT 删除，再做 NAT 过载（PAT）。

> **小提示**
>
> 在实验的过程中，需要做以下步骤。
>
> （1）删除 NAT 地址池和映射语句。
>
> 使用以下命令删除 NAT 地址池和到 NAT ACL 的映射。
>
> ```
> no ip nat pool[poolname]
> no ip nat inside source list[listname]pool[poolname]
> ```
>
> 如果显示以下消息，请清除 NAT 转换。
>
> ```
> % Pool MY-NAT-POOL in use, cannot destroy
> 用命令:#clear ip nat translation *
> ```
>
> （2）使用命令。
>
> ```
> ip nat inside source list[listname][portnumber]overload
> ```
>
> （3）注意 overload 的使用。

17.4　动动脑筋

1. 说出静态 NAT、动态 NAT 和 NAT 过载间的不同？

_____

_____

2. 试说出 NAT 术语？

_____

3. 试说出使用 NAT 的优缺点？

_____

_____

4. DHCP 的 4 个过程？

_____

_____

5. DHCP 的功能是什么？

_____

_____

6. 列举配置 DHCP 所需的命令，并阐明其含义？

_____

_____

17.5　学习小结

通过本章的学习，读者能够理解 DHCP 的特点和优点、DHCP 的运作，以及配置、检验 DHCP 和排查 DHCP 故障，并且了解 NAT 和 NAT 过载的主要功能与运作，NAT 的优点和缺点，配置 NAT 和 NAT 过载以节省网络的 IP 地址空间，配置端口转发，以及检验 NAT 配置和排查 NAT 故障。现将本章所涉及的主要命令总结如表 17 - 2 所示，供读者查阅。

表 17 - 2　命令汇总

命　　令	功　　能
ip nat inside source list〔listname〕pool〔poolname〕〔overload〕	配置内部源地址转换
ip nat inside source static〔inside-add〕〔outside-add〕	静态映射一个内部地址到一个外部地址
ip nat pool〔name〕	创建地址池
ip nat inside	设端口为内部端口
ip nat outside	设端口为外部端口
Show ip nat translations	显示当前 NAT 转换
access-list〔listname｜listnumber〕permit〔sourseadd〕〔wildcard〕	创建访问控制列表

第 18 章 项目实战——校园网络工程实践

18.1 项 目 概 述

本章以高校校园网为实例，进行网络规划、设计，并给出校园网络关键设备的配置步骤、配置命令以及诊断命令和方法。通过本章，相信读者能够系统地掌握中小型园区网的设计、实施以及维护方法。

18.2 项 目 任 务

- 网络设备的基本配置。
- 配置 VLAN。
- 配置端口聚合。
- 配置虚拟网关。
- 配置 OSPF。
- 配置 NAT。
- 配置 DHCP。
- 配置访问控制列表。

18.3 项 目 实 施

18.3.1 高校校园网需求分析

高校校园网一直是国内 Internet 发展的领头羊，以下就是典型的高校校园网需求。

1. 随时随地接入的需求

高校师生对于网络接入有着强烈的需求。原因有二：一方面，随着近年来国家对高等教育的大力发展和支持，高校在校生人数普遍呈现上升趋势；另一方面，由于国家经济实力的增强，技术的发展带来的低成本，导致电脑的普及率也越来越高（据不完全统计，在很多的高校，台式/Notebook PC 机的拥有率可以达到 70% 以上）。

2. 骨干网络高性能、高稳定和可靠性的需求

首先是高性能。高校校园网中的用户数在不断增加，并且随着网络应用技术的不断丰富，高校校园网应用也愈发复杂，例如 FTP、VOD 点播等大数据量的访问，尤其目前流行的 P2P 应用产生了巨大的网络流量，如何高速进行网络传输，对网络设备的性能提出了很高的要求。在实际情况中，依然有很多高校使用的骨干设备是集中式表查询和集中式转发模式。很多时候，老师们抱怨网络很慢，而设备性能不够是其中一个很重要的原因。

其次是稳定可靠。一方面，未来的社会是信息的社会，当前随着师生员工的工作、科研、学习、生活、娱乐越来越离不开网络（例如：无纸化办公、网络教学、视频会议、

VOD点播和网上购物等业务的开展），网络的稳定可靠性就显得愈发重要——网络断开几小时也无所谓的历史已经过去了。另一方面，在应用丰富的同时，网络环境也变得异常恶劣。近两年，网络攻击事件呈指数级上升而所需要的攻击知识却越来越弱化，各种攻击工具在网络上可以随手拈来，这也对网络设备在网络攻击或者病毒泛滥情况下的稳定可靠性提出了挑战。目前，在高校使用的设备中还存在大量早期采购的设备，这些设备在启用了安全规则情况下性能急剧下降——在受到网络攻击或病毒泛滥的时候，CPU利用率居高不下，设备稳定性降低，很可能死机/宕机。

3. 出口区域对性能和功能的需求

对于出口，最主要有两个方面的需求：一方面，需要进行多出口的策略部署，并且需要解决多出口部署下的性能问题。具体来说，NAT（网络地址转换）就是上网速度慢的一个重要原因，另外设备启用策略路由时，造成设备性能的下降，也影响整个出口的效能和稳定性。究其根本，设备的性能是一个很大的原因（对于NAT支持的优劣，有两个很重要的依据，那就是"并发会话数"和"新建会话数"）。另一方面，国家现在对于网络出口设备有了新的要求，就是要记录用户信息、用户上网记录、地址转换记录、设备状态记录等。一旦不符合日志要求，极可能面临整顿或者关闭网络的危机。

4. 强烈的网络安全的需求

第一，高校面临着严峻的网络安全形势。越来越多的报道表明高校校园网已逐渐成为黑客的聚集地。这一方面是由于网络病毒、黑客工具的泛滥，而用户安全意识的淡薄；另一方面，高校学生——这群精力充沛的年轻一族对新鲜事物有着强烈的好奇心，他们有着探索的高智商和冲劲，却缺乏全面思考的责任感。有关数字显示，目前校园网遭受的恶意攻击，90%来自高校网络内部，如何保障校园网络的安全成为高校校园网络建设时不得不考虑的问题。

第二，网络安全一定是全方位的安全。首先，网络出口、数据中心、服务器等重点区域要做到安全过滤；其次，不管是接入设备，还是骨干设备，设备本身都需要具备强大的安全防护能力，并且安全策略部署不能影响到网络的性能，不造成网络单点故障；最后，要充分考虑全局统一的安全部署，包括准入控制，对网络安全事件进行深度探测，对现有安全设备有机的联动，对安全事件触发源的准确定位和根据身份进行的隔离、修复等措施，对网络形成一个由内至外的整体安全构架。所以，在对出口等重点区域进行安全部署的同时，要更加全面地考虑安全问题，让整个网络从设备级的安全上升一个台阶，摆脱仅仅局部加强某个单点的安全强度的方式。

18.3.2 典型的校园网拓扑结构

根据高校校园网的典型需求，下面设计一个简化的高校校园网，要求实现如下技术。
- 网络设备的基本配置。
- 配置VLAN。
- 配置端口聚合。
- 配置虚拟网关。
- 配置OSPF。
- 配置NAT。

- 配置 DHCP。
- 配置访问控制列表。

根据校园网的技术需求，设计一个典型的校园网拓扑结构，如图 18-1 所示。

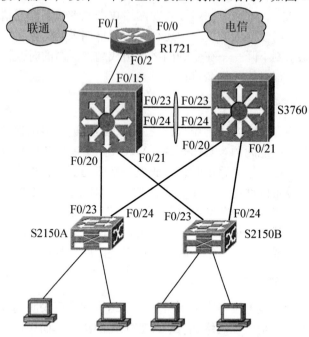

图 18-1　典型的校园网拓扑结构

18.3.3　校园网的 VLAN 和 IP 地址规划

（1）根据拓扑结构，进行 VLAN 的划分和 IP 地址的分配，如表 18-1 所示。

表 18-1　校园网的 VLAN 和 IP 地址规划

部　　门	VLAN 编号	网络号码与子网掩码	默 认 网 关
教学楼	10	172.16.10.0/24	172.16.10.254
办公楼	20	172.16.20.0/24	172.16.20.254
实验楼	30	172.16.30.0/24	172.16.30.254
图书馆	40	172.16.40.0/24	172.16.40.254
管理 VLAN	100	172.16.100.0/24	172.16.100.254

（2）交换机管理地址和设备接口地址如表 18-2、表 18-3 所示。

表 18-2　交换机管理地址

设 备 名 称	IP 地址/子网掩码
S2150A	172.16.100.1 /24
S2150B	172.16.100.2 /24
S3750	172.16.100.3 /24
S3760	172.16.100.4 /24

表 18-3 设备接口地址

设 备 名 称	接 口	IP 地址/子网掩码
S3750	F0/15	192. 168. 100. 1/30
R1721	F0/2	192. 168. 100. 2/30
R1721	F0/0	211. 71. 232. 20/24
R1721	F0/1	202. 168. 3. 25/24

18.3.4 设备的基本配置

为了方便项目的进行，首先对所有的设备进行基本的网络配置，包括各种设置设备名称、特权模式密码、用户模式密码、远程登录密码、用户访问超时、键盘同步等最基本的设备配置。

1. 活动目的

通过本实验，读者可以掌握以下技能。

- 在用户模式、特权模式和配置之间切换。
- 查看各种模式下的命令的区别。
- 熟悉上下文关联帮助的使用。
- 查看 IOS 版本信息。
- 查看路由器各基本组件信息。

2. 活动步骤（以设备 S2150A 为例）

```
switch > enable                          //从用户模式进入特权模式
switch#config t                          //从特权模式进入全局配置模式
switch(config)#hostname S2150A           //设置交换机的名字
S2150A(config)#enable secret cisco       //设置交换机的特权模式密码
S2150A(config)#line con 0                //进入交换机的用户 Console 接口
S2150A(config-line)#login                //要求用户进行密码验证
S2150A(config-line)#password cisco       //设置 Console 端口的密码
S2150A(config-line)#logging syn          //使终端的屏幕输出与键盘输入同步
S2150A(config-line)#exec-time 0 0        //设置 Console 接口永不关闭
S2150A(config)#line vty 0 15             //进入交换机的 Telnet 接口
S2150A(config-line)#login                //设置 Telnet 接口要求用户密码验证
S2150A(config-line)#password cisco       //设置 Telnet 接口的密码
（其它设备与 S2150A 类似,略…）
```

18.3.5 VLAN 和 VLAN 之间的路由配置

VLAN 是虚拟局域网的简称，它是在一个物理网络上划分出来的逻辑网络。这个网络对应于 OSI 模型的第二层网络。VLAN 的划分不受网络端口的实际物理位置的限制。VLAN 有着和普通物理网络同样的属性，除了没有物理位置的限制，它和普通局域网一样。第二层的单播、广播和多播帧在一个 VLAN 内转发、扩散，而不会直接进入其他的 VLAN 中。所以，如果一个端口所连接的主机想要同和它不在同一个 VLAN 的主机通讯，则必须通过一个路由器或者三层交换机。

1. 活动目的

通过本活动，读者可以掌握以下技能。

- 创建 VLAN。
- 命名 VLAN。
- 配置端口并加入特定 VLAN。
- 配置 Trunk 端口。
- 实现 VLAN 之间的路由。

2. 实现步骤

（1）配置设备 S2150A。

```
S2150A（config）#vlan 10                          //创建 VLAN 10
S2150A（config-vlan）#name vlan10                 //将 VLAN 10 命名为 VLAN10
S2150A（config）#interface range fastEthernet 0/1-5   //进入交换机接口 1-5
S2150A（config-if-range）#switchport access vlan 10
//将接口 1-5 设置属于 VLAN10
S2150A（config）#vlan 20                          //创建 VLAN 20
S2150A（config-vlan）#name vlan20                 //命名 VLAN20
S2150A（config）#interface range fastEthernet 0/6-10     //进入交换机接口 6-10 下
S2150A（config-if-range）#switchport access vlan 20
//将接口 6-10 设置属于 VLAN20
S2150A（config）#vlan 30                          //创建 VLAN 30
S2150A（config-vlan）#name vlan30                 //将 VLAN 30 命名为 VLAN30
S2150A（config）#interface range fastEthernet 0/11-15   //进入交换机接口 11-15
S2150A（config-if-range）#switchport access vlan 30
//将接口 11-15 设置属于 VLAN30
S2150A（config）#vlan 40                          //创建 VLAN 40
S2150A（config-vlan）#name vlan40                 //将 VLAN 40 命名为 VLAN40
S2150A（config）#interface range fastEthernet 0/16-20   //进入交换机接口 16-20
S2150A（config-if-range）#switchport access vlan 40
//将接口 16-20 设置属于 VLAN40
S2150A（config）#interface range fastEthernet 0/23-24   //进入交换机接口 23-24
S2150A（config-if）#switchport mode trunk         //设置接口 23-24 为 Trunk 接口
S2150A（config）#vlan 100                         //创建 VLAN 100
S2150A（config-vlan）#name vlan100                //将 VLAN 100 命名为 VLAN100
S2150A（config）#int vlan 100                     //进入 VLAN100 的接口配置模式
S2150A（config-if）#ip address 172.16.100.1 255.255.255.0
//设置该接口的 IP 地址
S2150A（config-if）#no shutdown                   //启动该接口
```

（2）配置设备 S2150B。

（配置 S2150B 同配置 S2150A 类似，只是 VLAN 的编号和 IP 地址不同，此处略。）

（3）配置设备 S3750。

```
S3750(config)#vlan 10                                  //创建 VLAN 10
S3750(config-vlan)#vlan name VLAN10                    //将 VLAN 10 命名为 VLAN10
S3750(config)#vlan 20                                  //创建 VLAN20
S3750(config-vlan)#vlan name VLAN20                    //将 VLAN 20 命名为 VLAN20
S3750(config)#vlan 30                                  //创建 VLAN 30
S3750(config-vlan)#vlan name VLAN30                    //将 VLAN 30 命名为 VLAN30
S3750(config)#vlan 40                                  //创建 VLAN 40
S3750(config-vlan)#vlan name VLAN40                    //将 VLAN 40 命名为 VLAN40
S3750(config)#vlan 100                                 //创建 VLAN 100
S3750(config-vlan)#vlan name VLAN100                   //将 VLAN 100 命名为 VLAN100
S3750(config)#int vlan 10                              //进入 VLAN10 接口
S3750(config-if)#ip address 172.16.10.254 255.255.255.0
//为 VLAN10 配置 IP 地址
S3750(config-if)#no shutdown                           //启动该接口
S3750(config)#int vlan 20                              //进入 VLAN20 接口
S3750(config-if)#ip address 172.16.20.254 255.255.255.0
//为 VLAN20 配置 IP 地址
S3750(config-if)#no shutdown                           //启动该接口
S3750(config)#int vlan 30                              //进入 VLAN30 接口
S3750(config-if)#ip address 172.16.30.254 255.255.255.0
//为 VLAN30 配置 IP 地址
S3750(config-if)#no shutdown                           //启动该接口
S3750(config)#int vlan 40                              //进入 Vlan40 接口
S3750(config-if)#ip address 172.16.40.254 255.255.255.0
//为 VLAN40 配置 IP 地址
S3750(config-if)#no shutdown                           //启动该接口
S3750(config)#int vlan 100                             //进入管理 VLAN 接口
S3750(config-if)#ip address 172.16.100.3 255.255.255.0
//为该 VLAN 配置 IP 地址
S3750(config-if)#no shutdown                           //启动该接口
S3750(config-if)int range f0/20-21                     //进入交换机接口 20-21
S3750(config-if-range)#switchport mode trunk//设置接口为 Trunk 接口
S3750(config-if-range)#exit
S3750(config)#interface range fastEthernet 0/23-24
S3750(config-if-range)#switchport access vlan 100
S3750(config-if-range)#exit
```

（4）配置设备 S3760。

（配置 S3760 同配置 S3750 类似，只是 VLAN 的编号和 IP 地址不同，此处略。）

18.3.6　配置端口聚合和冗余备份

可以把多个物理链接捆绑在一起形成一个简单的逻辑链接，这种逻辑链接称之为一个聚合端口（Aggregate Port），端口聚合是链路带宽扩展的一个要途径。此外，当中的一条成员链路断开时，系统会将该链路的流量分配到聚合端口其他有效链路上去。聚合端口可以根据根据源 MAC 地址/目的 MAC 地址或源 IP 地址/目标 IP 地址对来进行流量平衡，根据实际需要，用得比较多的是根据目的 MAC 地址进行流量平衡。

1. 活动目的

通过本活动，读者可以掌握以下技能。

- 同时配置交换机的多个端口。
- 配置交换机的端口聚合。
- 配置聚合端口的负载均衡。

2. 活动步骤

（1）配置 S3750。

```
S3750(config)#interface range fastEthernet 0/23-24
//进入该交换机 23-24 端口接口
S3750（config-if-range)#port-group 1        //进行端口绑定
S3750（config)#aggregatePort load-balance dst-mac
//选择基于目的 MAC 的负载均衡方式
```

（2）配置 S3760。

```
S3760(config)#interface range fastEthernet 0/23-24
//进入该交换机 23-24 端口接口
S3760（config-if-range)#port-group 1        //进行端口绑定
S3760（config)#aggregatePort load-balance dst-mac
//选择基于目的 MAC 的负载均衡方式
```

（3）实验验证。

当将两三层交换机之间一条链路断开时，网络依然可以通信。

18.3.7　配置虚拟网关协议

1. 活动目的

通过本活动，读者可以掌握以下技能。

- 配置虚拟网关协议。
- 配置虚拟主地址。
- 配置主地址。
- 配置优先级。
- 验证功能。

2. 活动步骤

（1）配置 S3750。

```
S3750(config)#vlan 10                                    //进入 VLAN10 接口
S3750(config-vlan)#standby 1 ip add 172.16.10.254        //设置该接口的虚拟网关地址
S3750(config-vlan)#standby 1 priority 254                //用于设定接口的 HSRP(热备份路
由协议)优先级具有最高备份优先级的 HSRP 成员将成为激活路由器
S3750(config)#vlan 20                                    //进入 VLAN20 接口
S3750(config-vlan)#standby 2 ip add 172.16.20.254        //设置该接口的虚拟网关地址
S3750(config-vlan)#standby 2 priority 254                //设置该接口的 HSRP 优先级
```

```
S3750(config)#vlan 30                             //进入 VLAN30 接口
S3750(config-vlan)#standby 3 ip add 172.16.30.254 //设置该接口的虚拟网管地址
S3750(config-vlan)#standby 3 priority 120         //设置该接口的优先级
S3750(config)#vlan 40                             //进入 VLAN40 接口
S3750(config-vlan)#standby 4 ip add 172.16.40.254 //设置该接口的虚拟网管
S3750(config-vlan)#standby 4 priority 120         //设置该接口的优先级
```

（2）配置 S3760。

```
S3760(config)#vlan 10                             //进入 VLAN10 接口
S3760(config-vlan)#standby 1 ip add 172.16.10.254 //设置该接口的虚拟网管
S3760(config-vlan)#standby 1 priority 120         //设置该接口的优先级
S3760(config)#vlan 20                             //进入 VLAN20 接口
S3760(config-vlan)#standby 1 ip add 172.16.20.254 //设置该接口的虚拟网管
S3760(config-vlan)#standby 1 priority 120         //设置该接口的优先级
S3760(config)#vlan 30                             //进入 VLAN30 接口
S3760(config-vlan)#standby 2 ip add 172.16.30.254 //设置该接口的虚拟网管
S3760(config-vlan)#standby 2 priority 120         //设置该接口的优先级
S3760(config)#vlan 40                             //进入 VLAN40 接口
S3760(config-vlan)#standby 4 ip add 172.16.40.254 //设置该接口的虚拟网管
S3760(config-vlan)#standby 4 priority 254         //设置该接口的优先级
```

（3）验证配置。

交换机 S2150A VLAN10 上的计算机访问外部网络。默认情况下，VLAN10 上的计算机是通过 S3750 访问外部网络；切断 S2150A 和 S3750 之间的连接，VLAN10 上的计算机自动通过 S3760 访问外部网络。

18.3.8 配置 OSPF 协议

1. 活动目的

通过本实验，读者可以掌握以下技能。
- 配置单区域 OSPF 协议。
- 配置参与 OSPF 进程的接口。
- 配置 OSPF 度量值。
- 配置 OSPF 协议接口 IP。
- 验证 OSPF 协议。

2. 活动步骤

（1）配置 S3750。

```
S3750(config)#router ospf 10                    //启动 OSPF 协议
S3750(config-router)#network 172.16.10.0 0.0.0.255 area 0
S3750(config-router)#network 172.16.20.0 0.0.0.255 area 0
S3750(config-router)#network 172.16.30.0 0.0.0.255 area 0
S3750(config-router)#network 172.16.40.0 0.0.0.255 area 0
S3750(config-router)#network 172.16.100.0 0.0.0.255 area 0
```

```
S3750(config-router)#network 192.168.100.1 0.0.0.3 area 0
//以上命令将相应接口加入到 OSPF 区域
S3750(config-router)#exit
S3750(config)#int f0/15              //进入 f0/15 端口
S3750(config)#no switchport          //设置该端口为属于 3 层接口
S3750(config-if)#ip address 192.168.100.1 255.255.255.252
//为该接口配置 IP 地址
S3750(config-if)#no shutdown          //启动该端口
S3750(config)#int vlan 30
S3750(config-vlan)#ip ospf cost 65535
//提高 S3750 上 VLAN 30 的 ospf 度量值，让 VLAN 30 的数据包走 S3760 交换机
S3750(config)#int vlan 40
S3750(config-vlan)#ip ospf cost 65535
//提高 S3750 上 VLAN 40 的 ospf 度量值，让 VLAN 40 的数据包走 S3760 交换机
```

（2）配置 S3760。

```
S3760(config)#router ospf 30          //启动 OSPF 协议
S3760(config-router)#network 172.16.10.0 0.0.0.255 area 0
S3760(config-router)#network 172.16.20.0 0.0.0.255 area 0
S3760(config-router)#network 172.16.30.0 0.0.0.255 area 0
S3760(config-router)#network 172.16.40.0 0.0.0.255 area 0
S3760(config-router)#network 172.16.100.0 0.0.0.255 area 0
//以上命令将相应接口加入到 OSPF 区域
S3760(config)#int vlan 10
S3760(config-vlan)#ip ospf cost 65535
//提高 S3760 上 VLAN 10 的 ospf 度量值，让 VLAN 10 的数据包走 S3750 交换机
S3760(config)#int vlan 20
S3760(config-vlan)#ip ospf cost 65535
//提高 S3760 上 VLAN 20 的 ospf 度量值，让 VLAN 20 的数据包走 S3750 交换机
```

（3）配置 R1721。

```
S1721(config)#router ospf 20          //启动 OSPF 协议
S1721(config-router)#network 192.168.100.2 0.0.0.3 area 0
//设置参与 OSPF 进程的接口
```

（4）验证。

使用 Traceroute 命令跟踪路由的过程，VLAN10 和 VLAN20 的数据包应该通过 S3750 路由到网络出口；VLAN30 和 VLAN40 的数据包应该通过 S3760 路由到网络出口。

18.3.9　配置 NAT

当前的 Internet 面临的两大问题，即可用 IP 地址的短缺和路由表的不断增大，这使得众多用户的接入出现困难。使用 NAT 技术可以使一个机构内的所有用户通过有限个数的（或 1 个）合法 IP 地址访问 Internet，从而节省了 Internet 的合法 IP 地址；另一方面，通过地址转换，可以隐藏内网上主机的真实 IP 地址，从而提高了网络的安全性。

1. 活动目的

通过本活动，读者可以掌握以下技能。

配置动态内部源地址转换 NAT。

配置地址转换池。

配置访问控制列表。

配置端口地址转换（PAT）。

验证 NAT 协议。

2. 活动步骤

（1）配置 R1721。

```
R1721(config)#ip nat pool liantong 211.71.232.20 211.71.232.20 netmask 255.255.255.0
//定义联通转换地址池
R1721(config)#ip nat pool dianxin 202.168.3.25 202.168.3.25 netmask 255.255.255.0
//定义电信转换地址池
R1721(config)#access-list 1 permit 172.16.10.0   0.0.0.255
R1721(config)#access-list 1 permit 172.16.20.0   0.0.0.255
R1721(config)#access-list 2 permit 172.16.30.0   0.0.0.255
R1721(config)#access list 2 permit 172.16.40.0   0.0.0.255
//以上命令定义访问控制列表 1 和 2
R1721(config)#ip nat inside source list 1 pool liantong overload
//设置 Vlan 10 20 被转换为联通的公网 IP
R1721(config)#ip nat inside source list 2 pool dianxin overload
//设置 Vlan 30 40 被转换为电信的公网 IP
R1721 (config)#int f0/2
R1721 (config-if)#ip nat inside          //配置 f0/2 为内部访问接口
R1721 (config)#int f0/1
R1721 (config-if)#ip nat outside         //配置 f0/1 为外部访问接口
R1721 (config)#int f0/0
R1721 (config-if)#ip nat outside         //配置 f0/0 为外部访问接口
```

（2）验证。

在 R1721 路由器上，使用 show ip nat translations 命令可以查看 NAT 的映射表，可以发现 VLAN10 和 VLAN20 中的 IP 被转换为联通池中的 IP；VLAN30 和 VLAN30 中的 IP 被转换为电信池中的 IP。

18.3.10 配置 DHCP

DHCP 服务是一种自动为客户分配 IP 地址的服务，通常校园网的 DHCP 服务器都设置在三层交换机之上，在保证客户请求不受影响的情况下，节省了单独架设 DHCP 服务器的开支，本案例把 S3750 配置为 DHCP 服务器，把 S3760 配置为 DHCP 中继代理，用来中继来自 VLAN30、VLAN40 的 DHCP 请求。

1. 活动目的

通过本活动，读者可以掌握以下技能。

- 启动 DHCP 服务器。
- 配置动态分配 IP 池。
- 为客户动态分配网关。
- 配置 DHCP 中继代理。
- 从分配池中排除特殊的 IP 不进行分配。
- 验证 DHCP。

2. 活动步骤

（1）配置 S3750。

```
S3750(config)# service dhcp                              //启动 DHCP 服务
S3750(config)#ip dhcp pool VLAN10
S3750(config)#network 172.16.10.0 255.255.255.0
//为 VLAN 10 设置动态分配 IP 池
S3750(config)#default－router 172.16.10.254             //为 VLAN 10 设置网关
S3750(config)#dns－server 211.71.232.5                  //为客户机配置 DNS
S3750(config)#ip dhcp pool VLAN20
S3750(config)#network 172.16.10.0 255.255.255.0    //为 VLAN 20 设置动态分配 IP 池
S3750(config)#default－router 172.16.20.254            //为 VLAN 20 设置网关
S3750(config)#dns－server 211.71.232.5                 //为客户机配置 DNS
S3750(config)#ip dhcp pool VLAN30
S3750(config)#network 172.16.30.0 255.255.255.0
//为 VLAN 30 设置动态分配 IP 池
S3750(config)#default－router 172.16.30.254            //为 VLAN 30 设置网关
S3750(config)#dns－server 211.71.232.5                 //为客户机配置 DNS
S3750(config)#ip dhcp pool VLAN40
S3750(config)#network 172.16.40.0 255.255.255.0
//为 VLAN 40 设置动态分配 IP 池
S3750(config)#default－router 172.16.40.254            //为 VLAN 40 设置网关
S3750(config)#dns－server 211.71.232.5                 //为客户机配置 DNS
S3750(config)#ip dhcp excluded－address 172.16.10.252
S3750(config)#ip dhcp excluded－address 172.16.10.253
S3750(config)#ip dhcp excluded－address 172.16.10.254
S3750(config)#ip dhcp excluded－address 172.16.20.252
S3750(config)#ip dhcp excluded－address 172.16.20.253
S3750(config)#ip dhcp excluded－address 172.16.20.254
S3750(config)#ip dhcp excluded－address 172.16.30.252
S3750(config)#ip dhcp excluded－address 172.16.30.253
S3750(config)#ip dhcp excluded－address 172.16.30.254
S3750(config)#ip dhcp excluded－address 172.16.40.252
S3750(config)#ip dhcp excluded－address 172.16.40.253
S3750(config)#ip dhcp excluded－address 172.16.40.254
//以上命令为排除特定 IP 不用来进行动态分配
S3750(config)#ip dhcp snooping                         //启动 DHCP 反 ARP 欺骗功能
```

（2）配置 S3760。

```
S3760(config)# service dhcp
S3760(config)#int vlan 20
S3760(config-if)ip helper-address 192.168.100.3        //配置 DHCP 中继代理
```

（3）验证。

从 VLAN10、VLAN20、VLAN30 和 VLAN40 中分别找一台计算机，设置计算机"自动获取 IP 地址"，然后，在命令提示符下，使用命令"ipconfig /all"来查看是否自动获取 IP 地址，获取的 IP 地址是否合法。

18.3.11　配置访问控制列表

访问控制列表（ACL）是应用在路由器接口的指令列表。这些指令列表用来告诉路由器哪些数据包可以接收，哪些数据包需要拒绝。至于数据包是被接收还是拒绝，可以由类似于源地址、目的地址、端口号等的特定指示条件来决定。下面通过访问控制列表实现常见的病毒控制和 VLAN10 与 VLAN20 之间的访问限制。

1. 活动目的

通过本活动，读者可以掌握以下技能。

- 配置标准访问控制列表。
- 配置扩展访问控制列表。
- 配置命名的标准访问控制列表。
- 配置命名的扩展访问控制列表。
- 在接口上应用访问控制列表。
- 验证访问控制列表。

2. 活动步骤

（1）配置 S3750。

```
S3750(config)#ip access-list standard denyxs        //创建名称为 denyxs 的标准 IP 访问控制
列表
S3750(config-std-nacl)#deny 172.16.10.0 0.0.0.255
//禁止 172.16.10.0 这个网段
S3750(config-std-nacl)#permit any                //允许其他流量
S3750(config)#int vlan 20
S3750(config-if)#ip access-group denyxs out
//在 VLAN20 这个网段启动访问控制列表 denyxs，禁止 VLAN10 访问 VLAN20
```

（2）配置 S3760。

```
S3760(config)#ip access-list standard denyxs           //创建名称为 denyxs 的标准 IP
访问控制列表
S3760(config-std-nacl)#deny 172.16.10.0 0.0.0.255    //禁止 172.16.10.0 这个网段
S3760(config-std-nacl)#permit any                  //允许其他流量
S3760(config)#int vlan 20
S3760(config-if)#ip access-group denyxs out
//在 VLAN20 这个网段启动访问控制列表 denyxs，禁止 VLAN10 访问 VLAN20
```

（3）配置 R1721。

在出口路由器上启用 ACL，防止冲击波、震荡波。

```
R1721(config)#access-list 100 deny tcp any any eq 135    //冲击波、震荡波常用攻击端口
R1721(config)#access-list 100 deny tcp any any eq 136    //冲击波、震荡波常用攻击端口
R1721(config)#access-list 100 deny tcp any any eq 137    //冲击波、震荡波常用攻击端口
R1721(config)#access-list 100 deny tcp any any eq 138    //冲击波、震荡波常用攻击端口
R1721(config)#access-list 100 deny tcp any any eq 139    //冲击波、震荡波常用攻击端口
R1721(config)#access-list 100 deny tcp any any eq 445    //冲击波、震荡波常用攻击端口
R1721(config)#access-list 100 deny udp any any eq 135    //冲击波、震荡波常用攻击端口
R1721(config)#access-list 100 deny udp any any eq 136    //冲击波、震荡波常用攻击端口
R1721(config)#access-list 100 deny udp any any eq 137    //冲击波、震荡波常用攻击端口
R1721(config)#access-list 100 deny udp any any eq 138    //冲击波、震荡波常用攻击端口
R1721(config)#access-list 100 deny udp any any eq 139    //冲击波、震荡波常用攻击端口
R1721(config)#access-list 100 deny udp any any eq 445    //冲击波、震荡波常用攻击端口
R1721(config)#access-list 100 permit ip any any
```

（4）应用访问控制列表。

```
R1721(config)#interface s0/1
R1721(config-if)#ip access-group 100 in
R1721(config)#interface s0/0
R1721(config-if)#ip access-group 100 in
```

（5）验证。

使用 ping 命令验证访问控制列表。

18.4　学习小结

通过本章的学习，读者应该能够更加深刻地理解前面章节学到的知识点和它们之间的相互作用。通过本项目的综合训练，读者应该能够综合运用前面所学知识，进行常见园区网、企业网、校园网的规划、设计和配置。

附录 A   Boson NetSim 简介

A.1   Boson NetSim 概览

Boson NetSim 是 Boson 公司推出了一款 Cisco 路由器、交换机模拟程序。它的出现给那些正在准备 CCNA、CCNP 考试然而却苦于没有实验设备、实验环境的备考者提供了练习教材上所学命令的有力环境和工具。

需要说明的是 Boson NetSim 毕竟不是真实的路由器（交换机），它只是一个能够输入配置命令、验证理论和实例的环境。通过它不过是能够多熟悉各个命令的格式和作用而已。

Boson NetSim 有两个组成部分：Boson Network Designer（实验拓扑图设计软件）和 Boson NetSim（实验环境模拟器）。

Boson NetSim 安装结束以后，在桌面上会产成两个图标，如图 A-1 所示：Boson Network Designer 和 Boson NetSim。其中 Boson Network Designer 用来绘制网络拓扑图，Boson NetSim 用来进行设备配置练习。

Boson NetSim for
CCNA

Boson Network
Designer

图 A-1   Boson NetSim 生成的图标

Boson NetSim 有不同的系列和版本，这里以 Boson NetSim for CCNP V7 为例，从入门开始讲解，一步步地帮助大家掌握其所有功能。

A.2   Boson Network Designer

A.2.1   概览

网络拓扑图设计软件（Boson Network Designer）用来绘制实验所用到的网络拓扑图。虽然 Boson NetSim 提供了一些定制好的网络拓扑环境，但是允许用户自己定制网络拓扑图，这无疑大大扩展了 Boson NetSim 的应用。

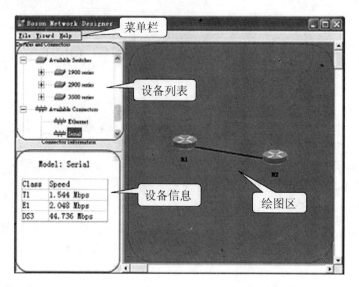

图 A-2 Boson Network Designer 的主界面

如图 A-2 所示，Boson Network Designer 的主界面可以分为 4 个部分：菜单栏、设备列表、设备信息、绘图区。

A.2.2 菜单栏

菜单栏主要提供了一些和文件、设备连线有关的操作。

（1）文件菜单。

- 新建：重新绘制一个拓扑图（若当前有拓扑图打开，系统会提示是否保存当前拓扑图）。
- 打开：打开一个已存盘的拓扑图文件。
- 保存：将当前的拓扑图存盘（扩展名为.top）。
- 另存为：同上。
- 加载拓扑图到实验模拟器：将拓扑图装入实验模拟器准备实验（要求已打开了Boson NetSim 程序）。
- 打印：打印当前拓扑图。
- 最近编辑过的拓扑图：列出最近编辑过的 5 个拓扑图文件。
- 退出：退出网络拓扑图设计软件 Boson Network Designer。

（2）向导菜单。

- 布线向导：以向导的形式给设备布线。
- 添加设备向导：以向导的形式添加一个新的设备。

（3）帮助菜单。

- 帮助主题：打开帮助文档。
- 图例：显示布线颜色图例，如蓝色（（快速）以太网总线）、红色（ISDN（拨号）线路）、黑色（串行线路）、白色（帧中继线路），如图 A-3 所示。
- 用户手册：打开并显示 NetSim_Docs. pdf 用户手册。
- 关于：显示 Boson Network Designer 版本信息。

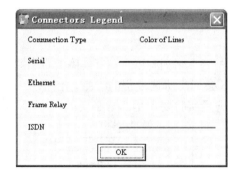

图 A-3　布线颜色图例

A.2.3　设备列表

设备列表主要提供了如下设备供绘图使用。

（1）路由器系列。

- 800（801、802、803、804、805、806）
- 1000（1003、1004、1005）
- 1600（1601、1602、1603、1604、1605）
- 1700（1710、1720、1721、1750、1751、1760）
- 2500（2501、2502、2503、2504、2505、2507、2509、2513、2514、2515、2516、2520、2521、2522、2523）
- 2600（2610、2611、2620、2621）
- 3600（3620、3640）
- 4500（4500）

（2）交换机系列。

- 1900（1912）
- 2900（2950）
- 3500（3550）

（3）布线元件。

- Ethernet
- Serial
- ISDN

（4）其他设备。

- PC 机

> **小提示**
>
> 　　需要说明的是，在进行BOSON的模拟实验时，对于不同型号的路由器来说其功能和性能却是完全相同的。所不同的是固定配置（例如通过 Ethernet 0 引用接口）还是模块化（例如通过 Ethernet 0/0 引用接口），是普通以太网（Ethernet）还是快速以太网（Fastethernet）的区别，以及不同系列的路由器所提供的接口的类型、数量的不同。对于交换机也是类似的。因此，只要满足实验的需求，任何路由器均可。但是，为了实现清晰的配置过程和配置效果，一个原则是以够用为度，即：尽量选择一个简单的、接口数较少的路由器。

A.2.4 设备信息

如图 A-4 所示，当在设备列表区选定了一个具体的设备型号以后，在 Boson Network Designer 的主界面设备信息区会列出所选设备的参数，包括接口的类型和数量，这些信息对于我们衡量一个设备是否满足实验要求是非常必要的。

Model:4500

Solt Options	2 Ethernet, 4 Etherent, 1 fast Ethernet, 2 Serial, 4 Serial, 1 BRI

图 A-4 设备信息

有的设备会有可选的（Options）接口，可以在将这样的设备添加到绘图区的时候，决定是否使用这样的接口。

A.2.5 绘图区

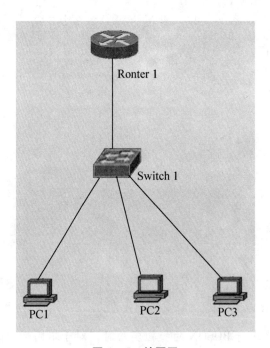

图 A-5 绘图区

如图 A-5 所示，绘图区提供了放置各种实验设备的平台。这里可以添加/删除设备、添加/删除设备间连线。

A.2.6 添加/删除设备

1. 添加设备

有两种方法可以向绘图区内添加设备：通过设备列表、通过设备添加向导。

（1）通过设备列表添加设备。

单击 Boson Network Designer 左边的设备列表中的 Available Routers、Available Switches、Available Devices、Available Connectors，将可使用的路由器、交换机、PC、连接方式拖入右边的绘图区内即可。如图 A-6 所示。

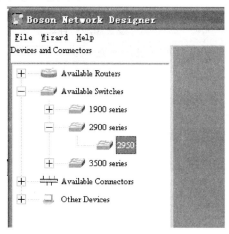

图 A-6 通过设备列表添加设备

（2）通过设备添加向导。

在用户菜单执行 Wizard | Add Device Wizard 命令，如图 A-7 所示，第一步选择需要使用的设备 Routers、Switches 和 PC，即：eRouters、eSwitches 和 eStations。

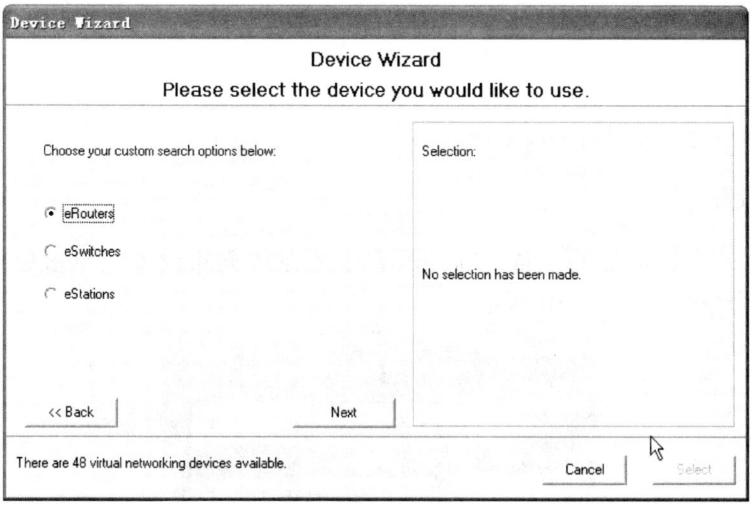

Device Wizard
Please select the device you would like to use.

Choose your custom search options below:

- ● eRouters
- ○ eSwitches
- ○ eStations

Selection:

No selection has been made.

<< Back   Next

There are 48 virtual networking devices available.   Cancel   Select

图 A-7 设备添加向导一

第二步选择所需要的接口类型，如图 A-8 所示。

图 A-8　设备添加向导二

通过向导的形式添加设备的一个特色是，它提供一个筛选设备列表。可以根据实验要求定制所需的接口类型，系统会自动列出符合要求的路由器（交换机）型号，用户需要做的就只是在设备过滤表中选择一个接口数量满足要求的设备即可，例如在图 A-8 中选择了 Fast Ethernet 和 Slot Only，系统自动筛选后，只有3台路由器，如图 A-9 所示。

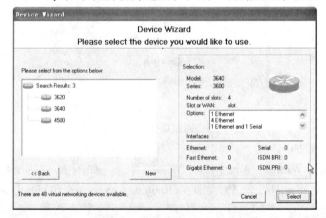

图 A-9　添加设备向导三

选择好设备后，可以使用系统默认的设备名（路由器：Router n；交换机：Switch n；PC 机：PC n），也可以自行为设备命名。

2. 删除设备

想要删除一个已添加的设备，唯一的方法是在待删除设备上单击鼠标右键，选择 Delete Device命令，如图 A-10 所示。

图 A-10　删除设备

A.2.7 布线

有3种方法可以给设备布线：通过设备列表、通过布线向导、直接双击设备进行布线。

（1）通过设备列表。

可以通过从设备列表区选中并拖动一个布线元件到绘图区的方法来为设备布线。如图A-11和A-12所示。这里，只需选择源设备及其接口，单击 Next 按钮、选择目标设备及其接口，单击 Finish 按钮即可。

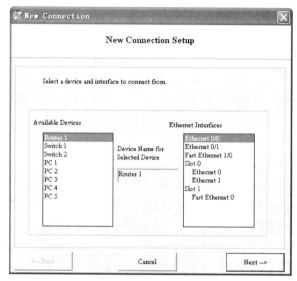

图 A-11 选择源设备及其接口

图 A-12 选择目标设备及其接口

（2）通过布线向导。

通过选择 Wizard | Connection Wizard 命令，可以使用布线向导为设备布线。如图 A-13所示。

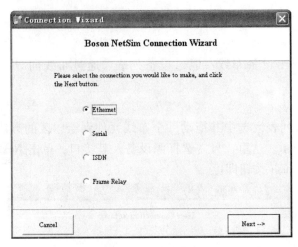

图 A-13　布线向导

这里，首先要选择一种布线元件类型（如 Ethernet、Serial、ISDN 等），在单击 Next 按钮后，将看到和图 A-11 和图 A-12 类似的对话框，通过选择源设备及其接口、目标设备及其接口来完成布线。

（3）在绘图区直接布线。

也可以通过右击设备的方法为设备布线，如图 A-14 所示，在选择了源接口后将弹出类似图 A-12 的对话框，只需选择目标设备及其接口并单击 Finish 按钮后即可完成布线。

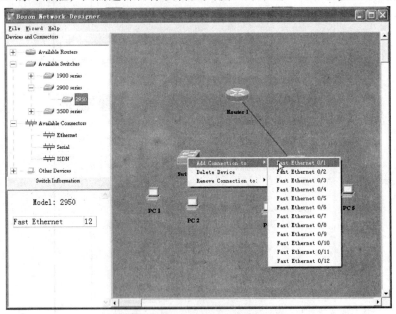

图 A-14　右击设备进行布线

还可以通过双击设备的方法进行布线。这时，将弹出 Device Statistics 对话框，如图 A-15所示。

可以首先选择待布线的接口，然后选择 Connect this interface 按钮。这时，将弹出类似图 A-12 的对话框，只需选择目标设备及其接口并单击 Finish 按钮后即可完成布线。

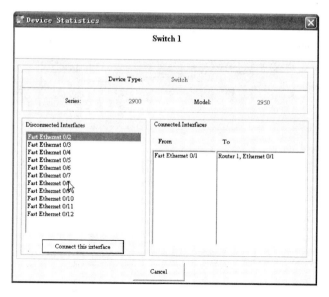

图 A-15　双击设备进行布线

（4）删除布线。

想要删除一个设备间的布线，唯一的方法是在待删除的布线设备上单击鼠标右键，选择 Remove Connection to 命令，然后选择待删除的布线即可，如图 A-16 所示。

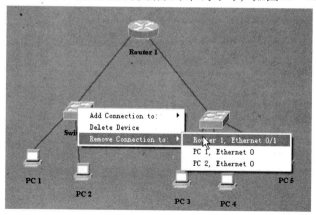

图 A-16　删除设备间的布线

A.3　Boson NetSim for CCNP

在 A.2 节中简要介绍了 Boson Network Designer 的使用方法，在本节中将重点介绍 Boson NetSim for CCNP 的使用方法。

A.3.1　概要

网络设备模拟器（Boson NetSim）用来模拟 Cisco 各种路由器、交换机搭建起来的实验环境。在这里用户可以配置路由器、交换机设备，观察实验结果，对运行着的协议进行诊断等。

如图 A-17 所示，Boson NetSim 的主界面可以分为 3 个部分：菜单栏、工具栏、路由器（交换机）配置界面。

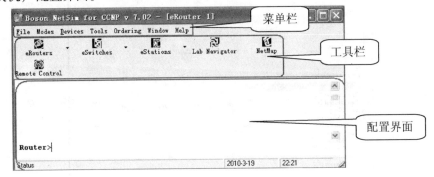

图 A-17　Boson NetSim 主界面

A.3.2　工具栏

工具栏的前 3 个按钮用来快速切换待配置的设备（路由器、交换机、工作站 PC），如图 A-18 所示。

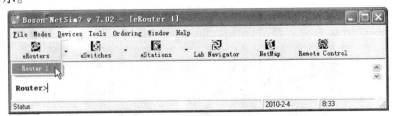

图 A-18　设备切换按钮

第 4 个按钮（Lab Navigator）用来打开实验导航器，如图 A-19 所示。第 5 个按钮（NetMap）用来重现当前实验的网络拓扑图，如图 A-20 所示。第 6 个按钮（Remote Control）用来打开远程控制面板，如图 A-21 所示。

图 A-19　实验导航器

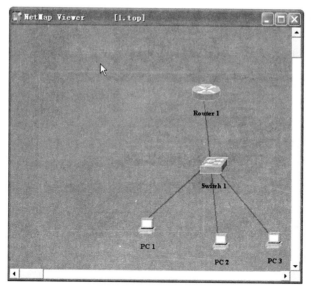

图 A-20　网络拓扑图

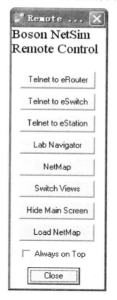

图 A-21　远程控制面板

A.3.3　配置界面

配置界面是用户输入路由器、交换机配置命令的地方，也是用户观察路由器、交换机信息输出的地方。其使用方法和"超级终端"完全相同。

A.3.4　菜单栏

菜单栏：主要包括文件菜单、模式菜单、设备菜单、工具菜单、注册菜单、窗口菜单和帮助菜单。

（1）文件菜单。

- 新建拓扑图：调用拓扑图绘制软件重新绘制一个拓扑图。
- 装入拓扑图：装入一个已有的拓扑图文件。
- 粘贴配置：粘贴一个来自真实路由器（交换机）的配置文件。
- 装入单设备配置文件（合并方式）：将以前保存的单个设备配置文件装入到当前实验环境中，以合并方式进行。
- 装入单设备配置文件（覆盖方式）：将以前保存的单个设备配置文件装入到当前实验环境中，以覆盖方式进行。
- 装入多设备配置文件：将以前保存的所有设备的配置文件装入到当前实验环境中。
- 保存单设备配置文件：将当前设备的配置存盘（以 . rtr 为文件扩展名）。
- 保存多设备配置文件：将所有设备的配置存盘。
- 打印：打印当前拓扑图。
- 退出：退出模拟器软件 Boson NetSim。

（2）模式菜单。

- 入门模式：以默认的配置窗口的方式显示用户配置界面。
- 高级模式：显示"远程控制面板"，并切换到 Telnet 的方式访问用户配置界面，如图 A-22 所示。
- 工具条：用来显示/隐藏"远程控制面板"。

图 A-22　高级用户配置界面模式

（3）设备菜单（Devices）。

其作用同工具栏上的快速切换设备图标相同。

（4）工具菜单（Tools）。

- 检查更新（Check For Updates）：检查 Boson NetSim 的最新版本更新。

- 更新 Web 页面（Updates Web Page）：启动 IE 浏览器并显示 http：//www. boson. com/netsim/页面供查询 Boson NetSim 的最新版本。

- 可用命令（Available Commands）：检查当前版本的路由器（交换机）可以使用的各种命令（各种配置模式），如图 A－23 所示。

- 改变默认的 Telnet 程序（Change default telnet）：改变默认的 Telnet 客户端程序，如图 A－24 所示。

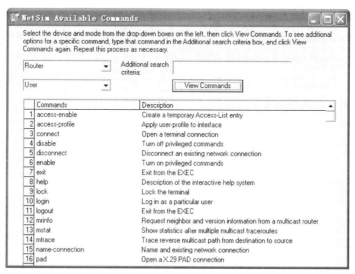

图 A－23　可用命令列表

图 A－24　改变默认的 Telnet 程序

（5）注册菜单：主要用来对 Boson NetSim 软件进行注册。

（6）窗口菜单：用来对当前所有窗口进行布局重排。

（7）帮助菜单：主要提供到帮助主题、帮助文档的链接，还提供一些解决无法使用"高级配置模式"的向导工具。

A.4 Boson Lab Navigator

Boson 公司为 Boson NetSim 软件定制了一些现成的软件实验包（Package）。这些实验包已经内置了实验拓扑图、部分正确配置的配置文件。通过 Boson NetSim 的实验导航器（Lab Navigator）可以有计划地、循序渐进地进行实验练习。如图 A-25 所示。Lab Navigator 主界面的功能区域可以分为 3 个部分：实验包列表、实验列表和功能按钮。

图 A-25 Lab Navigator 的主界面

A.4.1 软件包列表

实验包列表列出了当前版本的 Boson NetSim 提供的实验包列表。目前，主要包括以下实验包。

- Scenario Labs：场景实验，根据事先设计好的场景、网络拓扑图来进行实验。
- Sequential Labs：系列实验，这些实验往往有顺序的要求，即在完成当前的实验之前必须先完成前面的实验。
- Stand Alone Labs：独立的实验，实验之间没有联系，可以随意选择单个实验进行练习。

A.4.2 实验列表

当选择了一个实验包以后，在右侧会显示出当前实验包所包含的所有实验列表，如图 A-26所示。通过双击的方法可以打开某个实验的描述（要求），如图 A-27 所示。

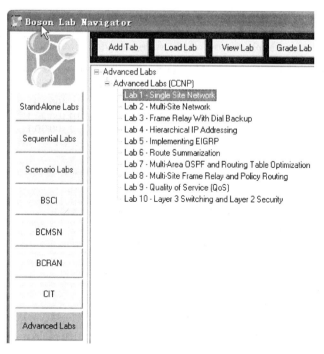

图 A-26 当前软件包所有的实验

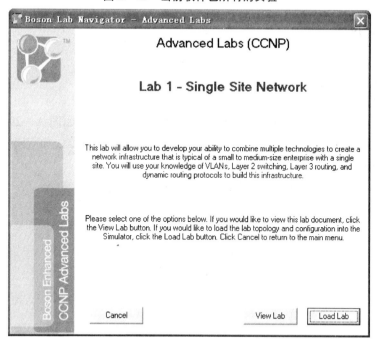

图 A-27 实验描述

当选择了 View Lab 功能后，会自动打开关于本实验的说明书（PDF 格式），其主要内容包括：实验要求、实验拓扑图、实验命令总结、实验任务、实验过程（参考答案）、最终的实验配置文件等。如图 A-28 所示。

选择 Load Lab 功能并经确认后，可以将当前实验装入 Boson NetSim 中进行练习。

Lab Topology

For this lab, your network design will include the devices shown in the Topology diagram below. You will begin with blank configurations on all devices. The diagram represents the NetMap in the Simulator. To access each of the devices from within the Simulator, select the device name from the appropriate menu in the Simulator. For example, to access P1R1, click the **eRouters** button and select **P1R1** from the drop-down menu.

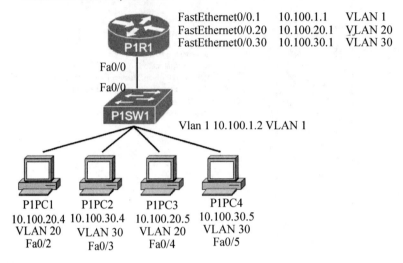

图 A-28　实验说明书（局部）

A.4.3　功能按钮

功能按钮主要包括以下功能。

- Delete Tab/Add Tab：用来删除或添加实验包。
- Load LabL：用来将当前选中实验装入 Boson NetSim 中。
- Grade Lab：用来对当前正在进行的实验项目进行评估，如图 A-29 所示。其中的 Grade me 按钮将显示出实验者还没有完成（或忘记输入）的命令，而 View as HTML 按钮则用来以 HTML 的形式显示评估结果。如图 A-30 所示。

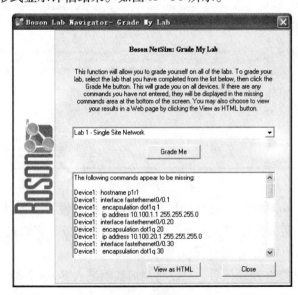

图 A-29　实验项目评估

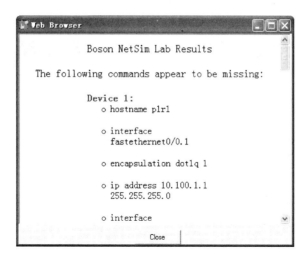

图 A - 30　实验项目评估（HTML）

A．5　Boson NetSim 小结

　　Boson NetSim 为用户提供了一个练习 Cisco 路由器、交换机配置的环境。但它毕竟不是真实设备，有很多不支持的协议和命令。但是，它仍不失为众多 Cisco 实验练习软件的首选之一。

附录 B Packet Tracer 5.0 简介

Packet Tracer 是由 Cisco 公司发布的一个辅助学习工具，为学习思科网络课程的初学者去设计、配置、排除网络故障提供了网络模拟环境。用户可以在软件的图形用户界面上直接使用拖曳方法建立网络拓扑，并可提供数据包在网络中传输的详细处理过程，观察网络实时运行情况。用户可以通过该软件学习 Cisco IOS 的配置、锻炼故障排查能力。下面介绍它的简单使用。

B.1 安 装

Packet Tracer 5.0 安装非常方便，在安装向导帮助下一步步很容易完成。安装过程中的部分图示如图 B-1 和图 B-2 所示。安装完成后可以使用"开始"菜单运行软件，如图 B-3 所示。

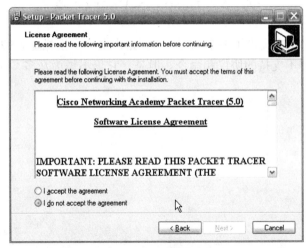

图 B-1 安装过程 1

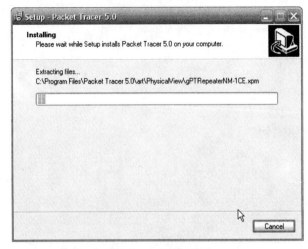

图 B-2 安装过程 2

图 B-3 开始菜单的软件运行文件

B.2 添加网络设备和计算机构建网络

Packet Tracer 5.0 非常简明扼要，白色的工作区显示得非常明白，工作区上方是菜单栏和工具栏，工作区下方是网络设备、计算机、连接栏，工作区右侧选择、删除设备工具栏，如图 B-4 所示。

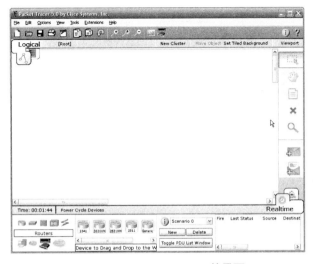

图 B-4 Packet Tracer 5.0 的界面

在设备工具栏内先找到要添加设备的大类别，然后从该类别的设备中寻找并添加自己想要的设备。在本节操作中，先选择交换机，然后选择具体型号的思科交换机。操作步骤如图 B-5～图 B-7 所示。

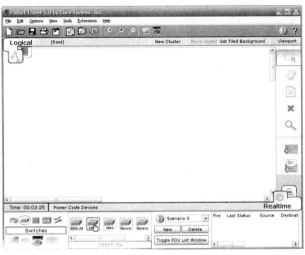

图 B-5 添加交换机

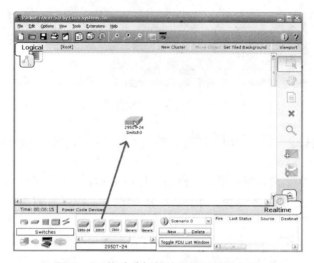

图 B-6　拖动选择好的交换机到工作区

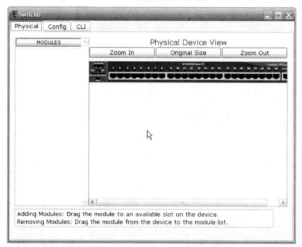

图 B-7　单击设备，查看设备的前面板、具有的模块及配置设备

其他设备添加步骤如图 B-8～图 B-10 所示。

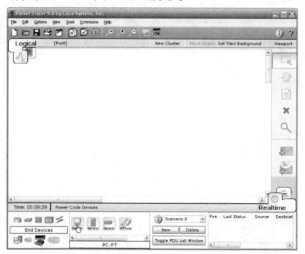

图 B-8　添加计算机：Packet Tracer 5.0 中有多种计算机

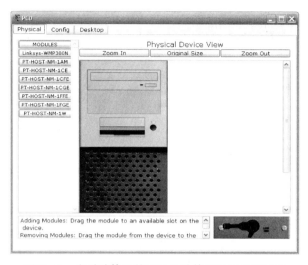

图 B-9 查看计算机并可以给计算机添加功能模块

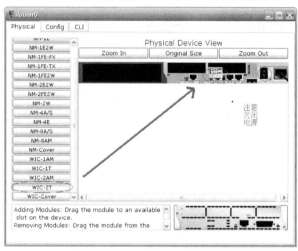

图 B-10 给路由器添加模块

添加完设备后，即可添加选择线连接各个设备。操作如图 B-11～图 B-15 所示。

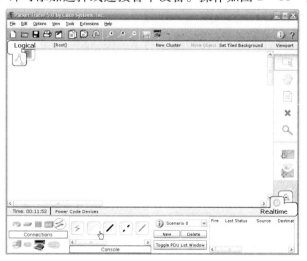

图 B-11 添加连接线连接各个设备

网络工程实践教程——基于Cisco路由器与交换机

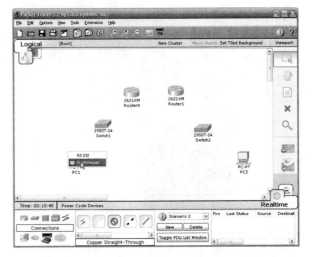

图 B-12　连接计算机与交换机，选择计算机要连接的接口

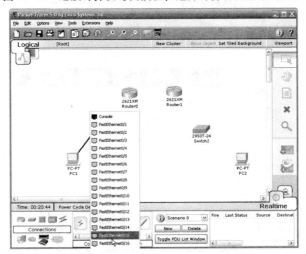

图 B-13　连接计算机与交换机，选择交换机要连接的接口

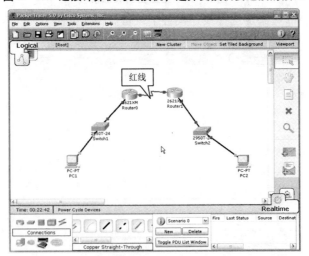

图 B-14　红色表示该连接线路不通，绿色表示连接通畅

256

思科 Packet Tracer 5.0 有很多连接线，每一种连接线代表一种连接方式：控制台连接、双绞线交叉连接、双绞线直连接、光纤、串行 DCE 及串行 DTE 等连接方式供用户选择。如果用户不能确定应该使用哪种连接，可以使用自动连接，让软件自动选择相应的连接方式。

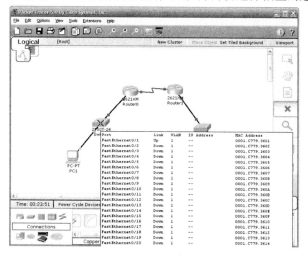

图 B-15　删除连接及设备

把鼠标放在工作区中拓扑图的设备上，会显示当前设备相关信息，如图 B-16 所示。

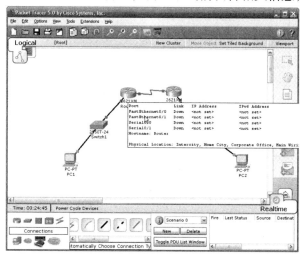

图 B-16　拓扑图中的设备上显示的当前设备信息

　　单击要配置的设备，会弹出该设备的对话框，如果是网络设备（交换机、路由器等），在弹出的对话框中切换到 Config 或 CLI，可在图形界面或命令行界面对网络设备进行配置。如果在图形界面下配置网络设备，下方会显示对应的 IOS 命令如图 B-17，B-18 所示。

　　单击工作区中的 PC，会弹出该 PC 的对话框，包含 physical、config 和 Desktop 三个选项卡，如图 B-19、B-20 所示。

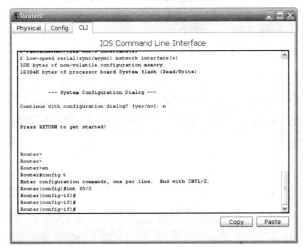

图 B-17 网络配置设备

图 B-18 CLI命令行配置

图 B-19 计算机的配置界面

2. 命令功能

显示和修改"地址解析（ARP）"缓存中的项目。

3. 参数说明

● −a［InetAddr］［−N IfaceAddr］：显示所有接口的当前 ARP 缓存项，请使用带有 InetAddr 参数的 arp。如果要显示指定 IP 地址的 ARP 缓存项，InetAddr 代表指定的 IP 地址，如果要显示指定接口的 ARP 缓存表，请使用 −N IfaceAddr 参数，IfaceAddr 代表分配给指定接口的 IP 地址，−N 参数区分大小写。

● −g［InetAddr］［−N IfaceAddr］：与−a 相同。

● −d InetAddr［IfaceAddr］：删除指定的 IP 地址项。此处的 Inet Addr 代表 IP 地址。对于指定的接口，要删除表中的某项，请使用 IfaceAddr 参数，IfaceAddr 代表分配给该接口的 IP 地址。

● −s InetAddr EtherAddr［IfaceAddr］：向 ARP 缓存添加可将 IP 地址 InetAddr 解析成物理地址 EtherAddr 的静态项。要向指定接口的表添加静态 ARP 缓存项，请使用 IfaceAddr 参数，IfaceAddr 代表分配给该接口的 IP 地址。

4. 命令示例：arp −a

图 B−20　计算机所具有的程序

如果使用过 ping 命令测试并验证从这台计算机到 IP 地址为 10.0.0.99 的主机的连通性，则 ARP 缓存显示如下项：

```
Interface:10.0.0.1 on interface 0x1
Internet Address      Physical Address        Type
10.0.0.99             00-e0-98-00-7c-dc       dynamic
```

此例中，缓存项指出位于 10.0.0.99 的远程主机解析成 00−e0−98−00−7c−dc 的 MAC（介质访问控制地址），它是在远程计算机的网卡硬件中分配的。MAC 是计算机用于与网络上远程 TCP/IP 主机物理通讯的地址。

小提示

ARP 高速缓存中的项目是动态的，每当发送一个指定地点的数据报且高速缓存中不存在当前项目时，ARP 便会自动添加该项目。例如，在 Windows NT/2000 网络中，如果输入项目后不进一步使用，物理/IP 地址对就会在 2 至 10 分钟内失效。因此，如果 ARP 高速缓存中项目很少或根本没有时，请不要奇怪，通过另一台计算机或路由器的 ping 命令即可添加。所以，需要通过 arp 命令查看高速缓存中的内容时，请最好先 ping 此台计算机（不能是本机发送 ping 命令）。

Packet Tracer 5.0 把网络环境搭建好了，接下来就可以模拟真实的网络环境进行配置了，具体怎么样构建网络环境，要看用户对网络以及网络设备的了解了。Packet Tracer 5.0 高级应用还需要读者慢慢探索。

图 B−21　添加计算机与交换机的控制台连接，选择了 Console 连接线

2.2　动　手　做　做

本节主要是通过主机上 DOS 命令使学习者深入体会网络基本原理并掌握主机上网络操作常用命令。

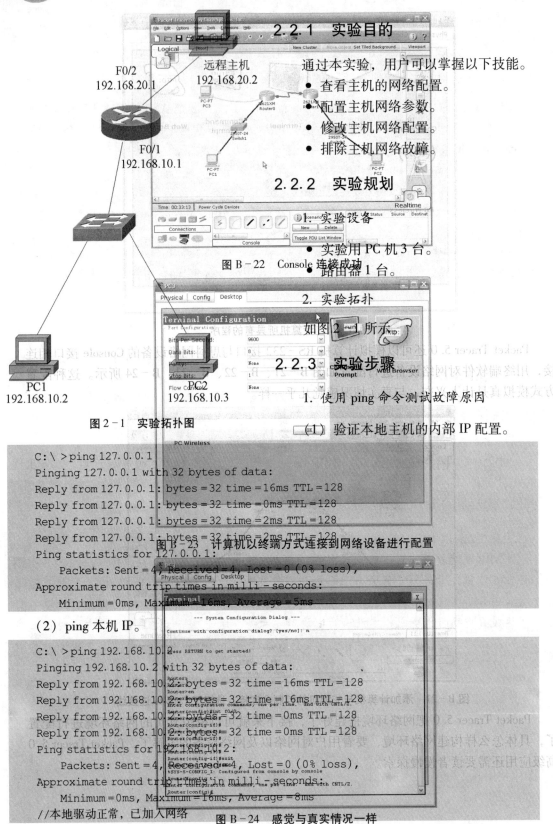

2.2.1 实验目的

通过本实验，用户可以掌握以下技能。

- 查看主机的网络配置。
- 配置主机网络参数。
- 修改主机网络配置。
- 排除主机网络故障。

2.2.2 实验规划

1. 实验设备

- 实验用 PC 机 3 台。
- 路由器 1 台。

图 B-22　Console 连接成功

2. 实验拓扑

如图 2-1 所示。

2.2.3 实验步骤

1. 使用 ping 命令测试故障原因

（1）验证本地主机的内部 IP 配置。

F0/2
192.168.20.1

远程主机
192.168.20.2

F0/1
192.168.10.1

PC1
192.168.10.2

PC2
192.168.10.3

图 2-1　实验拓扑图

```
C:\ >ping 127.0.0.1
Pinging 127.0.0.1 with 32 bytes of data:
Reply from 127.0.0.1: bytes =32 time =16ms TTL =128
Reply from 127.0.0.1: bytes =32 time =0ms TTL =128
Reply from 127.0.0.1: bytes =32 time =2ms TTL =128
Reply from 127.0.0.1: bytes =32 time =2ms TTL =128
Ping statistics for 127.0.0.1:
    Packets: Sent =4, Received =4, Lost =0 (0% loss),
Approximate round trip times in milli - seconds:
    Minimum =0ms, Maximum =16ms, Average =5ms
```

图 B-23　计算机以终端方式连接到网络设备进行配置

（2）ping 本机 IP。

```
C:\ >ping 192.168.10.2
Pinging 192.168.10.2 with 32 bytes of data:
Reply from 192.168.10.2: bytes =32 time =16ms TTL =128
Reply from 192.168.10.2: bytes =32 time =16ms TTL =128
Reply from 192.168.10.2: bytes =32 time =0ms TTL =128
Reply from 192.168.10.2: bytes =32 time =0ms TTL =128
Ping statistics for 192.168.10.2:
    Packets: Sent =4, Received =4, Lost =0 (0% loss),
Approximate round trip times in milli - seconds:
    Minimum =0ms, Maximum =16ms, Average =8ms
```
//本地驱动正常，已加入网络

图 B-24　感觉与真实情况一样

（2）命令功能：添加或更改用户帐号或显示用户帐号信息。该命令也可以写为 net users。

（3）参数说明。

附录 C　CCNA命令表

- 键入不带参数的 net user 查看计算机上的用户帐号列表。
- username：添加、删除、更改或查看用户帐号名。
- password：为用户帐号分配或更改密码。
- *：提示输入密码。

A

- /domain：在计算机主域的主域控制器中执行操作。

（4）命令示例。

Access-enable	允许路由器在动态访问列表中创建临时访问列表入口
net user yfang　　//查看用户 YFANG 的信息	
Access-group	把访问控制列表（ACL）应用到接口上
3. net use　access-class	将标准的IP访问列表应用到VTY线路
（1）命令语法。　access-list	将标准的IP访问列表应用到VTY线路
net use [devicename |*][password ...] Access-template	在连接的路由器上手动替换临时访问列表入口
net use [/persistent:{yes |no}] Any	指定任何主机或任何网络；作用与 0.0.0.0 255.255.255.255 命令相同

（2）命令功能。

连接计算机或断开计算机与共享资源的连接，或显示计算机的连接信息。

Appn　执行 APPN 或系统设置机的连接信息

（3）参数说明。

Atm　执行 ATM 信令命令

- 键入不带参数的 net use 列出网络连接。
- devicename：指定要连接到的资源名称或要断开的设备名称。 B
- \\computername\sharename：服务器及共享资源的名称。
- password：访问共享资源的密码。　手动引导操作系统
- *：提示键入密码。　删除一个字符
- /user：指定进行连接的另外一个用户 设置接口的带宽
- domainname：指定另一个域。　为登录到本路由器上的用户创建一个标志区
- username：指定登录的用户名。　设置突发事件手册模式
- /home：将用户连接到其宿主目录。指定路由器启动时加载的系统映像
- /delete：取消指定网络连接。
- /persistent：控制永久网络连接的使用。 C

（4）命令示例。

Calendar	设置硬件日历
net use e: \\YFANG\TEMP	以将 \YFANG\TEMP 目录建立为 E 盘
net use e: \\YFANG\TEMP /delete	断开此连接
4. net time　cdp enable	允许接口运行 CDP 协议
cdp holdtime	修改 CDP 分组的保持时间
（1）命令语法。 cdp run	打开路由器上的 CDP
net time \\computername |/domain[:... cdp timer	修改 CDP 更新定时器

（2）命令功能。　复位功能

使计算机的时钟与另一台计算机或域的时间同步。清除计数器

（3）参数说明。　清除通过 Telnet 连接到路由器的连接

- \\computername：要检查或同步的服务器名。清除交换机动态创建的过滤表

Clear interface [:name]：指定要重新初始化的域的件逻辑

Clock rate：使本计算机时钟与指定设置机时钟的连接时钟速率，如网络接口模块和接口处理器能接受的速率

Cmt	开启/关闭 FDDI 连接管理功能
Config – register	修改配置寄存器设置
Configure	允许进入存在的配置模式，在中心站点上维护并保存配置信息
Config memory	从 NVRAM 加载配置信息
Config network	复制保存在 TFTP 主机上的配置到 running – config
Configure terminal	从终端进行手动配置
config – register	告诉路由器如何启动以及如何修改配置寄存器的设置
Connect	打开一个终端连接
Copy	复制配置或映像数据
Copy flash tftp	备份系统映像文件到 TFTP 服务器
Copy running – config startup – config	将 RAM 中的当前配置存储到 NVRAM
Copy running – config tftp	将 RAM 中的当前配置存储到网络 TFTP 服务器上
Copy tftp flash	从 TFTP 服务器上下载新映像到 Flash
Copy tftp running – config	从 TFTP 服务器上下载配置文件
Ctrl + A	移动光标到本行的开始位置
Ctrl + D	删除一个字符
Ctrl + E	移动光标到本行的末尾
Ctrl + F	光标向前移动一个字符
Ctrl + R	重新显示一行
Ctrl + Shift + 6，then X	当 telnet 到多个路由器时返回到原路由器
Ctrl + U	删除一行
Ctrl + W	删除一个字
CTRL + Z	结束配置模式并返回 EXEC（执行状态）

D

2.18 arp

ARP 是一个重要的 TCP/IP 协议，用于确定对应 IP 地址的网卡物理地址。用 arp 命令，能够查看本地计算机或另一台计算机的 ARP 高速缓存中的内容。也可以用人工方式输入静态的网卡物理/IP 地址对。系统仅使用最近访问过的设备信息填充 ARP 缓存。要确保填充 ARP 缓存，请 ping 一台设备以使该设备对应的条目出现在 ARP 表中，当尝试 ping 每个地址的同时，工具会发出一个 ARP 请求以获取 ARP 缓存中的 IP 地址。通过最近的访问激活每台主机，从而确保 ARP 表是最新的。

Debug	使用调试功能
Debug dialer	显示接口在拨什么号及诸如此类的信息
debug frame – relay lmi	显示在路由器和帧中继交换机之间的 LMI 交换信息
debug ip igrp events	提供在网络中运行的 IGRP 路由选择信息的概要
debug ip igrp transactions	显示来自相邻路由器要求更新的请求消息和由路由器发到相邻路由器的广播消息
Debug ip rip	显示 RIP 路由选择更新数据

小提示 Debug ipx　　　　　　　　　　　显示通过路由器的 RIP 和 SAP 信息

（1）参数 -d 表示 tracer 不在每个 IP 地址上查询 DNS；（2）***表示配置不安全
选项 使路由不可见；（3）Request timed out 并不是真的不可达。
Debug ipx routing activity　　　　　　显示关于路由选择协议（RIP）更新数据包的信息
Debug ipx sap　　　　　　　　　　　显示关于 SAP（业务通告协议）更新数据包信息

Debug isdn q921　　　　　　　　　　显示在路由器 D 通道 ISDN 接口上发生的数据链路
层（第2层）的访问过程

3. 查看主机配置
Debug isdn q931　　　　　　　　　　显示第三层进程

```
C:\>ipconfig /all
```
delete vtp　　　　　　　　　　　　删除交换机的 VTP 配置

Physical Address.................:
IP Address...............: 192.168.10.2
description　　　　　　　　　　　　在接口上设置一个描述
Subnet Mask..............: 255.255.255.0
Default Gateway..........: 192.168.10.1
Debug ppp　　　　　　　　　　　　显示在实施 PPP 中发生的业务和交换信息
DNS Servers..............: 192.168.5.9
Delete　　　　　　　　　　　　　　删除文件

//显示主机的网络配置 Deny　　　　　　　　　　　　为一个已命名的 IP ACL 设置条件
```
C:\>config termin number
```
Dialer idle-timeout number　　　　　告诉 BRI 线路如果没有发现触发 DDR 的流量什么时
DHCP request failed.　　　　　　　候断开

//是静态配置，没有使用 DHCP
Dialer list number protocol　　　　　为 DDR 链路指定触发 DDR 的流量

4. nslookup 查询域名信息
dialer load-threshold number　　　　设置描述什么时候在 ISDN 链路上启闭第二个 BRI 的
参数
```
C:\>nslookup www.baidu.com
```
inbound outbound either　　　　　　//在接号接口工作 ISDN 网络中提供更好的安全性
Server: ns.***.com
Dialer map protocol address
Address: 192.168.100.1
name hostname

Non-authoritative answer:
Dialer string　　　　　　　　　　设置用于拨叫 BRI 接口的电话号码
disable　　　　　　　　　　　　从特权模式返回用户模式
Name: www.a.shifen.com
Addresses: 119.75.213.50, 119.75.213.51
Dialer map　　　　　　　　　　　设置一个单目接口来呼叫一个或多个地点
Aliases: www.baidu.com
Dialer wait-for-carrier-time　　　　规定花多长时间等待一个载体
//这是正向查询
Dialer group　　　　　　　　　　通过对属于拨号组的接口进行配置来访问
```
C:\>nslookup 119.75.213.51
```
控制
Address: 192.168.100.1
Dialer-list protocol　　　　　　　定义一个数字数据接受器（DDR）拨号表以通过协
Server: ns.***.com
Address: 192.168.100.1
议或 ACL 与协议的组合来控制拨号
ns..com can't find 119.75.213.51: Non-existent domain
Dir　　　　　　　　　　　　　　显示给定设备上的文件
//DNS 服务器上不存在这条解析 Disable　　　　　　　　　　关闭特许模式
//这是反向查询
Disconnect　　　　　　　　　　断开已建立的连接
5. netstat 监控网络
Dupler　　　　　　　　　　　　设置一个接口的双工

```
C:\>netstat
Active Connections                        E

  Proto  Local Address        Foreign Address          State
  TCP    MICROSOF-A4BF5D:1388  localhost:39000          ESTABLISHED
Enable                        打开特许模式
  TCP    MICROSOF-A4BF5D:1389  localhost:39000          ESTABLISHED
  enable password              设置不加密的启用口令
  TCP    MICROSOF-A4BF5D:1937  localhost:30606          TIME_WAIT
  enable password level        设置用户模式口令
  TCP    MICROSOF-A4BF5D:1939  localhost:30606          TIME_WAIT
  1 password
```

enable password	设置启用模式口令
15 password	
enable secret	设置加密的启用秘密口令。如果设置则取代启用口令
encapsulation	在接口上设置帧类型
Encapsulation frame – relay	启动帧中继封装
encapsulation frame – relay ietf	将封装类型设置为因特网工程任务组（IETF）类型，连接 Cisco 路由器和非 Cisco 路由器
Encapsulation novell-ether	规定在网络段上使用的 Novell 独有的第二层的格式
encapuslation isl vlan#	将一个路由器中继接口上的封装设置为 ISL 封装
Encapsulation PPP	把 PPP 设置为由串口或 ISDN 接口使用的封装方法
Encapsulation sap	规定在网络段上使用的以太网 802.1 格式 Cisco 的密码是 sap
End	退出配置模式
Erase net 命令	删除闪存或配置缓存
Erase startup – config	删除 NVRAM 中的内容
Esc + B	向后移动一个字
Esc + F	向前移动一个字
exec – timeout	为控制台连接设置以秒或分钟计的超时
exit	断开远程路由器的 Telnet 连接

F

format	格式化设备
frame – relay interface – dlci	在串行链路或子接口上配置 PVC 地址
Frame – relay local – dlci	为使用帧中继封装的串行线路启动本地管理接口（LMI）
frame – relay lmi – type	在串行链路上配置 LMI 类型
frame – relay map protocol address DLCI	创建用于帧中继网络的静态映射

H

Help	获得交互式帮助系统
History	查看历史记录
Host	指定一个主机地址
Hostname	使用一个主机名来配置路由器，该主机名以提示符或者默认文件名的方式使用

PC > net start /? 查看启动了哪些服务

已经启动了以下 windows 服务：
- Application Layer Gateway Service
- Ati HotKey Poller
- Bluetooth Support Service
- COM + Event System
- Cryptographic Services
- DCOM Server Process Launcher
- DNS Client
- ESET Service
- Event Log
- Fast User Switching Compatibility
- Network Connections
- Network Location Awareness (NLA)
- Plug and Play
- Protected Storage
- Remote Access Connection Manager
- Remote Procedure Call (RPC)
- Secondary Logon
- Security Accounts Manager
- Shell Hardware Detection
- SSDP Discovery Service
- System Event Notification
- Telephony
- Terminal Services
- Themes
- Windows Audio
- Windows Firewall/Internet Connection Sharing (ICS)
- Windows Management Instrumentation

（3）ping 网内其他主机。

```
C:\>ping 192.168.10.3
Pinging 192.168.10.3 with 32 bytes of data:
Reply from 192.168.10.3: bytes=32 time=51ms TTL=128
Reply from 192.168.10.3: bytes=32 time=62ms TTL=128
Reply from 192.168.10.3: bytes=32 time=63ms TTL=128
Reply from 192.168.10.3: bytes=32 time=63ms TTL=128
Ping statistics for 192.168.10.3:
    Packets: Sent=4, Received=4, Lost=0 (0% loss),
Approximate round trip times in milli-seconds:
    Minimum=62ms, Maximum=125ms, Average=78ms
```
//实验证明，和网内其他主机连接正常，交换机正常

（4）ping 不存在的主机。

```
C:\>ping 192.168.10.6
Pinging 192.168.10.6 with 32 bytes of data:
Request timed out.
Request timed out.
Request timed out.
Request timed out.
Ping statistics for 192.168.10.6:
    Packets: Sent=4, Received=0, Lost=4 (100% loss)
```

（5）ping 网关IP。

```
C:\>ping 192.168.10.1
Pinging 192.168.10.1 with 32 bytes of data:
Reply from 192.168.10.1: bytes=32 time=63ms TTL=255
Reply from 192.168.10.1: bytes=32 time=63ms TTL=255
Reply from 192.168.10.1: bytes=32 time=47ms TTL=255
Reply from 192.168.10.1: bytes=32 time=47ms TTL=255
Ping statistics for 192.168.10.1:
    Packets: Sent=4, Received=4, Lost=0 (0% loss),
Approximate round trip times in milli-seconds:
    Minimum=47ms, Maximum=63ms, Average=...
```
//本地工作站与默认网关之间连接正常

（6）ping 远程主机。

```
C:\>ping 192.168.20.2
Pinging 192.168.20.2 with 32 bytes of data:
Request timed out.
Reply from 192.168.20.2: bytes=32 time=78ms TTL=127
Reply from 192.168.20.2: bytes=32 time=94ms TTL=127
Reply from 192.168.20.2: bytes=32 time=94ms TTL=127
Ping statistics for 192.168.20.2:
    Packets: Sent=4, Received=3, Lost=1 (25% loss)
Approximate round trip times in milli-seconds:
    Minimum=78ms, Maximum=94ms, Average=88ms
```
//路由器正常

interface	进入接口配置模式，也可以使用 show 命令
interface e 0/5	配置 Ethernet 接口 5
interface ethernet 0	配置接口 e0
interface f 0/26	配置 Fast Ethernet 接口 26
interface fastethernet 0/0	进入 Fast Ethernet 端口的接口配置模式，也可以使用 show 命令
interface fastethernet 0/0.1	创建一个子接口 0/0.1
interface fastethernet 0/26	配置接口 f 0/26
interface s0.16 multipoint	在串行链路上创建用于帧中继网络的多点子接口
interface s0.16 point-to-point	在串行链路上创建用于帧中继网络的点对点子接口
interface serial 5	进入接口 serial 5 的配置模式，也可以使用 show 命令
ip access-group	控制对一个接口的访问
ip classless	一个全局配置命令，用于告诉路由器当目的网络没有出现在路由表中时通过默认路由转发数据包
ip default-gateway	设置该交换机的默认网关
ip address	设定接口的网络逻辑地址
ip default-network	建立一条默认路由
ip domain-lookup	允许路由器在默认情况下使用 DNS
ip domain-name	将域名添加到 DNS 查找名单中
ip host	定义静态主机名到 IP 地址映射
ip name-server	指定至多6台进行名字-地址解析的服务器地址
ip route	建立一条静态路由
ipx access-group	将 IPX 访问列表应用到一个接口
ipx input-sap-filter	将输入型 IPX SAP 过滤器应用到一个接口
ip unnumbered	在为给一个接口分配一个明确的 IP 地址情况下，在串口上启动互联网协议（IP）的处理过程
ipx delay	设置点计数
Ipx ipxwan	在串口上启动 IPXWAN 协议
ipx maximum-paths	当转发数据包时设置 Cisco IOS 软件使用的等价路径数量
ipx network	在一个特定接口上启动互联网数据包交换（IPX）的路由并且选择封装的类型（用帧封装）
ipx output-sap-filter	将输出型 IPX SAP 过滤器应用到一个接口

（7）ipx ping t。 — 用于测试互联网络上 IPX 包的因特网探测器

ipx router — 规定使用的路由选择协议

ipx routing — 启动 IPX 路由选择

ipx sap-interval — 在较慢的链路上设置较不频繁的 SAP（业务广告协议）更新

ipx type - 20 - input - checks — 限制对 IPX20 类数据包广播的传播的接收

isdn spid1 — 在路由器上规定已经由 ISDN 业务供应商为 B1 信道分配的业务简介号（SPID）

isdn spid2 — 在路由器上规定已经由 ISDN 业务供应商为 B2 信道分配的业务简介号（SPID）

isdn switch - type — 设置路由器与之通信的 ISDN 交换类型。可以在接口模式和全局配置模式下设置

```
C:\>ping - t 192.168.20.2
Pinging 192.168.20.2 with 32 bytes of data:
Reply from 192.168.20.2: bytes = 32 time = 78ms TTL =127
Reply from 192.168.20.2: bytes = 32 time = 78ms TTL =127
Reply from 192.168.20.2: bytes = 32 time = 94ms TTL =127
Reply from 192.168.20.2: bytes = 32 time = 94ms TTL =127
Reply from 192.168.20.2: bytes = 32 time = 78ms TTL =127
Reply from 192.168.20.2: bytes = 32 time = 94ms TTL =127
Reply from 192.168.20.2: bytes = 32 time = 79ms TTL =127
Reply from 192.168.20.2: bytes = 32 time = 94ms TTL =127
Reply from 192.168.20.2: bytes = 32 time = 78ms TTL =127
......
```

K

2. tracert 命令

Keeplive — 为使用帧中继封装的串行线路 LMI（本地管理接口）机制

```
C:\>tracert 192.168.20.2
Tracing route to 192.168.20.2 over a maximum of 30 hops:
  1   62 ms    46 ms    62 ms    192.168.10.1
  2   93 ms    94 ms    94 ms    192.168.20.2
Trace complete
C:\>tracert 192.168.100.1 - d
Tracing route to 192.168.100.1 over a maximum of 30 hops
```

L

Lat — 打开 LAT 连接

Line — 确定一个特定的线路和开始线路配置

```
  1   16 ms    7 ms    7 ms
```

line aux — 进入辅助接口配置模式

```
  2    *        *        *
```

line console 0 — 进入控制台配置模式

```
  3    *        *       ^C
C:\>tracert www.baidu.com
Tracing route to www.a.shifen.com [...]
```

Line vty — 为远程控制台访问规定了一个虚拟终端

over a maximum of 30 hops:

Logging synchronous — 阻止控制台信息覆盖命令行上的输入

```
  1   6 ms    13 ms    9 ms
```

Lock — 锁住终端控制台

```
  2    *        *        *
```

Login — 在终端会话登录过程中启动了密码检查

```
  3    *        *        *
```

Login — 以某用户身份登录，登录时允许口令验证

```
  4   260 ms   100 ms   35 ms
```

Logout — 退出 EXEC 模式

//经过两个网关到达了目标主机

```
C:\>tracert www.baidu.com - d
Tracing route to www.a.shifen.com [119.75.213.50]
over a maximum of 30 hops:
```

M

```
  1    8 ms    4 ms    14 ms   192.168.1.1
```

mac - address - table permanent — 在过滤数据库中生成一个永久 MAC 地址

```
  2
```

mac - addres - table restricted static — 在 MAC 过滤数据库中设置一个有限制的地址，只允许所配置的接口与有限制的地址通信

```
  3
  4   33 ms   13 ms   19 ms   192.168.5.9
  5   22 ms    *        *
```

Mbranch — 向下跟踪组播地址路由至终端

```
  6   9 ms    11 ms    16 ms   192.168.8.6
```

Media - type — 定义介质类型

```
  7   15 ms   26 ms   21 ms
Tra...
```

Metric holddown — 把新的 IGRP 路由选择信息与正在使用的 IGRP 路由

选择信息隔离一段时间

Mrbranch　　　　　　　　向上解析组播地址路由至枝端

Mrinfo　　　　　　　　　从组播路由器上获取邻居和版本信息

第3章　开启路由器之门——访问 Cisco 路由器

Mstat　　　　　　　　　对组播地址多次路由跟踪后显示统计数字

Mtrace　　　　　　　　由源问目标跟踪解析组播地址路径

N

3.1　知 识 准 备

Name－connection　　　　命名已存在的网络连接

Ncia　　　　　　　　　开启/关闭 NCIA 服务器

3.1.1　Cisco 设备在 LAN 中的应用

Network　　　　　　　指定一个和路由器直接相连的网络地址段

　　LAN 主要通过以太网实现，LAN 的组件主要是由物理层和数据链路层定义的，在数据链路层主要定义的是以太网的帧格式，在物理层主要定义的是以太网的介质以及网络规范。

no cdp run　　　　　　　关闭单个接口上的 CDP

no inverse－arp　　　　　完全关闭路由器上的 CDP

no inverse　　　　　　　关闭帧中继中的动态 IARP。必须已配置了静态映射

1. 常见的以太网类型

no ip domain－lookup　　　关闭 DNS 查找功能

● 以太网（DEC、Intel 和施乐 Xerox 公司联合开发的基带局域网规范）和 IEEE 802.3
系列标准：介质为同轴电缆、非屏蔽双绞线（UTP）或光纤的 10M 以太网。

no ip host　　　　　　　从主机表删除主机名

no ip route　　　　　　删除静态或默认路由

● 100M 快速以太网：介质为非屏蔽双绞线或光纤的 100M 以太网。

no shutdown　　　　　　打开（关闭）接口

● 1000M 以太网：介质为光纤的 1000M 以太网。

2. 以太网的数据链路层和物理层实现

O

　　物理层定义了以太网的介质和连接器规范。支持以太网的介质和连接器规范由

o/r 0x2142　　　　　　修改 2501 以便启动时不使用 NVRAM 的内容

EIA/TIA 定义。EIA/TIA（Electronics Industries Association and Telecommunications In-dustries Association，即：美国电子和通信工业委员会）为非屏蔽双绞线（UTP）定

P

义了RJ－45连接器，"RJ"代表标准插座，"45"代表线缆序号。目前常见的 UTP 都

Pad　　　　　　　　　开始一个 X. 29 PAD 连接

是符合 EIA/TIA 标准的 568－A 或 568－B 标准。

Permit　　　　　　　　为一个已命名的 IP ACL 设置条件

　　EIA/TIA 规定了两种线序标准，如下所示。

Ping　　　　　　　　把 ICMP 响应请求的数据包发送网络上的另一个节

● 568A：绿白、绿、橙白、蓝、蓝白、橙、棕白、棕　点检查主机的可达性和网络的连通性，对网络的基

● 568B：橙白、橙、绿白、蓝、蓝白、绿、棕白、棕　本连通性进行诊断

　　为了使各种网络设备相互通信，除了要选择线缆类型，还要决定电缆的类型。有 3

Ppp　　　　　　　　开始 IETF 点到点协议

种类型的电缆，如下所示。

Ppp secure max－mac－count　　只允许配置的设备量连接并在一个接口上工作

● 直连线

ppp authentucation chap　　告诉 PPP 使用 CHAP 认证方式

● 交叉线

ppp authentucation pap　　告诉 PPP 使用 PAP 认证方式

（1）直连线。

ppp chap hostname　　　当用 CHAP 进行身份验证时，创建一批好像是同一

　　直连线的特点是一根电缆的两头的线序规则都致路由器一端为 568－B、另一端也为

568－B。直连线多用于不同层设备的连接，如下所示。

ppp chap password　　　设置但也例外该密码连接到路由器进行身份验证的主机命令对进入路由器的用户名/密码的数

● 交换机和路由器。　　　　量进行了限制

● 交换机和 PC 机或服务器。

（2）交叉线。

交叉线的特点是：一根电缆的两端，一端为 568 - A、另一端为 568 - B。交叉线大多用于网层设备相连，但也有例外。用于交叉线的设备有：

- 交换机和交换机。
- PC 机和路由器。
- 路由器和路由器。
- PC 机和 PC 机。
- 交换机和 HUB。

（3）翻转线。

翻转线正好和直连线相反，一根电缆的两端线序完全相反，它的线序如表 3 - 1 所示，翻转线只用于一种情况，即终端设备和 Cisco 设备的控制台端口（Console）的连接。

表 3 - 1　翻转线对应关系

RJ - 45 线序	1	2	3	4	5	6	7	8
另一端线序	8	7	6	5	4	3	2	1

3.1.2　使用 Console 线连接 Cisco 设备和配置终端

连接 Console 口的 UTP 是翻转线，两端的接头都是 RJ -45 水晶头。RJ -45 水晶头的一端要插在 Cisco 设备的 Console 口上，另一端要插在配置终端上，通常的配置终端就是 PC 机。虽然网卡上有 RJ -45 接口，但不能把 Console 线插在网卡上，这时就需要用 PC 机的 COM 口来连接，另外还需要一个 RJ -45 到 DB -25 的转接头。要通过 COM 口，需要把 Console 线的 RJ 端接到转换接头 DB -9 的转换头上，然后把转换头插在 PC 机的 COM 口上。如图 3 - 1 所示。

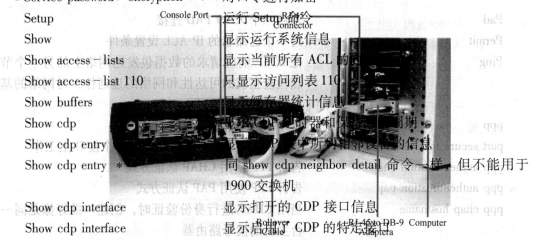

图 3 - 1　路由器通过反转线与计算机连接图

物理连接完成后，还要在软件上进行配置。配置路由器可以使用 Windows 操作系统自

Wireless Zero Configuration 信息	
Show controllers	显示接口的 DTE 或 DCE 状态
Show cdp	显示 CDP 查找进程的结果
Show dialer	显示为 DDR（数字数据接受器）设置的串行接口的一般诊断信息
Show flash	显示闪存的布局和内容信息
Show frame relay	显示关于本地管理接口（LMI）的统计信息
Show frame relay map	显示关于连接的当前映射项和信息
Show frame relay pvc	显示关于帧中继接口的永久虚电路（pvc）的统计信息
Show history	默认时显示最近输入的 10 个命令
Show hosts	显示主机名和地址的缓存列表
Show interfaces	显示设置在路由器和访问服务器上所有接口的统计信息
Show interfaces	显示路由器上配置的所有接口的状态
show int f0/26	显示 f0/26 的统计
show inter e0/1	显示接口 e0/1 的统计
show interface s0	显示接口 serial 上的统计信息
show ip	显示该交换机的 IP 配置
show ip access-list	只显示 IP 访问列表
show ip interface	显示哪些接口应用了 IP 访问列表
show ip interface	显示在路由器上配置的路由选择协议及与每个路由选择协议相关的定时器
Show ip protocols	显示活动路由协议进程的参数和当前状态
Show ip route	显示路由选择表的当前状态
Show ip router	显示 IP 路由表信息
Show ipx access-list	显示路由器上配置的 IPX 访问列表
Show ipx interface	显示 Cisco IOS 软件设置的 IPX 接口的状态以及每个接口中的参数
Show ipx route	显示 IPX 路由选择表的内容
Show ipx servers	显示 IPX 服务器列表
Show ipx traffic	显示数据包的数量和类型
Show isdn active	显示当前呼叫的信息，包括被叫号码、建立连接前所花费的时间、在呼叫期间使用的自动化操作控制（AOC）收费单元以及是否在呼叫期间和呼叫结束时提供 AOC 信息
Show isdn status	显示所有 ISDN 接口的状态、或者一个特定的数字信号链路（DSL）的状态或者一个特定 isdn 接口的状态

7. arp 命令

```
PC>arp -a
  Internet Address    Physical Address    Type
  192.168.10.1        0002.4a72.04ae
  192.168.10.3        00d0.ff5d.f403
//第一条表明目标主机 192.168.10.1 的 MAC 地址是 0002.4a72.04ae 动态获得的
```

> **小提示**
> ARP 获得的只有网关 MAC 地址和本机相邻主机的 MAC 地址，请读者思考原因。

2.3 活学活用

将下列设备添加到网络中，服务器配置成 DHCP 服务器，如图 2-2 所示。

请完成如下配置：创建网络、测试连通性和查看 IP 配置信息，其中 PC1 通过 DHCP 服务器获得 IP，其余手动配置。

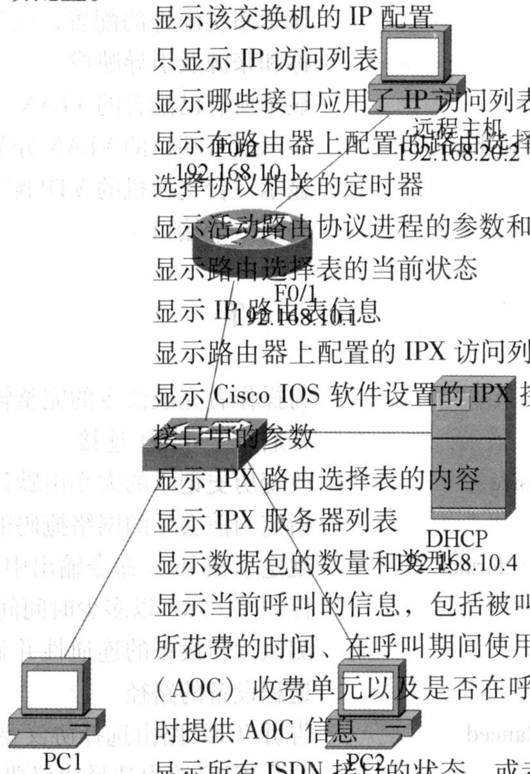

远程主机 192.168.20.2

F0/1 192.168.10.1

DHCP 192.168.10.4

PC1 192.168.10.2

PC2 192.168.10.3

图 2-2　网络拓扑图

网络工程实践教程——基于Cisco路由器与交换机

命令	功能
show mac – address – table	显示该交换机动态创建的过滤表
Show memory	显示路由器内存的大小，包括空闲内存的大小
Show processes	显示路由器的进程
Show protocols	显示设置的协议
Show protocols	显示配置的协议。这条命令显示任何配置了的第3层协议的状态
Show running – config	显示 RAM 中的当前配置信息
show sessions	显示通过 Telent 到远程设备的连接
show start	命令 show startup – config 的快捷方式。显示保存在 NVRAM 中的备份配置
Show spantree	显示关于虚拟局域网（VLAN）的生成树信息
Show stacks	监控和中断程序对堆栈的使用，并显示系统上一次重启的原因
Show startup – config	显示 NVRAM 中的启动配置文件
Show ststus	显示 ISDN 线路和两个 B 信道的当前状态
show terminal	显示配置的历史记录大小
show trunk A	显示端口 26 的中继状态
show trunk B	显示端口 27 的中继状态
Show version	显示系统硬件的配置，软件的版本，配置文件的名称和来源及引导映像
Show vlan	显示所有已配置的 VLAN
show vlan membership	显示所有端口的 VLAN 分配
show vtp	显示一台交换机的 VTP 配置
Shutdown	关闭一个接口

2.4 动动脑筋

1. ARP 的工作原理？

2. 为了进入互联网，主机必须有哪些配置？

3. 如果配置了 DHCP 服务器，怎么更新主机的 IP？

4. 有台主机不能上网，怎么确定是哪部分出错？

5. 用哪条具体命令可以知道自己的主机到水木清华 BBS 的路径？

2.5 学习小结

本章主要讲解了网络中常用的操作命令，通过对本章的实验进行深入细致的练习，读者对网络操作命令会有初步的认识，为进一步学习打下基础。现将本章所涉及的主要命令总结如表 2－1 所示，供读者查阅。

表 2－1　命令汇总

命　令	功　能
ping	查看网络连通性
Tab	为操作者完成命令的完整输入
Telnet	开启一个 telnet 连接
tracert	路由跟踪
Terminal history size	改变历史记录的大小由默认的 10 改为 256
net_user	查看主机上的用户
Term ip	指定当前会话的网络掩码的格式
arp – a	查看 ARP 表
Term ip netmask – format	规定了在 show 命令输出中网络掩码显示的格式
netstat	检验本机各端口的网络连接情况
Timers basic	控制着 IGRP 以多少时间间隔发送更新信息
ipconfig	查看本机当前的 IP 配置
Trace	测试远程设备的连通性并显示数据通过互联网找到该远程设备的路径
nslookup	查询域名的 DNS 服务
traffic – share balanced	告诉 IGRP 路由选择协议要反比于度量值分享链路
traffic – share min	告诉 IGRP 路由选择协议要使用只有最小开销的路由
trunk auto	将该端口设为自动中继模式
trunk on	将一个端口设为永久中继模式

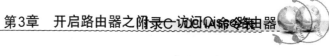

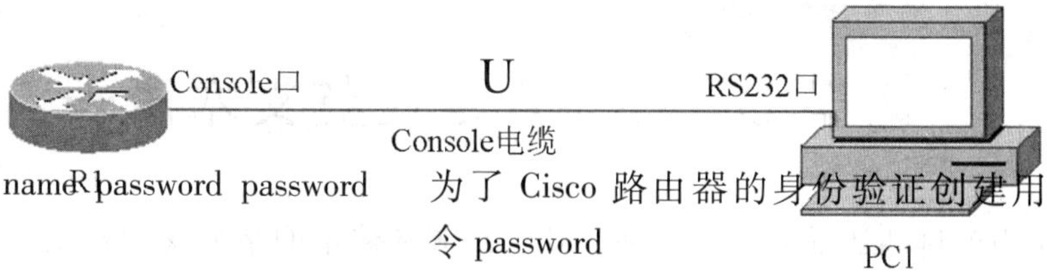

Console口　　　U　　　RS232口

Console电缆

usemame name password password　　　为了 Cisco 路由器的身份验证创建用户名和口
令 password

PC1

图 3-2　实验拓扑图

3.2.3　实验步骤

Variance　　　　　　　　　控制最佳度量和最坏可接受度量之间的负载均衡
Ver(1) 用 Console 电缆将 PC 机的串行口与路由器的 Console 端口相连。
vlar(2)name Sales 启动并设置超级终端程序创建一个名为 Sales 的 VLAN2
vlan通过membership static lvlan附件 | 通过设置超级终端为指定的 VLAN或动态超级终端程序，填写连接
名称 client使用端口、设置参数即可进入该交换机的控制台VTP图3-3、图3-4、图3-5
所示domain　　　　　　　　　设置为该 VTP 配置的域名

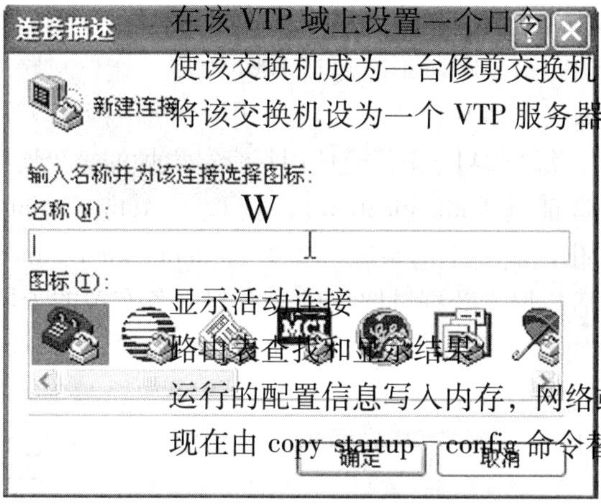

vtp password password　　　在该 VTP 域上设置一个口令
vtp pruning enable　　　使该交换机成为一台修剪交换机
vtp server　　　　　　将该交换机设为一个 VTP 服务器

Where　　　　　　　　显示活动连接
Which-route OSI　　　路由表查找和显示结果
Write　　　　　　　运行的配置信息写入内存，网络或终端
Write erase　　　　　现在由 copy startup-config 命令替换

图 3-3　超级终端窗口图

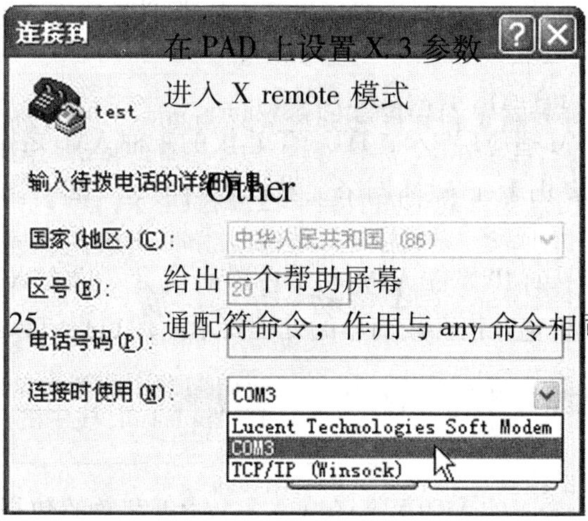

X3　　　　　　　　　　在 PAD 上设置 X.3 参数
Xremote　　　　　　　进入 X remote 模式

?　　　　　　　　　　给出一个帮助屏幕
0.0.0.0 255.255.255.25　通配符命令；作用与 any 命令相同

图 3-4　选择使用端口

端口速率（即，每秒位数）：9600bits/s。

附录 D CCNA 专业英文术语表

CCNA 为思科最基础的入门认证，其中，考试涵盖网络概念和理论，对于初学者来说，不少专业英文术语难以理解，导致学员学习进度迟缓。结合相关教材，专业词汇出现频率极高，考生只要熟悉本附录，在超级终端程序连接后，即可掌握相关字符。

10BaseT——原始 IEEE 802.3 标准的一条随与路由器之间以 10M/s 的速率运送数据，它使用两对双绞电缆（3 类、4 类或 5 类）并已经配置发送、接收数据。10BaseT 每段的距离限制约为 100 米。参见 IEEE 802.3。

100BaseT——基于 IEEE 802.3U 标准，100BaseT 是使用 UTP 接线的基带快速以太网规范。当没有通信量出现时，100BaseT 在网络上发送链接脉冲（比 10BaseT 用使用的包含更多信息）。参见 10BaseT、Fast Ethernet 和 IEEE 802.3。

100BaseTX——基于 IEEE 802.3U 标准，100BaseTX 是使用两对双绞线连接的 100Mb/S 基带快速以太网规范。第一对线接收数据，第二对线发送数据。为了确保正确的信号定时，一个 100BaseTX 网段不能超过 100 米。

A&B bit signaling（A 和 B 比特信令）——用于 T-1 传输设备，有时称为"第 24 信道信令"。在这一方案中，每个 24T-1 信道使用每个第六帧的一个比特来发送监控信令信息。

AAA——身份验证（Authentication）、授权（Authorization）和统计（Accounting），Cisco 开发的一个提供网络安全的系统。参见 authentication、authorization 和 accounting。

AAL——ATM 适应层，数据链路层的一个与服务有关的子层，数据链路层从其他应用程序接受数据并将其带入 ATM 层的 48 字节有效负载段中。CS 和 SAR 是 AAL 的两个子层。当前，ITU-T 建议的 4 种 AAL 是 AAL1、AAL2、AAL3/4 和 AAL5。AAL 由它们使用的源-目的地定时所区分，无论它们是 CBR 或 VBR，也无论它们是用于面向连接的或无连接模式的数据传输。参见 AAL1、AAL2、AAL3/4、AAL5、ATM 和 ATM layer。

AAL1——ATM 适应层 1，ITU-T 建议的 4 种 AAL 之一，用于面向连接的、需要恒定比特率的时间敏感的业务，如同步通信量和未压缩的视频。参见 AAL。

AAL2——ATM 适应层 2，ITU-T 建议的 4 种 AAL 之一，用于面向连接的、支持可变比特率的业务，如语音通信量，参见 AAL。

AAL3/4——ATM 适应层 3/4，ITU-T 建议的 4 种 AAL 之一，支持面向连接的也支持无连接的链路。主要用于在 ATM 网络上发送 SMDS 数据包。参见 AAL。

AAL5——ATM 适应层 5，ITU-T 建议的 4 种 AAL 之一，主要用于支持面间连接的 VBR 业务以传送经典的 IP over ATM 和 LANE 通信量。这个 AAL 的最简单推荐标准使用 SEAL，提供较低的带宽开销和较简单的处理要求，但也提供减少的带宽和差错恢复能力。参见 AAL。

AARP（AppleTalk 地址解析协议）——在 AppleTalk 栈中的这个协议将数据链路地址映射为网络地址。

AARP probepackets（AARP 探测包）——AARP 发送的数据包，用来确定一个非扩展 AppleTalk 网络中一个给定的节点 ID 是否被另一个节点所使用。若该节点 ID 未被使用，

3.1.3 使用telnet访问路由器

一般情况下，初次设置路由器都是通过Console线连接路由器进行配置的。不过对于网络管理员来说，经常不能物理接触到路由器，这时如果需要修改路由器配置，可以采用telnet的方式来完成。在配置了telnet登录路由器方式后，可以在网络中任何一个主机管理路由器。

方法是在命令行模式下输入 telnet address，其中地址是所要远程登录的路由器IP端口。这种方式的好处在于方便、安全。但这种安全也是相对的，如果网络管理员的密码泄露，那么就可以控制路由器。另外如果是刚出厂的设备，是不能使用telnet的。

3.1.4 使用AUX口进行配置

在路由器背面有个AUX口，通过AUX口可以进行远程配置，把AUX口与modem相连接，管理员就可以通过远程网络拨号到这个modem进行远程控制了。

3.1.5 使用TFTP服务器配置

通过TFTP服务器可以备份Cisco设备的配置文件，这样就可以通过提供TFTP文件的来获取或下载配置文件来配置Cisco设备。当然，它的前提也是要配置的设备必须已经有了一些基本配置，能在网络中运作。对于刚买的设备（没有任何配置），要通过Console口来配置，对该设备进行基本配置后，该设备已经能够在网络中工作了，以网络连接使更多的网络设备工作了，或者用一个远程方式来进行配置。

3.1.6 Cisco设备的启动

在登录路由器之前，有必要对Cisco设备的工作方式有所了解。这包括Cisco设备的启动过程。启动过程分为以下4个重要阶段。

（1）执行POST。

加电自检（POST）几乎是每台计算机启动过程中必经的一个过程。POST过程用于检测路由器硬件，然后交换机加到硬件，ROM芯片上的微码会执行POST。在这种自检过程中，路由器会通过ROM执行诊断，主要针对包括CPU、RAM和NVRAM在内的几种硬件组件。POST完成的，路由器将执行bootstrap程序。

（2）加载bootstrap程序。

POST完成后，bootstrap程序将从ROM复制到RAM。此后，RAM中的CPU会执行bootstrap程序中的指令。bootstrap程序的主要任务是查找Cisco IOS并将其加载到RAM。

小提示

此时，如果有链接到路由器的控制台，会看到路由器和终端窗口之间的关系，以交换路由信息。

administration——查找并加载 Cisco IOS 软件。0 到 255 之间的一个数，它表示一条路由选择信息源的可信值。IOS 一般存储在闪存中，但也可能存储在其他位置，如 TFTP（简单文件传输协议）服务器。如果网络管理员将完整的 IOS 软件分成称为 ROM 的精简版，是把 IOS 装载到 RAM 中去。这种版本用来测试和做网络故障诊断用。也可用于将完整版的 IOS 加载到 RAM 中去。有些较早的 Cisco 路由器可直接从闪存运行 IOS，选择的路由连接器的 ATM 层数据终端设备由路由器 CPU 执行。

advertising——查找并加载启动配置文件，或进入设置模式。隔被发送的过程，允许网络上的其他路由选择协议或用具可用。AppleTalk 层查找 NVRAM，中的启动配置文件 col）. startup AppleTalk——如果在 NVRAM 中找到启动配置文件，则 IOS 会将其加载到 RAM 作为点并在应对中接收到回顾或接收一行的方式执行文件中的命令。

AFI（权限和格式标识符，即 Authority and Format Identifier）——NSAP ATM 地址的一部分，它描绘 ATM 地址 IDI 部分的类型和格式。

3.2 手做做

AFP（AppleTalk 文件协议，即 AppleTalk Filing Protocol）——一个表示层协议，支持 AppleShare 和 MacOS 文件共享，允许用户共享文件服务器上的文件和应用程序。

本节通过 Console 电缆实现路由器和 PC 服务器之间的连接，来加深读者对路由器的理解，掌握使用 Console 线连接路由器的方法。

AIP（ATM 接口处理器，即 ATM Interface Processor）——支持 AAL3/4 和 AAL5, Cisco 7000 系列路由器的这个接口最小化 UNI 的性能瓶颈。参见 AAL3/4 和 AAL5。

3.2.1 实验目的

algorithm——用来解决一个问题的一组规则或过程。在网络中算法一般用来发现通信量从源到其目的地的最佳路由。

通过本实验，用户可以掌握以下技能：网络中出现的一种错误，其中收到的帧有额外的

alignment errors——对齐错误，以太网络中出现的一种错误，其中收到的帧有额外的位，即一个数本 通过 Console 电缆实现路由器通过 PC 机与连接 的帧损坏的结果。

• 正确配置 PC 机仿真终端程序的串口参数。

all-routes explorer packet（全路由探测包）——一个能够越过整个 SRB 网络的探测包，熟悉 Cisco 路由器的所有 可能路径 过程中网络全列表探测包。参见 explorer packet、local explorer packet 和 Spanning explorer packet。

3.2.2 实验规划

AM（幅度调制，即 Amplitude modulation）——由载波信号的幅度变化代表信息的一种调制方法。参见 modulation。

AMI（交替传号反转，即 Alternate Mark Inversion）——T-1 和 E-1 电路上的一种线路编码，每比特单元期间 0 用 "01" 表示，1 交替用 "11" 或 "00" 表示。发送设备必须在 AMI 中维持 1 的密度但又不独立于数据流。也称二进制代码的交替传号反转。对照 B8ZS。参见 ones density。

• 路由器 1 台
• Console 电缆 1 根
• 装有网卡的 PC 机 1 台, PC 机上装有 Windows 操作系统。

amplitude（幅度）——模拟或数字波形的最大值。

analog transmission（模拟传输）——由信号幅度、频率和相位的不同组合表示信息的信号传送。

路由器和 PC 机用 Console 线连好即可，如图 3-2 所示。

ANSI（美国国家标准协会，即 American National Standards Institute）——由美国公司、政府和其他志愿者成员组成的机构，它协调与标准相关的活动，批准美国国家标准并在国际标准组织中代表美国。ANSI 帮助在通信、网络和各种技术领域创建国际和美国标准。要准备 RJ-45 转 DB-9 的转接头, 翻转线要接转换头后连接到电脑的 COM 口上。它已为工程产品和技术发布了 13000 多种标准，范围从螺丝罗纹到网络协议，包罗万象。ANSI 是 IEC 和 ISO 的成员。

anycast——一个 ATM 地址，它能由多个终端系统共享，允许请求被传送到一个提供特殊服务的节点。

Apple Talk——Apple 计算机公司为在 Macintosh 环境下使用设计的通信协议组，当前有两个版本。早期的 Phase 1 协议支持一个物理网络，只有一个网络号驻留在一个区域中。稍后的 Phase 2 协议支持单个物理网络上的多个逻辑网络，允许网络存在于多个区域。参见 zone。

Application layer（应用层）——OSI 参考网络模型的第七层，向 OSI 模型之外的应用程序（如电子邮件或文件传输）提供服务。这一层选择并确定通信对象的有效性以及为建立连接所需的资源，协调合作的应用程序，并在控制数据完整性和错误恢复的过程方面形成一致。参见 Data Link layer、network layer、Physical Iayer、presenlation layer、session layer 和 transport layer。

ARA（AppleTalk 远程访问，即 AppleTalk Remote Access）——为 Macintosh 用户建立从一个远程 AppleTalk 位置访问资源和数据的协议。

area（地区）——一组逻辑的而非物理的段（基于 CLNS、DECnet 或 OSPF）以及它们附接的设备。地区通常使用路由器连接到其他地区以创建一个自治系统。参见 autonomous system。

ARM（异步响应模式，即 Asynchronous Response Mode）——使用一个主站及至少一个辅站的 HDLC 通信模式，其中传输可以从主站或一个辅站开始。

ARP（地址解析协议，即 Address Resolution Protocol）——在 RFC 826 中定义，该协议将 IP 地址转换为 MAC 地址。参见 RARP。

AS（自治系统，即 autonomous system）——一组处于相互管理下的网络，它们共享同一个路由选择方法。自治系统由地区再划分并必须由 TANA 分配一个单独的 16 位数字。参见 area。

AS path prepending（AS 路径预先计划）——使用路由映射通过添加假的 ASN 延长自治系统路径。

ASBR（自治系统边界路由器，即 Autonomous System Boundy Router）——一个放在 OSPF 自治系统和非 OSPF 网络之间的地区边界路由器，操作 OSPF 和一个附加的路由选择协议（如 RIP）。ASBR 必须位于一个非存根 OSPF 地区。参见 ABR、non-stub area 和 OSPF。

ASCII（美国信息交换标准代码，即 American Standard Code for Information Interchange）——一个代表字符的 8 位代码，由 7 个数据位加一个奇偶位组成。

ASICs（针对应用程序的集成电路）——用于第 2 层交换机进行过滤决定。ASIC 查看 MAC 地址过滤表并确定哪个端口是收到的硬件地址要去往的目的地硬件地址。该帧将只允许穿过那一段。如果该硬件地址为未知，该帧被转发到所有端口。

ASN.1（抽象语法符号 1，即 Abstract Syntax Notation One）——用于描述与计算机结构无关的数据类型的一种 OSI 语言及描述方法。由 ISO 国际标准 8824 所描述。

ASP（AppleTalk 会话协议，即 AppleTalk Session Protocol）——一个使用 ATP 建立、维护和关闭会话以及顺序请求的协议。参见 ATP。

AST（自动生成树，即 Automatic Spanning Tree）：为生成探测帧从网络中的一个节点移动到另一个节点的一种功能，在 SRB 网络中支持生成树的自动解析。AST 基于 IEEE 802.1 标准。参见 IEEE 802.1 和 SRB。

asynchronous transmission（异步传输）——没有精确定时发送的数字信号，通常具有不同的频率和相位关系。异步传输通常将单个字符封装在控制位（称为起始位和停止位）中，表示每个字符的开始和结束。对照 isochronous transmission。

ATCP（AppleTalk 控制程序，即 AppleTalk Control Program）——建立和配置 AppleTalk over PPP 的协议，在 RFC 1378 中定义。参见 PPP。

ATDM（异步时分多路复用，即 Asynchronous Time‐Division Multiplexing）——发送信息的一种技术，它不同于普通的 TDM，其中时隙在必要时分配而不是预先分配给某些发送器。对照 FDM、statistical multiplexing 和 TDM。

ATG（地址转换网关，即 Address Translation Gateway）——Cisco DECnet 路由选择软件中的一个机制，它使路由器路由多个独立的 DECnet 网络并为网络间选定的节点建立一个用户指定的地址转换。

ATM（异步传输模式，即 Asynchronous Transfer Mode）——由固定长度 53 字节信元标识的国际标准，用于传输多种业务系统中的信元，如语音、视频或数据。传输延迟的降低是由于固定长度的信元允许在硬件中处理。ATM 设计用来使高速传输介质（如 SONET、E3 和 T3）的益处最大化。

ATM ARP server（ATM APR 服务器）——一个提供逻辑子网运行带地址解析服务的经典的 IP over ATN 的设备。

ATM endpoint（ATM 端点）——开始或终结一个 ATM 网络中的连接。ATM 端点包括服务器、工作站、ATM 到 LAN 的交换机和 ATM 路由器。

ATM Forum（ATM 论坛）——由 Northern Telecom、Sprint、Cisco Systems 和 NET/ADAPTIVE 公司于 I991 年共同创立的国际组织，该组织为 ATM 技术开发和促进基于标准的执行协议。ATM 论坛放宽了由 ANSI 和 ITU. T 开发的正式标准并在正式标准发布之前创建执行协议。

ATM layer（ATM 层）——ATM 网络中数据链路层的一个子层，它是业务独立的。为创建标准 5 个子节 ATM 信元，ATM 层从 AAL 接收 48 字节段并给每段附加一个 5 字节的报头。然后这些信元被发送到物理层，通过物理介质传输。参见 AAL。

ATMM（ATM 管理，即 ATM Management）——在 ATM 交换机上运行的一个规程，管理速率增强和 VCT 转换。参见 ATM。

ATM user‐user connection（ATM 用户-用户连接）——ATM 层建立的一个连接，提供至少两个 ATM 业务用户（如 ATMM 进程）之间的通信。这些通信可以是单向或双向的，分别使用一个或两个 VCC。参见 ATM layer 和 ATMM。

ATP（AppleTalk 事务处理协议，即 AppleTalk Transaction Protocol）——一个传输层协议，它使两个套接字（socket）之间能可靠地进行事务处理，其中一个请求另一个执行一项给定的任务并报告结果。ATP 同时抓住请求和响应，保证请求-响应对无丢失交换。attenuation（衰减）通信中，信号能量的减弱或损失，通常由距离引起。

AURP（AppleTalk 基于更新的路由选择协议，即 AppleTalk Update‐based Routing Protocol）——一种在外部协议的报头中封装 AppleTalk 通信量的技术，该外部协议允许至少两个非邻接 AppleTalk 互联网络通过一个外部网络（如 TCP/IP）的连接建立一个 AppleTalk WAN。该连接被称为 AURP 隧道。通过在外部路由器之间交换路由信息，AURP 维持完整 AppleTalk WAN 的路由表。参见 AURP tunnel。

AURP tunnel（AURP 隧道）——在一个 AURP WAN 中进行的连接，它在两个物理上分隔的互联网络间通过外部网络（如 TCP/IP）起一个虚链接的作用。参见 AURP。

authentication（身份验证）——AAA 模型中的第一个组件。用户一般通过用户名和口令进行身份验证，用户和口令惟一地识别他们。

authorityzone（权威区）——域名树的一部分，该域名树与一个名称服务器为权威的 DNS 相关联。参见 DNS。

authorization（授权）——基于 AAA 模型中的身份验证信息允许访问一种资源的行为。

auto‐detectmechanism（自动检测机制）——在以太网交换机、集线器和接口卡中使用，用来确定可以使用的双工方式和速度。

auto duplex（自动双工）——第 1 层和第 2 层设备上的一个设置，它自动设置交换机或集线器端口的双工万式。

automatic call reconnect（自动呼叫重新连接）——使自动呼叫能避开失效的中继线路变更路由的一种功能。

autonomous confederation（自治联邦）——主要依靠自己的网络可达性和路由信息而不是依靠从其他系统或组接收的信息的自我管理系统的一个集合。

autonomous switching（自治交换）——Cisco 路由器利用 ciscoBus 独立地交换系统处理器的数据包使处理数据包能力更快。

autonomous system（自治系统）——参见 AS。

autoreconfiguration（自动重新配置）——令牌环的失效域中由节点执行的一个过程，其中节点自动执行诊断，试图绕过失效的地区重新配置该网络。

auxiliary port（辅助端口）——Cisco 路由器背板上的控制台端口，它允许拨叫该路由器并进行控制台配置设置。

B8ZS（二进进制 8 零替换）——一种线路编码，在连接的远端解释，在 T‐1 和 E‐1 电路的链路上连续传输 8 个零时，它使用一个特殊的代码替代。这一技术保证 1 的密度不受数据流的约束。也称为双极性 8 零替换。对比 AMI。参见 ones density。

backbone（骨干）——网络的基本部分，它提供发送到其他网络和从其他网络发起的通信量的主要路径。

back end（后端）——为前端提供服务的一个节点或软件程序。参见 server。

bandwidth（带宽）——网络信号使用的最高和最低频率间的间隔。通常，它涉及一个网络协议或介质的额定吞吐能力。

bandwith on demand（BoD，即：按需带宽）——这一功能允许一个附加的 B 信道用于为一个特定连接增加可用带宽量。

baseband（基带）——网络技术的一个特性，它只使用一个载波频率。以太网就是一个例子。也称"窄带"。对比 broadband。

baseline（基线）——基线信息包括有关该网络的历史数据和常规使用信息。这个信息可以用来确定该网络最近是否有可能引起问题的变化。

Basic Management Setup（基本管理建立）——Cisco 路由器在建立模式中使用。只有提供足够的管理和配置才能使路由器工作，这样才有人能远程登录到该路由器并配置它。

baud（波特）——每秒比特（b/s）的同义词，如果每个信号单元代表一比特的话。

它是一个发信号速度的单位，等效于每秒钟传输的单独的信号单元数。

　　B channel（B 信道）——承载信道，ISDN 中传输用户数据的一个全双工 64Kb/s 信道，对比 D channel、E channel 和 H channel。

　　BDR（备份指定路由器，即 Backup Designated Router）——一个 OSPF 网络中用来备份指定的路由器以防失效。

　　beacon（信标）——一个 FBDT 设备或令牌环帧，它指出环上的一个严重问题，如电缆断开。信标帧载有下游站地址。参见 failure domain。

　　BECN（后间显式拥塞通管，即 Backward Explicit Congestion Notification）——BECN 是由帧中继网络遇到拥塞路径时在帧中设置的比特。收到带有 BECN 帧的 DTE 可以要求高级协议采取必要的流控措施。对比 FECN。

　　BGP4（BGP 版本 4，即 BGPversion4）——因特网上最通用的域间路由协议的版本 4。BGP4 支持 CTDR 并使用路由计算机制来降低路由表的大小。参见 CIDR。

　　BGP Identifier（BGP 标识符）——这个字段包含标识该 BGP 讲者的一个值。这是由 BGP 路由器发送一个 OPEN 消息时选择的一个随机值。

　　BGP neighbors（BGP 邻居）——开始一次通信过程以交换动态路由选择信息的两个运行 BGP 的路由器；它们使用 OSI 参考模型第 4 层的一个 TCP 端口。特别地是使用 TCP 端口 179。也称为"BGP 对等者"。

　　BGP peers（BGP 对等者）——参见 BGP neighbors。

　　BGP speaker（BGP 讲者）——通告其前缀或路由的路由器。

　　bidirectional shared tree（双向共享树）——共享树组播转发的一种方法。这种方法允许组成员从源或靠近的 RP 接收数据。参见 RP（rendezvous point）。

　　binary（二进制）——用 1 和 0 两个字符计数的方法。二进制计数制成为所有信息数字表达的基础。

　　binding（绑定）——在 LAN 上配置一个网络层协议以使用某种帧类型。

　　BIP（位交叉奇偶校验，即 Bit Interleaved Parity）——ATM 中用来监视链路上错误的一种方法，在先前的块或帧的链路开销中发送一个校验位或字。这允许发现传输中的位错误并作为维护信息传送。

　　BISDN（宽带 TSDN，即 Broadband ISDN）——为管理高带宽技术（如视频）创建的 ITU－T 标准。目前 BISDN 使用 ATM 技术及基于 SONET 的传输电路，提供 155Mb/s 和 622Mb/s 之间及更高的数据速率。参见 BRI、ISDN 和 PRI。

　　bit（位、比特）——一个数字；一个 1 或者一个 0。8 位组成一个字节。

　　bit－oriented protocol（面向比特的协议）——与帧内容无关，该类数据链路层通信协议负责传输帧。与面向字节的协议相比，面向比特的协议更有效，且能可靠地全双工操作。对比 byte－oriented protocol。

　　block size（块大小）——可用在一个子网中的主机数。块大小一般可以以增量 4、8、16、32、64 及 128 使用。

　　Boot ROM（引导 ROM）——用于路由器中，以便将路由器放入引导模式。然后引导模式用一个操作系统引导该设备。该 ROM 也可以保存一个小的 Cisco IOS。

　　boot sequence（引导序列）——定义路由器如何引导。配置寄存器告诉该路由器从哪里引导 IOS 以及如何配置。

bootstrap protocol（引导协议）——用来动态地分配 IP 地址及网关给请求客户机的协议。

border gateway（边界网关）——便于与不同自治系统中的路由器通信的一个路由器。

border peer（边界对等者）——管理一个对等组的设备，它存在于一个层次设计的边缘。当对等组的任何成员想要查找一个资源时，它发送一个探测器给边界对等者。然后该边界对等者代表请求路由器转发这个请求，这样就消除了重复的通信量。

border router（边界路由器）——通常在开放最短路径优先（OSPF）中定义为连接一个地区到骨干区的路由器。但边界路由器也可以是连接一家公司到因特网的路由器。参见 OSPF。

BPDU（网桥协议数据单元，即 Bridge Protocol DataUnit）——为在网络中的网桥之间交换信息，在可定义的间隔发送初始化数据包的一个生成树协议。

BRI（基本速率接口，即 Basic Rate Interface）——便于在视频、数据和语音间进行电路交换通信的 ISDN 接口，它由两个 B 信道（每个 64Kb/s）和一个 D 信道（16Kb/s）构成。对比 PRI。参见 BISDN。

bridge（网桥）——连接网络的两段并在它们之间传送数据包的设备。两段必须使用同样的协议来通信。桥接功能在数据链路层，即 OSI 参考模型的第 2 层。网桥的目的是根据特殊帧的 MAC 地址过滤、发送或扩散任何进入的帧。

bridge group（网桥组）——在网桥的路由器配置中使用，网桥组由一个惟一的号码定义。网络通信量在同一网桥组号码的所有接口间桥接。

bridge identifier（网桥标识符）——用于在第 2 层交换式互联网络中发现和推选根网桥。网桥 ID 是网桥优先级和基础 MAC 地址的组合。

bridge priority（网桥优先级）——设置网桥的 STP 优先级。默认情况下所有网桥优先级被设置为 32 768。

bridging loop（桥接环路）——桥接网络中，如果到一个网络有多于一条链接并且 STP 协议末打开时出现的环路。

broadband（宽带）——在一条电缆上多路复用几个独立信号的一种传输技术。电信中，宽带按大于 4KHz（典型的语音级）带宽的信道分类。在 LAN 技术中它按使用模拟信令的同轴电缆分类。对比 baseband。

broadcast（广播）——一个数据帧或包被传输到本地网段（由广播域定义）上的每个节点。广播是由广播地址表明的，其目的地网络和主机地址位全为 1。又称"本地广播"。对比 directed broadcast。

broadcast address（广播地址）——在逻辑寻址和硬件寻址中使用。在逻辑寻址中，主机地址为全 1。对于硬件寻址，硬件地址将为十六进制的全 1（即全为 F）。

broadcast domain（广播域）——接收从一个设备组中任何设备发出的广播帧的设备组。因为它们不转发广播帧，广播域通常被路由器环绕着。

broadcast storm（广播风暴）——网络上一个不受欢迎的事件，它由任意数量的广播通过网段同时传输引起。它的出现可能耗尽网络带宽，造成超时。

buffer（缓冲器）——专门用来处理传输中的数据的存储区。缓冲器用来接收/存储通常从快速设备到的零星的突发数据，补偿处理速度的差异。在要发送的数据收妥之前进入的信息被存储。又称"信息缓冲器"。

bursting（突发）——一些技术（包括 ATM 和帧中继）被认为是可突发的。这意味着用户数据可以超过为该连接正常保留的带宽，但是不能超过端口速率。这种情况的一个例子是 T－1 上的一个 128Kb/s 的帧中继 CIR（Committed information rate，即数据传输承诺的最大速率）——取决于销售商，有可能短时间超过 128Kb/s 速率进行发送。

bus topology（总线拓扑）——一个直线的 LAN 休系结构，其中来自网络上各站的传输在介质的长度上被复制并被所有其他站所接收。对比 ring topology 和 star topology。

bus（总线）通过任意物理路径（一般为电线或铜线）——一个数字信号可被用来从计算机的一部分发送数据到另一部分。

BUS（广播和未知服务器）——在 LAN 仿真中，负责解析所有广播和带有未知（未登记）地址的包进入 ATM 所需的点到点虚电路的硬件或软件。参见 LANE、LEC、LECS 和 LES。

bypass mode（旁路模式）——删除一个接口的 FDDI 和令牌环网络操作。

bypass relay（旁路中继）——使令牌环中的某个接口能关闭并有效地脱离环的一个设备。

byte（字节）——8 位。

byte－oriented protocol（面向字节的协议）——为了标记帧的边界，使用一种用户字符集的特殊字符的数据链路通信协议。这些协议一般已被面向比特的协议取代。对比 bit－oriented protocol。

cable range（电缆范围）——在扩展的 AppleTalk 网络中，为网络上现有的节点使用所分配的号码范围。电缆范围的值可以是一个也可以是几个连续网络号的序列。节点地址是由它们的电缆范围值确定的。

CAC（连接允许控制，即 Connection Admission Control）——每个 ATM 交换机在连接建立时执行的一系列动作，为了确定是否一个连接请求违反建立连接的 QoS 保证。CAC 也用来通过一个 ATM 网络传送连接请求。

call admission control（呼叫允许控制）——ATM 网络中管理通信量的一个设备，为一个请求的 VCC 确定一条包含适当带宽的路径的可能性。

call establishment（呼叫建立）——呼叫工作时用来指一个 ISDN 呼叫建立方案。

call priority（呼叫优先权）——电路交换系统中，给每个始发端口定义的优先权，它指定以哪个次序呼叫将被重新连接。另外，呼叫优先权识别带宽预留期间哪个呼叫被允许。

call setup（呼叫建立）——定义源和目的地设备如何互相传输数据的握手方案。

call setuptime（呼叫建立时间）——影响 DTE 设备之间交换式呼叫的必要的时间长度。

CBR（恒定比特率，即 constant bit rate）——ATM 论坛为在 ATM 网络中使用创建的 QoS 类。CBR 用于依靠精确时钟来保证可靠传输的连接。对比 ABR 和 VBR。

CD（载波检测，即 cairierdetect）——表示一个接口已经激活或调制解调器产生的连接已经建立的信号。

CDP（Cisco 发现协议，即 Cisco Discovery Protocol）——Cisco 的专用协议，用于告诉邻

居 Cisco 设备，该 Cisco 设备正在使用的硬件类型、软件版本和激活的端口。它使用设备间的 SNAP 帧且是不可路由的。

CDP holdtime（CDP 保持时间）——路由器保持从邻居路由器收到的 Cisco 发现协议信息，如果该信息没有被该邻居更新，在丢弃它之前的时间量。默认情况下，这个定时器被设为 180 秒。

CDP timer（CDP 定时器）——默认情况下，Cisco 发现协议传输到所有路由器接口的时间量。默认情况下，CDP 定时器为 90 秒。

CDVT（呼叫延迟变化容差，即 Cell Delay Variation Tolerance）——ATM 网络中为通信量管理在连接建立时指定的一个 QoS 参数。在 CBR 传输中，由 PCR 进行的数据采样的允许波动程度由 CDVT 确定。参见 CBR 和 PCR。

cell（信元）——ATM 网络中，交换和多路复用数据的基本单元。信元有一个 53 字节的定义长度，包括一个识别该信元数据流的 5 字节报头和 48 字节有效载荷。参见 cell relay。

cell payload scrambling（信元有效载荷扰码）——ATM 交换机在某些中速边缘和中继接口（T-3 或 E-3 电路）上维持组帧的方法。信元有效载荷扰码重新安排信元的数据部分以与某种公共的位图样维持线路同步。

cell relay（信元中继）——使用小的固定大小的数据包（称为信元）的技术。它们的固定长度使信元能以高速率在硬件中处理和交换，使得这个技术成为 ATM 及其他高速网络协议的基础。参见 cell。

Centrex（中央交换机）——一种本地交换载波业务，提供类似于现场 PBX 的本地交换。中央交换机没有现场交换能力。因此，所有客户连接返回到 CO。参见 CO。

CER（信元错误比，即 cell error ratio）——ATM 中，某个时间范围内传输出错的信元与传输中发送的信元总数的比率。

CGMP（Cisco 组管理协议，即 Cisco Group Management Protocol）：由 Cisco 开发的一个专用协议。路由器使用 CGMP 发送组播成员命令给 Catalyst 交换机。

channelized E-1（信道化的 E-1）——工作在 2048Mb/s 的一条接入链路，是 29 个 B 信道和 1 个 D 信道的一部分，支持 DDR、帧中继和 X.25。对比 channelized T-1。

channelized T-1（信道化的 T-1）——工作在 1.544Mb/s 的一条接入链路，是 23 个 B 信道和 1 个 D 信道（每个 64Kb/s）的一部分，其中单个信道或信道组连接到不同的目的地，支持 DDR、帧中继和 X.25。对比 channelized E-1。

CHAP（问答握手身份验证协议，即 Challenge Handshake Authentication Protocol）——使用 PPP 封装且在线路上得到支持，它是识别远程端的一个安全特性，有助于防止未被授权的用户。CHAP 执行之后，路由器或接入服务器确定一个给定用户是否允许接入。它是一个新的、比 PAP 更安全的协议。

checksum（校验和）——确保发送数据完整性的一种测试。它是通过一系列数学函数从一串值计算的一个数。一般放在被计算数据的最后，然后在接收端重新计算以便确认。对比 CRC。

choke packet（阻塞包）——拥塞存在时，它是一个发送给发送者的包，告知它应该降低发送速率。

CIDR（无类别域间路由选择，即 Classless Interdomain Routing）——无类别域间路由选

择协议（如 OSPF 及 BGP4）支持的一种方法，基于忽略 TP 地址类的概念，允许路由聚合并使路由器能组合路由以最小化需要由主路由器传送路由信息的 VLSM。它允许一组 IP 网络对其他路由器看上去像一个统一的大的实体。CIDR 中，IP 地址和它们的子网掩码被写成四个点分成的八位组，跟着一个正斜杠和掩蔽位的编号（子网符号的缩写形式）。参见 BGP4。

CIP（信道接口处理器，即 Channel Interface Processor）——Cisco 7000 系列路由器中使用的一个信道附加接口，它连接一台主机到一个控制装置。这个设备免除了一个 FBP 连接信道的需要。

CIR（承诺信息率，即 Cormmitted Imformation Rate）——一个在最小时间范围被平均的、以 b/s 度量的、帧中继网络同意的最小信息传输速率。

circuit switching（电路交换）——与拨号网络（如 PPP 和 ISDN）一起使用。通过数据但需要首先建立连接——就像进行一次电话呼叫。

Cisco FRAD（Cisco 帧中继接入设备，即 Cisco Frame Relay Access Device）——支持 Cisco IPS 帧中继 SNA 业务的一个 Cisco 产品，连接 SDLC 设备到帧中继而无需现有的 LAN。也可能升级到一个全功能多协议路由器。可以激活从 SDLC 到以太网和令牌环的转换，但不支持附接的 LAN。参见 FRAD。

CiscoFusion——Cisco 互联网络体系结构的名称，Cisco IOS 在其上完成操作。设计用来将各种路由器和交换机集合的能力"熔合"在一起。

Cisco IOS（Cisco 互联网络操作系统软件，即 Cisco Internetwork Operating System software）——为 CiscoFusion 体系结构下的所有产品提供共享的功能性、可缩放性和安全性的 Cisco 路由器和交换机系列的核心。参见 CiscoFusion。

CiscoView——用于 Cisco 网络设备的 GUI 管理软件，能提供动态状态、统计和全面的配置信息。显示 Cisco 设备底盘的物理视图，并提供设备监视功能和基本的故障诊断能力。可以与大量基于 SNMP 的网络管理平台集成在一起。

Class A network（A 类网络）——因特网协议分层编址方案的一部分。A 类网络只有 8 位用于定义网络，有 24 位用于定义网络上的主机。

Class B network（B 类网络）——因特网协议分层编址方案的一部分。B 类网络有 16 位用于定义网络，有 16 位用于定义网络上的主机。

Class C network（C 类网络）——因特网协议分层编址方案的一部分。C 类网络有 24 位用于定义网络。只有 8 位用于定义网络上的主机。

classful routing（分级路由选择）——发送路由更新时，不发送子网掩码信息的路由选择协议。

classical IP overATM（经典的 IP over ATM）——在 RFC 1577 中定义，使 ATM 特性最大化地运行 IP OVer ATV 的规范。又称 CIA。

classless routing（无级路由选择）——路由更新中发送子网掩码的路由选择。无级路由选择允许可变长度子网掩码（VLSM）和超网。支持无级路由选择的协议有 RIP 版本 2、EIGRP 和 OSPF。

CLI（命令行界面）——允许用户以最大的灵活性配置 Cisco 路由器和交换机。

CLP（信元丢失优先权，即 Cell Loss Priority）——ATM 信元报头中确定网络拥塞时信元被丢弃的可能性的区域。具有 CLP＝0 的信元被认为是确保的通信量，不能被丢弃。具有 CLP＝1 的信元被认为是努力的通信量，拥塞时可以被丢弃，提交更多的资源处理确保的通信量。

CLR（信元丢失比，即 Cell Loss Ratio）——ATM 中丢弃的信元与成功传送的信元的比率。建立一个连接时，CLR 可以被指定为一个 QoS 参数。

CO（中央局，即 central office）——市话局，某一地区所有回路在此连接，是用户线路进行电路交换的地方。

collapsed backbone（折叠的骨干）——所有网段通过一个网络互联设备互相连接的一个非分布式骨干。一个折叠的骨干可以是在路由器、集线器或交换机之类的设备中工作的一个虚拟网段。

collision（冲突）——以太网中两个节点同时发送传输的结果。当它们在物理介质上相遇时，每个节点的帧相碰撞并被损坏。参见 collision domain。

collision domain（冲突域）——以太网中发生碰撞的帧将传播的网络区域。冲突通过集线器和转发器传播，但不通过 LAN 交换机、路由器或网桥传播。参见 collision。

Composite metric（复合度量）——与 IGRP 和 EIGRP 之类的路由选择协议一起使用，利用多于一个的度量发现到一个远程网络的最佳路径。默认情况下，IGRP 和 EIGRP 两者使用线路的带宽和延迟。但也可以使用最大传输单元（MTU）、负载和链路的可靠性。

compression（压缩）——用一个标记代表重复的数据串，在一条链路上发送比正常允许的更多的数据的一种技术。

cofiguration register（配置寄存器）——存储在硬件或软件中的一个 16 位可配置的值，它确定初始化期间 Cisco 路由器的功能。硬件中，比特位置使用跳线设置。软件中，它由指定的特殊位图样设置，此位图样被一个十六进制值和配置命令一起配置，用来设置启动选项。

congestion（拥塞）——超过网络处理能力的通信量。

congestion avoidance（拥塞避免）——为最小化延迟，ATM 网络用来控制进入系统的通信量的方法。低优先权的通信量当指示器表明它不能被传送时在网络的边缘被丢弃，以有效地使用资源。

congestion collapse（拥塞崩溃）——ATM 网络中包的重传造成的结果，其中很少或没有通信量成功地到达目的地。通常在工作效率低下或缓存能力不足的路由器与差的包丢弃或 ABR 拥塞反馈机制结合组成的网络中发生。

connection ID（连接 ID）——对每个进入路由器的 Telnet 会话给出的标识。show sessions 命令给出本地路由器到远程路由器的连接。show users 命令显示远程登录到本地路由器用户的连接 ID。

connectionless（无连接）——无需创建虚电路产生的数据传输。它没有开销，尽力传送并且是不可靠的。对比 connection－oriented。参见 virtual circuit。

connection－oriented（面向连接的）——任何数据传输之前先建立一个虚电路的数据传输方法。使用确认和流量进行可靠的数据传输。对比 connectionless。参见 virtual circuit。

console port（控制口端口）——Cisco 路由器和交换机上的一个典型的 RJ－45 端口，具有命令行界面功能。

control direct VCC（控制直接 VCC）——Phase I LAN 仿真定义的 3 个控制连接之一，在 ATM 中由一个 LEG 到一个 LES 建立的双向虚拟控制连接（VCC）。参见 control distribute VCC。

control distribute VCC（控制分配 VCC）——Phase I LAN 仿真定义的 3 个控制连接之一，在 ATM 中由一个 LES 到一个 LEC 建立的单向虚拟控制连接（VCC）。通常，该 VCC 是一个点到多点连接。参见 control direct VCC。

convergence（收敛）——互联网络中所有路由器更新它们的路由表并创建一个一致的网络视图、使用最佳可能路径所需的过程。收敛期间没有用户数据通过。

corelayer（核心层）——Cisco 三层分层模型中的顶层，它有助于设计、组建和维护一个 Cisco 分层网络。核心层快速地通过数据包到分配层设备。在这一层不进行包过滤。

cost（开销）——又称为路径开销，一个任意值，根据中继段数、带宽或其他计算，一般由网络管理员指定并由路由选择协议用来比较通过一个互联网络的不同路由。路由选择协议使用开销值来选择到某个目的地的最佳路径：最低开销识别为最佳路径。参见 routing metric。

count to infinity（计算到无穷）——路由选择算法中出现的一个问题，路由器不断增加到特定网络的中继段数，它收敛缓慢。要避免这个问题，每个不同的路由选择协议都已实现了各种解决方案。这些解决方案包括定义一个最大中继段数（定义无限）、路由平衡、毒性逆转和水平分割。

CPCS（公共部分会聚子层，即 Common Part Convergence Sublayer）——两个与业务有关的 AAL 子层之一，它进一步分为 CS 和 SAR 子层。CPCS 为通过 ATM 网络的传输准备数据，它创建发送到 ATM 层的 48 字节有效载荷信元。参见 AAL 和 ATM layer。

CPE（用户驻地设备）——安装在用户位置并连接到电话公司网络的设备，如电话机、调制解调器和终端。

crankback（遇忙返回）——ATM 中，当一个节点在选定路径上的某处不能接受一个连接建立请求，阻塞该请求时使用的一个纠正技术。该路径被恢复到一个中间节点。然后使用 GCAC 试图找到一条到最终目的地的备用路径。

CRC（循环冗余校验，即 cyclical redundancy check）——检测错误的一种方法，其中帧接收方用一个二进制除法器除帧内容进行一次计算并将余数与发送节点在帧中存储的值比较。对比 checksum。

crossover cable（交叉电缆）——连接交换机到交换机、主机到主机、集线器到集线器或交换机到集线器的以太网电缆类型。

CSMA/CD（带有冲突检测的载波侦听多路访问，即 Carrier Sense Multiple Access/Collision Detect）——Ethernet IEEE802.3 委员会定义的一种技术。每个设备在发送之前侦听电缆上的数字信号。另外，CSMA/CD 允许网络上的所有设备共享同一条电缆，但一次一个。如果两个设备同时发送。将出现帧冲突且会发送干扰图样，该设备将停止发送，等待一个预先确定的时间量，然后试着再次发送。

CSU（信道服务单元，即 channel service unit）——连接终端用户设备到本地数字电话回路的一个数字装置。经常与数据服务单元一起被称为 CSU/DSU。参见 DSU。

CSU/DSU（信道服务单元/数据服务单元，即 channel service unit/data service

unit）——广域网中将数字信号转换成提供者的交换机理解的信号的物理层设备。CSU/DSU 通常是插入 RJ‐45 插座（所谓的分界位置）的一个设备。

CTD（信元传输延迟，即 Cell Transfer Delay）——对于 ATM 中的一个给定连接，在源用户网络接口（UNI）一个信元退出事件和在目的地相应的信元进入事件之间的时间。这些点之间的 CTD 是 ATM 内传输延迟和 ATM 处理延迟的总和。

cut‐through frame switching（直通式帧交换）——数据流过交换机的一种帧交换技术，这样在包完全进入输入端口之前，在输出端前沿已退出该交换机。帧将被使用直通式交换的设备阅读、处理，在帧的目的地地址被证实和输出端口被确定后立即转发。

data circuit‐terminating equipment（数据电路终接设备）——DCE 用来向 DTE 设备提供定时。

data compression（数据压缩）——参见 compression。

data direct VCC（数据直接 VCC）——ATM 中两个 LEC 之间建立的一个双向点到点虚拟控制连接（VCC），是由 Phase 1 LAN 仿真定义的 3 个数据连接之一。因为数据直接 VCC 并不保证 QoS，它们通常被留作 UBR 和 ABR 连接。对比 control distribute VCC 和 control direct VCC。

data encapsulation（数据封装）——一个协议中的信息在另一个协议的数据部分中被包装或包含的过程。在 OSI 参考模型中，数据向下流过协议栈时，每一层封装紧接它的上一层。

data frame（数据帧）——OSI 参考模型数据链路层上的协议数据单元封装。从网络层封装数据包并为在网络介质上传输准备数据。

datagram（数据报）——作为网络层单元无需预先建立虚电路并在介质上传输的一个信息的逻辑集合。IP 数据报已经成为因特网的主要的信息单元。在 OSI 参考模型的各层，术语信元（cell）、帧（frame）、报文（message）和段（segment）也定义这些逻辑信息分组。

Data Link Control layer（数据链路控制层）——SNA 体系结构模型的第 2 层，它负责在给定的物理链路上传输数据并相当于 OSI 参考模型的数据链路层。

Data Link layer（数据链路层）——OSI 参考模型的第 2 层，它确保数据通过物理链路的可靠传输，主要涉及物理寻址、线路规程、网络拓扑、出错通知、帧的有序交付及流控。IEEE 已进一步分割这一层为 MAC 子层和 LLC 子层。也称为链路层。可与 SNA 模型的数据链路控制层相比。参见 Application layer、LLC、MAC、network layer、Physical layer、presentation layer、session layer 和 transport layer。

data terminal equipment（数据终端设备）——见 DTE。

DCC（数据国家代码，即 Data Country Code）——ATM 论坛开发的、为专网使用设计的两个 ATM 地址格式之一。对比 ICD。

DCE（数据通信设备，即按 JIA 定义）或数据电路终端设备（按 ITU‐T 定义）——构成用户到网络接口（如调制解调器）的一个通信网络的机制和链路。DCE 提供到网络的物理连接、转发通信量并为 DTE 和 DCE 之间的同步数据传输提供一个时钟信号。对比 DTE。

D channel（D 信道）——(1) 数据信道一个全双工的、16Kb/s（BRA）或 64Kb/s

（PRI）ISDN 信道。对比 B channel、E channel 和 H channel。（2）SNA 中，以任意外设提供处理器和主存储器之间的一个连接。

DDP（数据报交付协议，即 Datagram Delivery Protocol）——用于 AppleTalk 协议组作为负责通过一个互联网络发送数据报的无连接协议。

DDR（按需拨号路由选择，即 dial－on－demand routing）——允许路由器按发送站的需要自动开始和结束一个电路交换会话的技术。通过模仿保持激活，该路由器欺骗终端站把会话作为活动的来对待。DDR 允许通过一个调制解调器或外部 ISDN 终端适配器在 ISDN 或电话线路上进行路由选择。

DE（丢弃合格，即 Discard Eligibility）——帧中继网络中用来告诉交换机，如果交换机太忙，一个帧可以被丢弃。DE 是帧中的一个字段，如果承诺信息率（CIR）被过度预定或设置为 0，由发送路由器打开。

dedicatedline（专线）——不共享任何带宽的点到点连接。

de－encapsulation（拆装）——分层协议使用的技术，其中一层从层协议数据单元（PDU）中去除报头信息。参见 encapsulation。

default route（默认路由）——用于指导帧的静态路由表条目，它的下一中继段没有在动态路由表中说明清楚。

delay（延迟）——一次事务处理从发送者开始到他们收到第一个响应之间经过的时间。也是一个数据包从它的源经过一条路径移动到其目的地所需的时间。参见 latency。

demarc（分界）——用户驻地设备（CPE）与电话公司载波设备之间的分界点。

demodulation（解调）——已调制信号返回其原始形式的一系列步骤。接收时，调制解调器将模拟信号解调为原始的数字形式（反过来，将它发送的数字数据调制为模拟信号）。参见 modulation。

demultiplexing（多路分解）——将一个由多个输入流组成的多路复用信号转换回单独输出流的过程。参见 multiplexing。

designated bridge（指定网桥）——在从一个网段向路由网桥转发帧的过程中，具有最低路径开销的网桥。

designated port（指定端口）——与生成树协议（STP）一起用来指定转发端口。如果到同一网络有多条链路，STP 将关闭一个端口以阻止网络环路。

designated router（DR 即：指定路由器）——为一个多路访问网络创建 LSA 的一个 OSPF 路由器，它是在 OSPF 操作中为完成其他特殊任务所需要的。最少接有两个路由器的多路访问 OSPF 网络通过 OSPF Hello 协议选择一个路由器，它使多路访问网络上必须邻接的数量降低，因而减少了路由选择协议的通信量和数据库的实际大小。

destination address（目的地地址）——接收数据包的网络设备的地址。

DHCP（动态主机配置协议，即 Dynamic Host Configuration Protocol）——DHCP 是 BootP 协议的一个超集。这意味着它使用 BootP 一样的协议结构，但是它添加了增强。当客户机请求时，这两个协议使用服务器动态配置客户机。两个主要的增强是地址池和租用时间。

dial backup（拨号备份）——拨号备份连接通常用于为帧中继连接提供冗余。备份链路在一个模拟调制解调器上被激活。

directed broadcast（直接广播）——一个数据帧或包被传输到一个远程网段上特定的节

点组。直接广播由其广播地址表明，它是所有比特均为1的一个目的地子网地址。

discovery mode（发现模式）——也称为动态配置，这一技术被 AppleTalk 接口用来从一个工作的节点获得有关附接网络的信息。该信息随后由该接口用于自身配置。

distance - vector routing algorithm（距离向量路由选择算法）——为了发现最短路径，这个路由选择算法组重复一条给定路由中的中继段数，要求每个路由器发送其完整的更新路由表，但只到其邻居。这种路由选择算法有产生环路的趋势，但比链路状态算法简单。参见 link - state routing algorithm 和 SPF。

distribution layer（分配层）——Cisco 三层分层模型的中间层，它有助于设计、安装和维护 Cisco 分层网络。分配层是接入层设备的连接点。路由选择在这一层完成。

DLCI（数据链路连接标识符，即 Data - Link Connection Identifier）——用于标识帧中继网络中的虚电路。

DLSw（数据链路交换，即 Data Link Switching）——IBM 在 1992 年开发了数据链路交换（DLSw），以便在基于路由器的网络中提供对 SNA（系统网络机构）和 NetBIOS 协议的支持。SNA 和 NetBIOS 是不可路由的协议，不包含任何第 3 层逻辑网络信息。DLSw 将这些协议封装在 TCP/IP 消息中，这些消息可被路由并是一个远程源路由桥接（RSRB）的可选办法。

DLSw +（Date link switch Plus，即数据链路层转换加）——Cisco 的 DLSw 实现，除了支持 RFC 标准，Cisco 添加了目的在于增加可缩放性和改善性能及可用性的增强。

DNS（域名系统，即 Domain Name System）——用于解析主机名到 IP 地址。

DSAP（目的地业务接入点，即 Destination Service Access Point）——一个网络节点的业务接入点，在数据包的目的地字段中指定。参见 SSAP 和 SAP。

DSR（数据集准备好，即 Data Set Ready）——当 DCE 通电并准备好运行时，这个 EIA/TIA - 232 接口电路也占线。

DSU（数据服务单元，即 data service unit）——这个设备用来使数据终端设备（DTE）机构上的物理接口适应 T - 1 或 E - 1 之类的传输设备并负责信号定时。它通常与信道服务单元组合在一起并称为 CSU/DSU。参见 CSU。

DTE（数据终端设备，即 data terminal equipment）——任何一个位于用户-网络接口并作为目的地、源或两者的用户端的设备。DTE 包括多路复用器、协议转换器和计算机之类的设备。到一个数据网络的连接是由使用该设备产生的时钟信号的数据通信设备（DCE），如调制解调器所组成。参见 DCE。

DTR（数据终端准备好，即 Data Terminal Ready）——一条激活的与 DCE 通信的 ETA/TIA - 232 电路，表示 DTE 发送或接收数据是已是准备好的状态。

DUAL（扩散更新算法，即 Diffusing Update Algorithm）——用在增强的 IGRP 中，这个收敛算法在整个路由计算中提供无环路操作。DUAL 授权给能同时同步的拓扑版本中涉及的路由器，而不涉及的路由器不受这个改变的影响。参见 Enhanced IGRP。

DVMRP（距离间量组播路由选择协议，即 Distance Vector Multicast Routing Protocol）——主要基于路由信息协议（RTP），这个因特网网关协议实现一个公共的、浓缩模式 IP 组播方案，利用 TGMP 在它的邻居之间传输路由选择数据报。参见 IGMP。

DXI（数据交换接口，即 Data Exchange Interface）——在 RFC 1482 中描述，DXI 定义

一个网络设备（如路由器、网桥或集线器）的效力。它们对使用一个特殊 DSU 完成包封装的 ATM 网络起一个 FEP 作用。

dynamic entries（动态条目）——用于在第 2 层和第 3 层设备中动态地创建硬件地址表或逻辑地址表。

dynamic routing（动态路由选择）——网络修订。也称"自适应路由选择"，这个技术自动适应通信量或物理网络修订。

dynamic VLAN（动态 DLAN）——在一个特殊服务器中创建条目的管理器，该服务器具有互联网络上所有设备的硬件地址。然后该服务器将动态地分配用过的 VLAN。

E－1——通常在欧洲使用，以 2.048Mb/s 速率传输数据的一个广域数字传输方案。E－1 传输线路可从公共载波公司租用做为专线使用。

E. 164——（1）从标准电话编号系统演变而来，由 ITU－T 为国际电信编号，尤其是在 ISDN、SMDS 和 BISDN 中编号建议的标准。（2）包含 E. 164 格式号码的 ATM 地址中字段的标志。

eBGP（外部边界网关协议，即：External Border Gateway Protocol）——用于在不同的自治系统间交换路由信息。

E channel（E 信道，即：回送信道，英文全称为 Echo channel）——用于电路交换的一个 64Kb/s ISDN 控制信道。这个信道的专门描述可在 1984 年的 ITU－T ISDN 规范中找到，但已从 1988 版中取消。参见 B channel、D channel 和 H channel。

edge device（边缘设备）——使数据包能基于数据链路和网络层中的信息在老式接口（如以太网和令牌环）和 ATM 接口间转发的设备。边缘设备不参加任何网络层路由选择协议的运行，它只使用路由描述协议来获得所需的转发信息。

EEPROM（电可擦可编程只读存储器，即 electronically erasable programmable read－onlymemory）——出厂之后编程的，这些非易失性的存储器芯片需要时可以使用电功率擦去并且重新编程。参见 EPROM 和 PROM。

EFCI（显式前向拥塞指示，即 Explicit Forward Congestion Indication）——ATM 网络中 ABR 业务允许的一种拥塞反馈模式。EFCI 可以由立即或某种拥塞状态中的任何网络元素设置。目的地终端系统可以执行一个根据该 EFCI 值调整并降低该连接的信元速率的协议。参见 ABR。

EIGRP——见 Enhanced IGRP。

ETP（以太网接口处理器，即 Ethernet Interface Processor）——一个 Cisco 7000 系列路由器接口处理器卡，提供 lOMb/s AUI 端口支持以太网版本 1 和以太网版本 2 或带高速数据路径到其他接口处理器的 IEEE 802. 3 接口。

ELAN（仿真 LAN，即 emulated LAN）——使用一个客户机/服务器模型仿真以太网或令牌环 LAN 配置的一个 ATM 网络。多个 ELAN 可在一个 ATM 网络上同时存在并构成一个 LAN 仿真客户机（LEC）、一个 LAN 仿真服务器、一个广播和未知服务器（BUS）以及一个 LAN 仿真配置服务器（LECS）。ELAN 由 LANE 规范定义。参见 LANE、LEG、LEGS 和 LES。

ELAP（EtherTalk 链路访问协议，即 EtherTralk Link Access Protocol）——在 EtherTalk 网络中，标准以太网数据链路层之上构成的链路访问协议。

encapsulation（封装）——分层协议使用的技术，其中一层给上层协议数据单元（PDU）添加报头信息。例如，因特网术语中。一个数据包应包含一个物理层的报头，跟着一个网络层（IP）报头，接着是传输层报头（TCP），后跟应用协议数据。

encryption（加密）——信息转换成杂乱的形式以有效地伪装，从而防止末经授权的访问。每个加密方案使用一些精确定义的算法，在接收端解密过程中由一个相反的算法将其颠倒过来。

Endpoints（端点）——见 BGP neighbors。

end－to－end VLANs（端到端 VLAN）——跨越交换机结构（switch－fabric）从端到端的 VLAN；端到端 VLAN 中的所有交换机理解所有配置的 VLAN。端到端 VLAN 根据功能、项目、部门等被配置成允许成员关系。

Enhanced IGRP（增强的 IGRP）——增强的内部网关路由选择协议（Enhanced Interior GatewayRouting Protocol）：Cisco 创建的一个高级路由选择协议，它结合了链路状态和距离向量协议的优点。增强的 IGRP 有非凡的收敛属性，包括高操作效率。参见 IGP、OSPF 和 RIP。

enterprise network（企业网络）——在一家大公司或机构中连接主要位置的一个专门拥有和运行的网络。

EPROM（可擦可编程只读存储器，即 ersable programmable read－only memory）——出厂之后编程的，这些非易失性的存储器芯片需要时可以使用高功率光擦去并且重新编程。参见 EEPROM 和 PROM。

ESF 扩展的超帧（Extended Superframe）——由 24 帧构成，每帧 192 比特，第 193 比特提供其他功能，包括定时。这是 SF 的一个扩展版本。参见 SF。

Ethernet（以太网）——Xerox 公司创建的一个基带 LAN 规范，然后通过 Xerox、Digital Equipment 和 Tnter 公司联合改善。以太网类似于 TEEE802.3 系列标准并使用 CSMA/CD，在各种类型电缆上以 10Mb/s 速率工作。也称 DIX（Digital/Intel/Xerox）以太网。参见 10BaseT、Fast Ethernet 和 lEEE。

EtherTalk——Apple 计算机公司的一个数据链路产品，它允许 AppleTalk 网络由以太网连接。

excess burstsize（超过突发大小）——用户可以超过承诺突发大小通信量的数量。

excess rate（超过速率）——在 ATM 网络中，超过一个连接的保险速率的通信量。超过速率为最大速率减去保险速率。根据网络资源的可用性，超过通信量在拥塞期间可以被丢弃。对比 maximum rate。

EXEC session（EXEC 会话）——用来描述命令行界面的 Cisco 术语。EXEC 会话存在于用户模式和特权模式。

expansion（扩展）——指挥压缩数据通过一个算法，将信息恢复到它的原始大小的过程。

expedited delivery（加速交付）——可以由一个与其他层或不同网络设备中同一协议层通信的协议层指定的一个选项，要求被识别的数据被更快地处理。

explorer frame（探测帧）——与源路由桥接一起用于在一个发送之前发现到远程桥接网络的路由。

explorer packet（探测包）——由一个源令牌环设备发送的 SNA 包，用来发现通过源路由桥接网络的路径。

extended IP accesslist（扩展的 IP 访问表）——通过逻辑地址、网络层报头中的协议字段，甚至传输层报头中的端口字段过滤网络的 IP 地址表。

extended IPX accesslist（扩展的 IPX 访问表）——通过逻辑 IPX 地址、网络层报头中的协议字段，甚至传输层报头中的套接字号过滤网络的 IPX 地址表。

Extended Setup（扩展的设置）——用在设置模式中配置路由器，它比基本设置模式配置更多的细节。允许多协议支持和接口配置。

failure domain（故障域）——令牌环中出现故障的区域。当一个站获得严重故障（如网络出现电缆断开）信息时，它发送一个信标帧，包括该站报告的故障、它的 NAUN 和之间的每件事。这就定义了故障域。然后信标开始所谓的自动配置程序。参见 autoreconfiguration 和 beacon。

fallback（后退）——ATM 网络中，这个机制用来觅得一条路径，如果它不能用常规方法找到一条的话。该设备放松对某个特性的要求（如延迟），试图找到一条满足某组最重要的需求的路径。

Fast Ethernet（快速以太网）——速度为 100Mb/s 的以太网规范。快速以太网比 10BaseT 快 10 倍，而保留像 MAC 机制、MTU 和帧格式之类的性质。这些类似使得现有的 10BaseT 应用和管理工具能用于快速以太网网络。快速以太网是基于 IEEE 802.3 规范的一个扩展（IEEE 802.3U）。对比 Ethernet。参见 100BaseT、100BaseTX 和 IEEE。

fast switching（快速交换）——利用路由高速缓存以加速通过路由器的包交换的一个 Cisco 特性。

fault tolerance（容错）——网络设备或通信链路可以失效而不中断通信的程度。容错可通过增加到一远程网络的辅助路由器提供。

FDM（频分多路复用，即 Frequency–Division Multiplexing）——允许从几个信道来的信息在一条线上按频率分配带宽的技术。参见 TDM、ATDM 和 statistical multiplexing。

FDDI（光纤分布式数据接口，即 Fiber Distributed Data Interface）——ANSI X3T9.5 定义的一个 LAN 标准，可以在高达 200Mb/s 的速率上运行并在光缆上使用令牌传送介质访问技术。为了冗余，可以使用双环结构。

FECN（前向显式拥塞通告，即 Forward Explicit Congestion Notification）——由帧中继网络设置的一个位，通知 DTE 接收器沿着从源到目的地的路径遇到拥塞。收到 FECN 位设置帧的设备可以要求更高优先权的协议必要时采取流控措施。参见 BECN。

FEIP（快速以太网接口处理器，即 Fast Ethernet Interface Processor）——Cisco 7000 系列路由器使用的一种接口处理器，提供两个 100Mb/s 100BaseT 端口。

filtering（过滤）——用访问表在网络上提供安全性。

firewall（防火墙）——有意在任何公共网络和专用网络之间设置的一道屏障，由一个路由器或访问服务器或者几个路由器或访问服务器组成，利用访问表和其他方法确保专用网络的安全性。

dixed configuration router（固定配置路由器）——不能用任何新接口升级的路由器。

flapping（翻动）——描述一个串行接口开闭的术语。

flash（闪存）——电可擦可编程只读存储器（EEPROM）。默认情况下用来在路由器中保存 Cisco IOS。

flash memory（闪存）——Intel 开发的并许可其他半导体制造商使用的一种非易失存储器，可电擦除并重新编程，物理上位于 EEPROM 芯片上。闪存允许软件映像被存储、引导及必要时重写。默认情况下，Cisco 路由器和交换机使用闪存保存 IOS。参见 EPROM 和 EEPROM。

flash update（瞬时更新）——指的是当网络上某个路径的度量值发生变化，路由器立即发出更新信息，而不管是否到达常规路由信息更新的周期。

flat network（平面网络）——一个大的冲突域和一个大的广播域的网络。

floating routes（浮动路由器）——与动态路由一起用于提供备份路由以防失效。

floodming（扩散）——一个接口收到通信量时，它将被传输到除了始发通信量的接口外连接到该设备的每个接口。这一技术可被网桥和交换机用于在网络上传输通信量。

flow control（流控）——用来确保接收单元不被来自发送设备的数据淹没的一种技术。IBM 网络称之为调步，意思是当接收缓存器满时，一个消息被传输到发送单元暂停发送，直到接收缓存器中的所有数据被处理并且缓存器再次准备好接收。

FQDN（完全限定域名，即 fully qualified domain name）——在 DNS 域结构中用来在因特网上提供名称到 IP 地址的解析。FQDN 的一例是 bob. acme. com。

FRAD（帧中继接入设备，即 Frame Relay access device）——提供 LAN 和帧中继 WAN 之间连接的任何设备。参见 Cisco FRAD 和 FRAS。

fragment（片段）——一个大的数据包被故意分成小块的任何部分。一个数据包片段并不表示错误而且可以是故意的。参见 fragmentation。

fragmentation（分段）——在不能支持大数据包尺寸的中间网络介质上发送数据时，故意将数据包分段成小块的过程。

FragmentFree（无碎片）——读入一个帧的数据部分以确保不出现碎片的 LAN 交换机类型。有时称为修正的直通（modified cut－through）。

frame（帧）——由数据链路层在传输介质上发送的信息的逻辑单元。该术语经常涉及用于同步和差错控制的报头和报尾，它围绕单元中包含的数据。

frame filtering（帧过滤）——帧过滤在第 2 层交换机上用来提供更多带宽。交换机读一个帧的目的地硬件地址，在交换机建立的过滤表中查找这个地址，然后只将该帧送出找到的硬件地址的端口，其他端口见不到该帧。

frame identification（frame tagging，即：帧标识或帧标志）——VLAN 可以跨越多个连接的交换机，Cisco 称其为一个交换机结构（switch－fabric）。交换机结构中的交换机必须跟踪在该交换机端口上收到的帧，并且在帧穿过这个交换机结构时必须跟踪它们所属的 VLAN。帧标志完成这个功能。然后交换机可以命令帧到适当的端口。

Frame Relay（帧中继）——X.25 协议（一个保证数据传输的不相关的数据包中继技术）的一个更有效的替代。帧中继是一个工业标准的，共享接入、尽力的交换式数据链路层封装，它在连接的机构间提供多个虚电路和协议。

Frame Relay bridging（帧中继桥接）——在 RFC 1490 中定义，这个桥接方法使用与其他桥接操作同样的生成树算法，但允许数据包封装为经帧中继网络传输。

Frame Relay switching（帧中继交换）——服务提供商的路由器为帧中继数据包提供数据包交换。激活一个已被修剪过程冻结的接口的过程。它由发送到路由器的 IGMP 成员报告发起。

frame tagging（帧标志）——见 frame identification。

frame types（帧类型）——LAN 中用来确定如何将一个帧放在本地网络上。以太网提供 4 种不同的帧类型。它们相互不兼容，所以，为了两台主机通信，它们必须使用相同的帧类型。

framing（组帧）——OSI 模型数据链路层上的封装。它称为组帧是因为数据包是用报头和报尾封装的。

FRAS（帧中继接入支持，即 Frame Relay Access Support）——Cisco IOS 软件的一个特性，它使 SDLC、以太网、令牌环和帧中继连接的 IBM 设备能与帧中继网络上的其他 IBM 机构链接。参见 FRAD。

frequency（频率）——单位时间交流信号的周期数，以赫兹（周期每秒）测量。

FSIP（快速串行接口处理器，即 Fast Serial Interface Processor）——Cisco 7000 路由器默认的串行接口处理器，它提供 4 个或 8 个高速串行接口。

FTP（文件传输协议，即 File Transfer Protocol）：用来在网络节点间传输文件的 TCP/IP 协议，它支持宽范围的文件类型并在 RFC 959 中定义，参见 TFTP。

full duplex（全双工）——在发送站和接收站之间同时传输信息的能力，参见 half duplex。

full mesh（全网型）——一种网络拓扑，其中每个节点到其他网络节点有物理的或虚拟的电路链接。全网型提供大量的冗余，由于它的昂贵，一般留用作为网络骨干。参见 partial mesh。

global command（全局命令）——用来定义命令的 Cisco 术语，它用来改变影响整个路由器的路由器配置。相比之下，接口命令只影响那个接口。

GMII（千兆位 MII，即 Gigabit MII）——数据传输时提供 8 位的介质独立接口。

GNS（获得最近服务器，即 Get Nearest Server）——在 IPX 网络上，客户为确定一种给定类型的最近的激活服务器的位置发送的一个请求包。一个 IPX 网络客户发出一个 GNS 请求以获得从一个连接的服务器来的直接应答或从该互联网络上披露该服务器位置的路由器来的一个响应。GNS 是 IPX 和 SAP 的一部分。参见 IPX 和 SAP。

grafing（移植）——激活一个已被修剪过程冻结的接口的过程。它由发送到路由器的 IGMP 成员报告发起。

GRE（通用路由封装，即 Generic Routing Encapsulation）——Cisco 利用在 IP 隧道中封装各种协议包类型的能力创建的一个隧道协议，借此产生一个虚拟的、点到点连接，此连接跨过一个 IP 网络连接到远端的 Cisco 路由器。IP 隧道利用 GRE，允许通过在单一协议骨干环境中链接多协议子网来扩展网络超过单一协议骨干环境。

guard band（保护频带）——两个通信信道间未使用的频率区域，提供必要的空间避免两者之间干扰。

half duplex（半双工）——发送站和接收站之间一次只能在一个方向传输数据的能力。参见 full duplex。

handshake（握手）——网络上两个或多个设备之间为保证同步操作交换的一系列传输。

H channel（H 信道）——高速信道（high – speed channel），一个全双工、在 384Kb/s 速率上工作的 ISDN 基群速率信道。参见 B channel、D channel 和 E channel。

HDLC（高级数据链路控制，即 High – Level Data Link Control）——使用帧字符（包括校验和），HDLC 指定一种在同步串行链路上封装数据的方法，并且是 Cisco 路由器的默认封装方法。HDLC 是 ISO 创建的面向比特的同步数据链路层协议，起源于 SDLC。但是，大多数 HDLC 厂商实现（包括 Cisco 的）是专利的。

helper address（帮助器地址）——指定的单播地址，它指导 Cisco 路由器为进入直接单播到该服务器的业务而改变客户的本地广播请求。

header——报头指在封装数据进行网络传输之前放在数据之间的控制信息。

hello packet——Hello 分组，也叫做 hello 信息，是多点传送分组，其被路由器使用进行邻居发现和恢复。Hello 分组也预示一个客户端仍然在运行和在网络准备中。

Hello protocol——呼叫协议指 OSPF 和其他路由选择协议所用来建立和维护相邻关系的协议。

hierarchical addressing——层次寻址指使用逻辑层次确定位置的寻址方案。例如，IP 地址包括网络数、子网数和主机数，IP 路由选择算法用它们来将数据包路由至正确的位置。

holddown——阻止，指路由选择表条目的一种状态，表示在一段特定长度的时间内路由器既不通告路由也不接受关于特定时间长度路由（阻止时期）。

hop——跳，指描述数据包在两个网络节点之间（例如，在两个路由器之间）传递的术语。参见 hop count（跳计数）。

hop count——跳计数。指用于衡量源与目的地之间距离的路由选择标准。RIP 将跳计数作为它的度量标准。

host——主机指网络中的计算机系统。类似于"节点"，但是主机通常指一个计算机系统，而节点可以指任何网络系统，包括路由器。

host number——主机数指 IP 地址中的一部分，它指出哪一个节点被寻址。也作为主机地址。

hub——集线器是用于描述作为星状拓扑网络中枢的设备的术语；或者指 Ethernet 多端口中继器，有时指集中器。

ICD（International Code Designator，即国际代码标志符）——已修改的子网编址模型，这一分配映射网络层地址到 ATM 地址。ICD 是由 ATM 论坛创建的两个 ATM 编址格式之一，用于专用网络。参见 DCC。

ICMP（Internet Control Message Protocol，即：网际控制消息协议）——指提供与 IP 数据包处理有关的错误报告和其他信息的网络层网间网协议。其文件在 RFC792 中。

IEEE（Institute of Electrical and Electronics Engineers，即：电气与电子工程师协会）——指致力于发展通信和网络标准的工作者的职业组织。IEEE 局域网标准是现在最普遍的局域网标准。

IEEE 802.1——定义桥接组的 IEEE 委员会规范。STP（生成树协议）的规范是 IEEE 802.1D。STP 使用 STA（生成树算法）发现并防止桥接网络中的网络环路。VLAN 中继的规范是 IEEE 802.1 Q。

IEEE 802.3——定义以太网组的 IEEE 委员会规范，尤其是原始的 10Mb/s 标准。以太网是一个 LAN 协议，它指定物理层和 MAC 子层介质访问。IEEE 802.3 使用 CSMA/CD 提供对同一网络上许多设备的访问。快速以太网定义为 802.3u，千兆位以太网定义为 802.3z。参见 CSMA/CD。

IEEE 802.5——定义令牌介质访问的 IEEE 委员会规范。

IGMP（Internet Group Management Protocol，因特网组管理协议）——由 IP 主机使用的这个协议向一个邻近的组播路由管报告它们的组播组成员。

IGP（Interior Gateway Protocol，即：内部网关协议）——是指在自治系统中用于交换路由信息的网间网路由选择协议的一般性术语。常见的 Internet IGP 的例子有 IGRP、OSPF 和 RIP。

interface——接口指两个系统或设备间的连接；或者，在路由选择术语中，指网络连接。

Internet——指由 ARPANET 演化而来的全球互连网络，现已连接全球的成千上万的网络。

Internet protocol——网间网协议，指 TCP/IP 协议栈中的任何协议。见 TCP/IP。

internetwork——互连网络指由路由器和其他设备相互连接而成的，通常作为单个网络行使功能的网络集合。

internetworking——网联互连，关于由连接网络问题引起的工业的总术语。这个术语可以用于指产品、规程和技术。

Inverse ARP（Inverse Address Resolution Protocol，即：反向地址解析协议）——指在帧中继网络中建立动态地址映射的方法。允许一个设备发现与虚电路相关联的设备的网络地址。

IP（Internet Protocol，即：网际协议）——指 TCP/IP 协议栈中提供无连接数据报服务的网络层协议。IP 提供关于寻址、服务类型规范、分段和重装以及安全性的特征。其文件在 RFC 791 中。

IP address——IP 地址，指使用 TCP/IP 协议组的指定给主机的 32 位地址。IP 地址写作用点分隔开的 4 个 8 位组（点分十进制格式）。每个地址由一个网络数、一个任选子网络数和一个主机数构成。网络数和子网络数一起用于路由选择，而主机数用于在网络或子网络内部寻找一个单独的主机。子网掩码经常和地址一起使用，从 IP 地址中提取出网络和子网络信息。

IPX（Internetwork Packet Exchange，即：网际包交换）——指用于从服务器传送数据到工作站的 NetWare 网络层（第 3 层）协议。IPX 与 IP 相似在于它是无连接数据报服务。

IPXCP（IPX Control Protocol，即：IPX 控制协议）——指在 PPP 上建立和配置 IPX 的协议。

IPXWAN——指协商有关新链路启始的端到端选择的协议。当链路产生时，第一个发送的 IPX 数据包是协商有关链路选择的 IPXWAN 数据包。在已经成功决定了 IPXWAN 选择的时候，正常的 IPX 传输开始进行，并且不再发送 IPXWAN 数据包。由 RFG1362 定义。

ISDN（Integrated Services Digital Network，即：综合业务数字网）——指由电话公司提

供的通信协议，允许电话网络传输数据、声音和其他源通信。

isochronous transmission（等时传输）——同步数据链路上的异步数据传输，为了可靠传输，要求一个恒定的位率。

KB——千字节大约为 1 000 字节。

Kb——千位大约为 1 000 位。

KBps——千字节/秒。

Kbps——千位/秒。

keepalive interval——存活间隔指由网络设备发送的存活信息之间的时间段。

keepalive message——存活信息指由一个网络设备发出的，通知另一个网络设备它仍然在使用中的信息。

LAN（local－area network，即：局域网）——指覆盖一片相对较小地理区域的高速低错误数据网络。LAN 连接在单独的建筑物或其他有限的区域内的工作站、外围设备、终端以及其他设备。LAN 标准规定在 OSI 模型的物理层和数据链路层上的电缆线路和信号传输。Ethernet、FDDI 和令牌环是最广泛使用的 LAN 技术。

LANE（LAN emulation，即：局域网仿真）——指允许 ATM 网络作为 LAN 骨架使用的技术。在这种情况下，LANE 提供多播和广播支持，地址映射（MAC 到 ATM）以及虚电路管理。

LAPB（Link Access Procedure Balanced，即：平衡方式链路访问规程）——指 X.25 协议栈中的数据链路层协议。LAPB 是从 HDLC 衍生出的面向位的协议。

LAPD（Link Access Procedure on the D channel，即：D 信道的链路访问规程）——指关于 D 信道的 ISDN 数据链路层协议。LAPD 由 LAPB 衍生而来，并且被设计用来满足 ISDN 基本访问的信号传输要求。由 ITU－T 建议 Q.920 和 Q.921 定义。

latency（等待时间）——广义上说，一个数据包从一个位置传送到另一个位置所花的时间。在待定的网络环境中，它可能意味着：(1)执行一个设备接入网络的请求和该设备实际上被允许传输的时间之间经历的时间（延迟），或(2)一个设备接收到一个帧时和该帧被转发出目的地端口时间之间所经历的时间。

latency——延迟指在设备要求访问网络的时间与它被允许传输的时间之间消耗的时间；或者指在设备接收到帧的时间与该帧被转发到目标端口的时间之间的时间段。

LCP（Link Control Protocol，即：链路控制协议）——指和 PPP 一起使用的协议，用于建立、配置和检测数据链路连接。

leased line——租用线路指由通信载波占用的用于顾客私人用途的传输线路。租用线路是一种专用线路。

LEC（LAN 仿真客户）——提供链路层接口仿真的软件，它允许所有高级协议和应用程序的操作和通信继续。LEC 在所有 ATM 设备中运行，包括主机、服务器、网桥和路由器。

LECS（LAN 仿真配置服务器）——仿真 LAN 业务的一个重要部分，提供请求从 LES 来的配置数据。这些服务包括集成的本地管理接口（ILM）支持的地址登记，为 LES 地址及其仿真的 LAN 标识符和仿真 LAN 的一个接口。参见 LES 和 ELAN。

link——链路指一种网络通信信道，包括一条电路或传输路径和发送方与接收方之间的所有相关设备。最常用来指 WAN 连接。有时称作线路或传输链路。

link‐state routing algorithm——链路状态路由选择算法指一种路由选择算法，其中每个路由器都把关于到达其每一个相邻节点代价的信息广播到或多播到互连网络的所有节点。链路状态路由选择算法要求路由器维护一个关于网络的一致性的视图，因此不容易发生路由选择循环。

LLC（Logical Link Control，即：逻辑链路控制协议）——指由 IEEE 定义的两个数据链路层子层中的较高者。LLC 子层处理错误控制、流控制、帧操作以及 MAC 子层寻址。最常用的 LLC 协议是 IEEE 802.2，它包括无连接类型和面向连接的类型。

LMI（Local Management Interface，即：本地管理接口）——指对于基本帧中继规范的一套改进规范。LMI 支持存活一种多点传送机制；全球寻址以及一种状态机制。

load balancing——负载平衡指在路由选择中路由器在其距目标地址相同距离的所有网络端口上分配通信量的能力。负载平衡提高了网络节段的利用率，从而指高了网络带宽的总效率。

local exploror packet（本地探测包）——令牌球 SRB 网络中，一个终端系统产生的用来发现链接到本地环上一台主机的数据包，如果找不到本地主机，该终端系统将产生两个解决方案之一：一个生成探测包式一个令路由探测包。

local loop——本地环路指从电话用户的经营场所到电话公司中心营业处的线路。

Local Talk——指 Apple Computer 公司所有的基带协议，它在 OSI 参考模型的数据链路层和物理层上运行。Local Talk 使用 CSMA/CA，并且支持速度为 230.4kbps 的传输。

loop——环路，指信息永远到达不了它们的目的地，却重复地在一组网络节点中循环转发的情况。

MAC（Media Access Control，即：介质访问控制）——指 IEEE 定义的数据链路层的两个子层的较低者。MAC 子层处理对共享介质的访问。

MAC address——MAC 地址指连接到 LAN 的每一个端口或设备所需要的标准化的数据链路层地址。网络中的其他设备使用这些地址来定位特定的端口，并创建和更新路由选择表和数据结构。MAC 地址长为 48 位，由 IEEE 控制。也可称作硬件地址、MAC 层地址或物理地址。

MAN（metropolitan‐area network，即：城域网）——指覆盖城市区域的网络。一般说来，MAN 覆盖比 LAN 大而比 WAN 小的地理区域。

maximum rate（最大速率）——在一个特定的虚电路上允许的最大数据吞吐量，等于保险和不保险通信量的总和。通信量拥塞出现时，不保险通信量可能从该路径被删除。最大速度以位每秒或信元每秒测量，表示该虚电路曾经能传送并且不能超过介质速率的最高数据吞吐量。对比 excess rate。

Mb——兆位大约 1 000 000 位。

Mbps——兆位/秒。

MCR（最小信元速率）——由 ATM 论坛确定的一个参数。用于 ATM 网络的通信管理。MCR 专门为 ABR 传输定义并且指定允许信元速率（ACR）的最大值。参见 ACR 和 PCR。

media——介质指传输信号所通过的多种物理环境。常用网络介质包括电缆（双绞线、同轴和光纤）和大气层（微波、激光和红外线传输发生的场所）。有时称为物理介质。

Media Access Control——见 MAC。

mesh——网孔，指一种网络拓扑，其中的设备以分段方式组织，在网络节点之间战略性地布置冗余相互连接。

message——消息，指应用层的信息逻辑组，通常由许多低层的逻辑组（如数据包）组成。

modulation（调制）——为了表示数字式模拟信息，修改一个电信号的某个特性的过程，如幅度调制（AM）或频率调制（FM）。参见 AM。

MSAU（multistation access unit，即：多站访问单元）——指令牌环网络中的所有终站都与之相连接的一种线连接器。有时简单写作 MAU。

MTU（maximum tansmission unit，即：最大传输信元）——指一个给定接口所能传输的最大数据包的大小；以字节表示。

multiaccess network——多路访问网络，指允许多个设备共享同一介质来连接和通信的网络。如 LAN。

multicast——多点传送，指由网络拷贝并传递给网络地址的一个特定子集的单个数据包。这些地址在目标地址域中指定。

multiplexing——多路复用，指允许多个逻辑信号在单个物理信通上同时传输的技术。

mux——多路复用器，指一种多路复用设备。多路复用器将多种输入信号结合起来在单个线路上传输。信号在被接收端使用时分解多路复用或分离。

NAK（Negative acknowledgment，即：否认确认）——指由接收设备发送给发送设备的表示所接收数据包含错误的响应。

name resolution——名字解析，指将符号化的名字与网络位置或地址联系起来的过程。

NAT（Network Address Translation，即：网络地址翻译）——指减少全球唯一 IP 地址需求的技术。NAT 允许组织有可能与 IP 地址空间中其他地址冲突的地址。将这些地址翻译成全球可路由地址空间中的唯一地址，与 Internet 连接。

NBMA（nonbroadcast multiaccess，即：非广播多路访问）——用来描述不支持广播（如 X. 25）或广播不可行的多路访问网络的术语。

NBP（Name Binding Protocol，即：名字绑定协议）——指将字符串名字翻译成相关套接字用户的 DDP 地址的 Apple Talk 传输级协议。

NetBIOS（Network Basic Input/Output System，即：网络基本输入输出系统）——指 IBM 局域网上应用程序所采用的应用程序编程接口，从低级网络处理要求服务，如会话建立和终止，以及信息传输。

NetWare——由 Novell 公司开发的网络操作系统。提供远程文件存取、打印服务以及其他众多分布式的网络服务。

network——网络指计算机、打印机、路由器、交换器和其他设备的集合，能够在某些传输介质上相互通信。

network interface——网络接口，指载波网络与私有安装之间的边界。

network layer——网络层，指 OSI 参考模型的第 3 层。这一层提供 2 个最终系统之间的连接和路径选择。网络层是路由选择发生的一层。

NLSP（NetWare Link Services Protocol，即：NetWare 链路服务协议）——指基于 IS－IS

的关于 IPX 的链路状态路由选择协议。

node——节点，指网络中 2 条或多条线路共用的网络连接或交叉点的端点。节点可以是处理器、控制器或者工作站。具有多种功能的节点，可以用链路相互连接，在网络中作为控制点。

non‑stub area（非存根区）——OSPF 中，一个载有默认路由、区内路由、区间路由、静态路由和外部路由的资源耗费区，非存根区是所有虚路通过它们配置并专门包含一个自治系统边界路由器（ASBR）的唯一地区。参见 ASBR 和 OSPF。

NVRAM（nonvolatile RAM，非易失性 RAM）——指当设备电源切断时仍能保持其内容的 RAM。

ones density（1 的密度）——也称为脉冲密度，这是信号定时的一个方法。CSU/DSU 从通过它的数据提取时钟信号。为了这个方案能工作，数据必须编码成每传输 8 位至少包含一个二进制 1。参见 CSU/DSU。

OSI reference model（Open System Interconnection reference model，即：开放系统互连参考模型）——指由 ISO 和 ITU‑T 开发的网络体系结构框架。该模型描述了 7 个层，其中每一层都指定一个特定的网络功能。最低层，称为物理层，最接近于介质技术。最高层，称为应用层，最接近于用户。OSI 参考模型被广泛地用于理解网络功能。

OSPF（Open Shortest Path First，即开放最短路径）——一个源于 IS‑IS 协议早期版本的链路状态，分层的路由选择算法，它的特性包括多路经路由选择、负载平衡及最低开销路由选择。OSPF 是因特网环境中建议的 RIP 继承者。

out‑of‑band signaling——带外信号传输，指使用在用于普通数据传送的频率或信道之外的频率或信道的传输。带外信号传输经常在正常信道不能用于与网络设备通信时用来进行错误报告。

packet——数据包，指信息的逻辑组合，包括一个含有控制信息的报头和用户数据（通常情况下）。数据包最常用来指数据的网络单元。数据报、帧、消息和网段等术语也用于描述位于 OSI 参考模型不同层上的和多种技术圈中的逻辑信息组。

partial mesh——部分网络，用来描述其设备以网格拓扑方式进行组织的网络的术语，其中一些网络节点以完全网格方式组织，而另外一些只连接到网络中 1 个或 2 个其他节点。部分网络不提供全部网格拓扑的冗余水平，但其实现成分较低。部分网格拓扑通常在连接到完全网格状骨架的外围网络中使用。参见 full mesh 和 mesh。

physical layer（物理层）——OSI 参考模型中的最低层——第 1 层，它负责将数据从数据链路层（第 2 层）来的数据包转换为电信号。例如，特理层协议和标准定义要使用的电缆和连接器类型，包括它们的引脚安排和 0、1 信号的编码方案。参见 Application layer、Data layer、Network layer、Presentation layer、Session layer 和 Transport layer。

PCR（峰值信元速率）——按 ATM 论坛定义，以信元为单位，该参数指定一个源可以发送的最高速率。

ping（packet internet groper，即：数据包互联网络探索程序）——指 ICMP 回送消息及其应答。通常在 IP 网络中用于检测网络设备的可达性。

poison reverse updates——毒性逆转更新，指明确指出网络或子网不可达的路由选择更新，而不是以包括在更新中的暗示网络不可达。毒性逆转更新被用于防止大型路由选择循环。

port——端口，（1）指网络互连设备（如路由器）的接口。（2）在 IP 术语中指从低层接收信息的高层处理。端口被编号，且每一个编号的端口与一个特定的处理相关联。例如，SMTP 与端口 25 相关联。端口号也称作"著名地址"。（3）改写软件或微代码以便它能在与其最初设计所相适应的硬件平台或软件环境所不同的硬件平台上或不同的软件环境中运行。

PPP（Point－to－Point Protocol，即：点到点协议）——指 SLP 一种后继协议，它提供在同步和异步电路上的路由器-路由器和主机-网络连接。SLIP 被设计用来与 IP 共同工作，而 PPP 被设计用来和几个网络层协议共同工作，如 IP、IPX 和 ARA。PPP 也具有内置的安全保障机制，如 CHAP 和 PAP 等。PPP 依赖于 2 个协议：LCP 和 NCP。

presentation layer——表示层，指 OSI 参考模型的第 6 层。这一层保证由一个系统的应用层发出的信息对另一个系统的应用层是可读的。表示层也与程序所使用的数据结构有关，因此它为应用层协调数据传输语法。

PRI（Primary Rate Interface，即：主速率接口）——指主要速率访问的 ISDN 接口。主要速率访问包括单个 64－kbps 的 D 信道加 23（T1）或 30（E1）个 B 信道，用于传输声音或数据。与 BRI 相比较。

PROM（可编程只读存储器）——ROM 只能利用特殊的设备编程一次。对比 EPROM。

protocol——协议，指控制网络设备交换信息的一套规则和约定的正式描述。

protocol stack——协议栈，指一组相关的通信协议，它们共同操作，并且作为一个组合，在 OSI 参考模型 7 个层中的某些层或全部层上指导通信。并非每一个协议栈覆盖该模型的每一层，而且通常一个单独的协议会同时指导多个层。TCP/IP 是典型的协议栈。

proxy ARP（proxy Address Resolution Protocol，即：代理地址解析协议）——是 ARP 协议的一个变形，中间设备（如路由器）可以代表终端节点向发出要求的主机发送一个 ARP 响应。代理机 ARP 可以减少低速 WAN 链路上的带宽使用。参见 ARP。

query——查询，指用于要求某些变量的值或变量设置的消息。

queue——队列，指储存在缓冲区中等待转发到路由器接口上的数据包储备。

RARP（Reverse Address Resolution Protocal，即反向地址解析）——TCP/IP 协议栈内映射 MAC 地址到 IP 地址的协议。参见 ARP。

reassembly——重装，指将在源节点或中间节点被分段的 IP 数据报在目的地重新组合起来。

reload——重新加载，指 Cisco 路由器重新启动的事件，或者指导致路由器重新启动的命令。

RFC（Request For Comments，即：请求注释）——指作为主要手段来交流有关 Internet 信息的文档系列。某些 RFC 被 IAB 指定为 Internet 标准。

ring——环形网，指以逻辑环形拓扑连接 2 个或多个站。信息在工作的站之间连续传递。令牌环、FDDI 和 CDDI 都是基于这种拓扑的。

ring topology——环形拓扑，指由单向传输链路相互连接起来构成单个闭环的一系列中继器所构成的网络拓扑。网络上的每一个站通过中继器连接到网络上。

RIP（Routing Information Protocol，即：路由选择信息协议）——指 TCP/IP 网络的路由

选择协议。是 Internet 中最常用的路由选择协议。RIP 使用跳计数作为路由选择标准。

ROM（read‐only memory，即：只读存储器）——指只能由计算机读却不能写的非易失性存储器。

root bridge——根网桥，在生成树的实现中，当需要改变拓扑时通知网络中其他所有的桥，其方法是在指定的网桥之间交换拓扑信息。可以制止循环发生以及防御链接失败。

routed protocol——路由协议，指运载用户信息使之可以被路由器路由的协议。路由器必须能够按照在路由选择协议中指定的方式翻译逻辑互连网络。路由协议有 Apple Talk、DECnet 和 IP 等。

router——路由器，指一种网络层设备，它使用一个或多个标准来决定网络通信转发的最佳路径。路由器基于网络层信息将数据包从一个网络转发到另一个网络。

routing——路由选择，指找到一个到达目标主机的路径的处理进程。

routing metric——路由选择度，指路由选择算法决定一个路由比另一个更可取的方法。该信息存储于路由选择表中。标准包括带宽、通信代价、延迟、跳计数、负载、MTU、路径代价和可靠性。有时只是简单地指一种度。

routing protocol——路由协议，指在实现一种特定的路由选择算法时完成路由选择的协议。路由选择协议栈包括 IGRP、OSPF 和 RIP。

routing table——路由选择表，指存储在路由器或其他一些网络互连设备的表格，它保持跟踪到特定网络目的地的路由以及（在某些情况下）与这些路由相关联的标准。

routing update——路由选择更新，指由路由器发出的说明网络可达性以及相关代价信息的消息。路由选择更新通常在以规则的时间间隔和网络拓扑改变之后发出。与 flash up-date（瞬时更新）相对。

RP（Router Processor，路由处理器）——又称监管处理器，高端路由器上的一个模块，它保存用于该路由器的 cpu、系列软件和大多数存储器组件。

SAP（service access point，即：服务访问点）——（1）由 IEEE 802.2 规范定义的区域，是地址规范的一部分。因此，目的地加上 DSAP 就定义了数据包的接收者。同样适用于 SSAP。（2）服务通告协议。一种 IPX 协议，提供一种通告网络路由器和服务器可获得的网络资源和服务的位置的方法。

segment——网段（1）网络中由网桥、路由器或交换器所包围的部分。（2）在使用总线拓扑的 LAN 中，段指的是通常由中继器连接到其他这样的段上的连续电路。（3）TCP 规范中的术语，描述信息的单个传输层信元。

serial transmission——串行传输，指数据字符的位在单个信道上顺序传输的数据传输方法。

server（服务器）——向客户提供网络服务的硬件和软件。

session——会话（1）指与 2 个或多个网络设备之间的通信相关的全部活动。（2）在 SNA 中，使 2 个 NAU 可以通信的逻辑连接。

session layer——会话层，指 OSI 参考模型的第 5 层。该层建立、管理和终止应用程序之间的会话，并且管理表示层实体之间的数据交流。对应于 SNA 模型中的数据流控制层。

SF——一个超帧由 12 个帧组成，每帧 192 位，且第 193 位提供其他功能，包括差错检查。SF 经常在 TI 电路上使用，该技术的新版本是扩展的超帧（ESF），它使用 24 帧。

参见 ESF。

sliding window flow control——滑动窗口流量控制，指一种流控制方法，接收方允许数据传输直到窗口已满为止。当窗口已满，传输方必须停止传输，直到接收方确认一些数据，或者通告一个较大的窗口。TCP、其他传输协议和几个数据链路层协议使用这种流控制方法。

SLIP（Serial Line Internet Protocol，即：串行线路网际协议）——使用 TCP/IP 的一种变体进行点对点串行连接。由 PPP 继承。

SNAP（Subnetwork Access Protocol，即：子网访问协议）——指运行于子网内某个网络实体与端系统内某个网络实体之间的 Internet 协议。SNAP 规定了封装 IP 数据报和 IEEE 网络上的 ARP 消息的标准方法。

SNMP（Simple Network Management Protocol，即：简单网络管理协议）——指一种几乎完全用于 TCP/IP 网络中的网络管理协议。SNMP 提供一种监视和控制网络设备以及管理配置、统计收集、性能和安全性的方法。

socket——套接字，指在网络设备内作为通信端点运行的软件结构。

SONET（Synchronous Optical Network，即：同步光纤网）——指由 Bellcore 开发的，设计运行在光纤上的高速同步网络规范。

source address——源地址，指发出数据的网络设备的地址。

Spanning explorer packet（生成探测包）——有时称为有限路由或单路由探测包，当在一个源路由桥接网络中搜索路径时，它执行统计配置的生成树。参见 all－routes explor packet、explor packet 和 lacal explor packet。

spanning tree——生成树，指网络拓扑的无循环子集。参见 Spanning－Tree Protocol

Spanning－Tree Protocol（生成树协议）——它是为了消除网络中的循环而开发出的协议。生成树协议将网桥端口之一置于"合块模式"阻止数据包的转发，从而保证了无循环的路径。

SPF（shortest path first algorithm，即：最短路径优先算法）——指一种路由选择算法，它根据路径长度将路由分类，以决定最短路径的生成树。通常用于链路状态路由选择算法。有时称作 Dijkstra 算法。

split－horizon updates——水平分割更新，指一种路由选择技术，它阻止被接收信息通告出该信息被接收的路由器接口。水平分割更新用于阻止路由选择循环。

SPX（Sequenced Packet Exchange，即：顺序包交换）——指传输层的一种可靠的、面向连接的协议，它实现由 IPX 提供的数据报服务。

SRB（Source－Route Bridging，即源路由桥接）——由 IBM 创建，在令牌环网络中使用的桥接方法。在发送数据源前决定到一目的地的整个路由，并在每个包的路由信息字段（PIF）中包含该信息。

SSAP（Source Service Access Point，即源业务接入点）——网络结点的 SAP 在识别网络层协议的包的源字段中识别。参见 DSAP 和 SAP。

standard——标准，指被广泛使用或官方规定的一套规则和常规。

star topology——星形拓扑，一种 LAN 拓扑，网络的端点都通过点对点链路连接到一个共同的中心交换机上。一个组织成星形环状的拓扑实现单向闭环星形结构，而不是点对点链路，与 bus topology（总线拓扑）、ring topology（环形拓扑）和 tree topology（树形拓扑）相对。

static route——静态路由，指配置清楚并且进入路由选择表的路由。静态路由优先于由动态路由选择协议所选择的路由。

Statistical multiplexing（统计多路复用）——多路复用通常是允许从多个逻辑信通来的数据通过一个物理信道发送的一种技术。允许多路复用动态地只分配带宽给活动的输入信道，使可用带宽最优化，这样可以比其他多路复用技术连接更多的设备。又称为统计时分多路复用或统计多路转接。

subinterface——子接口，指定义为物理接口的逻辑子划分的虚拟接口。

subnet address——子网地址，指 IP 地址的一部分，由子网掩码指定为子网络。参见 IP address（IP 地址）、subnet mask（子网掩码）、Subnetwork（子网）。

subnet mask——子网掩码，指 IP 中使用的 32 位地址掩码，说明了 IP 地址中被用于子网地址的位。有时简单地称为掩码。参见 address mask（地址掩码）、IP address（IP 地址）。

subnetwork——子网络，（1）指 IP 网络中享有一个特殊子网地址的网络。（2）子网络是被网络管理者强制地分段的网络，其目的是提供多水平的等级的路由选择结构，阻止子网络出现防止网络的寻址复杂性。有时称为子网。

switch——交换机（1）指基于每个帧的目标地址而过滤、转发和泛洪的网络设备。交换机在 OSI 模型的数据链路层上运行。（2）适用于一种电子或机械设备的一般术语，它允许在需要时建立连接并且当不再需要支持会话时终止。

T1——数字 WAN 载波设施。T1 通过电话交换网络以 1.544Mbps 的速度传输 DS－1－格式化的数据，使用的是 AMI 或 B8ZS 编码。

TCP（Transmission Control Protocol，即：传输控制协议）——指提供可靠双绞线数据传输的面向连接的传输层协议。TCP 是 TCP/IP 协议栈的一部分。

TCP/IP（Transmission Control Protocol/Internet Protocol，即：传输控制协议/网际协议）——由 U. S. DOD 在 20 世纪 70 年代开发，用于支持建立世界范围的互连网络的一套协议的通称。TCP 和 IP 是这套协议中最著名的两个协议。

TDM（Time Division Multiplexing，即时分多路复用）——在一条线路上根据预先分配的时隙给从几个信通来的数据分配带宽的一种技术。带宽被分配给每个信通而不管一个站发送数据的意图。

TFTP（Trivival File Transfer Protocol，简单文件传送协议）——概念上，一个 FTP 的简化版。如果准确地知道想要什么和在哪里找到它就选择该协议。TFTP 不提供 FTP 那样丰富的功能。尤其是它没有目录浏览能力，它只能收发文件。

thoughput——吞吐量，指在网络系统中到达和可能通过信息的速率。

timeout——超时，指某网络设备在一段特定的时间内预期会收到另一个网络设备的信息而实际却没有。

token——令牌，指只包含控制的帧。拥有令牌允许网络设备传输数据到网络上。

Token Ring——令牌环，指由 IBM 开发和支持的令牌传递。令牌环以 4 或 16Mbps 的速度在环形拓扑上运行。与 IEEE 802.5 相似。参见 IEEE 802.5、ring topploge（环形拓扑）、token passing（令牌传递）。

Token Talk——指 Apple Computer 公司的一种数据链路产品，它允许 Apple Talk 网络被令牌环电缆连接。

　　transport layer——传输层，指 OSI 参考模型的第 4 层。这一层负责终端节点之间的可靠网络通信。传输层提供关于建立、维持和终止虚电路的机制、传输错误检测和恢复，以及信息流控制。

　　Tree Topology（树型拓扑）——从总线拓扑演变而来，它把星型和总线型结合起来，形状像一棵倒置的树，顶端有一个带分支的根，每个分支还可以延伸出子分支。

　　twisted‐pair——双绞线，指由以规则螺旋方式排列的 2 条绝缘线组成的相对低速传输介质。电线可以被屏蔽，也可以不被屏蔽。双绞线在电话应用中很普遍，而且在数据网络中也越来越常见。

　　UDP（User Datagram Protocol，即：用户数据报协议）——指 TCP/IP 协议栈中的无连接传输层协议。UDP 是一种简单的协议，它是无确认或保证传送的情况下交换数据报，要求其他协议进行错误处理和重新传输。UDP 和 RFC 768 中定义。

　　UTP（unshielded twisted‐pair，即：非屏蔽双绞线）——指用于多种网络的四对线介质。UTP 不需要连接间的固定间隔，而后者在同轴类型的连接中是必需的。

　　VBR（Variable Bit Rate，即可变速率）——ATM 论坛定义的一个 Qos 级，用于 ATM 网络，它再划分成实时（RT）级和非实时（NRT）级。RT 在连接样本间有固定时间关系时使用。相反，NRT 在连接样本间没有固定时间关系但仍然需要一个确定的 Qos 时使用。

　　virtual circuit——虚电路，创建出以保证两个网络设备的可靠通信的逻辑电路。虚电路由 VPI/VCI 对定义，可以是永久性的，也可以是交换的。虚电路用于帧中继和 X.25。在 ATM 中，虚电路叫作虚通道。有时简写为 VC。

　　VLAN（virtual LAN，即：虚局域网）——指一个或多个 LAN 上的一组设备，它们（用管理软件）配置成可以彼此通信，使它们像是附加在同一条线上一样通信，而实际上它们位于多个不同的 LAN 段。因为 VLAN 基于逻辑连接而非物理连接，它们是非常灵活的。

　　VLSM（variable‐length subnet masking，即：可变长度子网掩码）——指在网络不同位置上的同一网络号指定不同长度子网掩码的能力。VLSM 可以帮助优化可用的地址空间。

　　VPN（virtual private network，即：虚拟专用网络）——使 IP 通信量能在公共 TCP/IP 网络上安全传输的技术。一个网络到另一个网络的全部通信量都使用隧道加密。

　　WAN（wide‐area network，即：广域网）——指在广阔地理设备区域内为用户服务的数据通信网络，经常使用普通载波提供的传输设备。帧中继、SMDS 的数据通信网络，经常使用由普通载波提供的传输设备。帧中继、SMDS 和 X.25 都是 WAN。与 LAN 和 MAN 相对。

　　wildcard mask——通配符掩码，指在与 IP 地址的连接中使用的 32 位数，它决定在与另一个 IP 地址相比较时某 IP 地址的哪些位应该相匹配或者被忽略。通配符掩码在定义访问列表陈述时被指定。

　　X.121——指描述用于 X.25 网络的寻址方案的 ITU‐T 标准。X.121 地址有时称为 IDN（国际数据号）。

　　X.21——指关于同步数字线路上串行通信的 ITU‐T 标准。X.21 协议主要用于欧洲和日本。

X. 25——一种ITU－T标准，定义DTE与DCE之间的连接如何维持远程终端访问和公共数据网络中的计算机通信。

X. 25——规定了LAPB（一种数据链路层协议）和PLP（一种网络层协议）。帧中继在某种程度上取代了X. 25。

zone——区域，指 Apple Talk 中网络设备的一个逻辑组合。

参 考 文 献

[1] 汪双顶，姚羽. 网络互联技术与实践教程[M]. 北京：清华大学出版社，2009

[2] 田增国，刘晶晶，张召贤. 组网技术与网络管理[M]. 北京：清华大学出版社，2009

[3] （美）Joe Habraken 编，钟向群译. 实用 Cisco 路由器技术教程[M]. 北京：清华大学出版社，2000

[4] 王凤先，杨晓晖. 计算机网络[M]. 北京：中国铁道出版社，2003

[5] 沈立强. 计算机网络技术与应用[M]. 北京：中国铁道出版社，2007

[6] 胡胜红，毕娅. 网络工程原理与实践教程[M]. 北京：人民邮电出版社，2008

[7] 华为 3Com 技术有限公司. 华为 3Com 网络学院教材（1，2 学期）

[8] 李馥娟，计算机网络实验教程[M]. 北京：清华大学出版社，2007

[9] 潘爱民译. 计算机网络（第 4 版）[M]. 北京：清华大学出版社，2005

[10] （美）Wayne Lewis. 思科网络技术学院教程 CCNA 3[M]. 北京：人民邮电出版社，2009

[11] （美）Wayne Lewis，思科网络技术学院教程 CCNA 3 交换基础与中级路由[M]. 北京：人民邮电出版社，2008

[12] 梁广民，王隆杰. 网络设备互联技术[M]. 北京：清华大学出版社，2006

[13] （美）Faraz Shamim，Zaheer Aziz，Johnson Liu 等. IP 路由协议疑难解析[M]. 北京：人民邮电出版社，2008

[14] （美）拉莫尔. CCNA 学习指南（中文第五版）[M]. 北京：电子工业出版社，2005

[15] （美）拉莫尔. CCNA 学习指南（中文第六版）[M]. 北京：电子工业出版社，2008

[16] 王景新译. Windows 命令行详解手册（第 2 版）[M]. 北京：人民邮电出版社，2009

[17] （美）赫克比. CCNP BCMSN 认证考试指南[M]. 北京：人民邮电出版社，2004

[18] 崔鑫，吕国泰. 计算机网络实验指导[M]. 北京：清华大学出版社，2007